当代中国科普精品书系《航天》丛书

天河群星

编著◎紫晓

广西人民出版社

图书在版编目（CIP）数据

天河群星 / 紫晓编著 . -- 南宁：广西人民出版社，2011.11
（航天）
ISBN 978-7-219-07637-8

Ⅰ.①天… Ⅱ.①紫… Ⅲ.①人造卫星 – 普及读物 Ⅳ.① V423.4-49

中国版本图书馆 CIP 数据核字（2011）第 226648 号

出版发行：广西人民出版社
地　　址：广西南宁市桂春路 6 号
邮　　编：530028
网　　址：http：//www.gxpph.cn
电　　话：0771-5523358
传　　真：0771-5523579
印　　刷：柳州五菱新事业发展有限责任公司印刷厂
规　　格：787mm×1092mm　1/16
印　　张：15.75
字　　数：352 千字
版　　次：2011 年 11 月第 1 版
印　　次：2011 年 11 月第 1 次印刷

ISBN 978-7-219-07637-8/V·5
定　　价：50.00 元

《航天》丛书编委会

顾　　　　问：王礼恒　庄逢甘　梁思礼　张履谦

编委会主任：周晓飞

编委会副主任：田如森　麦亚强　华盛海

编　　　　委：刘竹生　尚　志　邸乃庸　李龙臣　刘登锐　杨利伟
　　　　　　　李厚全　何丽萍　李　敏　梧永红　麦永钢　陆仁韬

主　　　　编：田如森

提供图片资料：

秦宪安　南　勇　田　峰　史宗田　孙宏金　邸乃庸

吴国兴　孙欣荣　赵文生　李博文　田　奕　张贵玲

总　序

刘嘉麒

以胡锦涛为总书记的党中央提出科学发展观，以人为本，建设和谐社会的治国方略，是对建设有中国特色社会主义国家理论的又一创新和发展。实践这一大政方针是长期而艰巨的历史重任，其根本举措是普及教育，普及科学，提高全民的科学文化素质，这是强国福民的百年大计，千年大计。

为深入贯彻科学发展观和科学技术普及法，提高全民的科学文化素质，中国科普作家协会以繁荣科普创作为己任，发扬茅以升、高士其、董纯才、温济泽、叶至善等老一辈科普大师的优良传统和创作精神，团结全国科普作家和科普工作者，充分发挥人才与智力资源优势，采取科普作家与科学家相结合的途径，努力为全民创作出更多更好高水平无污染的精神食粮。在中国科协领导的支持下，众多科普作家和科学家经过一年多的精心策划，确定编撰《当代中国科普精品书系》。这套丛书坚持原创，推陈出新，力求反映当代科学发展的最新气息，传播科学知识，提高科学素养，弘扬科学精神和倡导科学道德，具有明显的时代感和人文色彩。书系由13套丛书构成，共120余册，达2000余万字。内容涵盖自然科学的方方面面，既包括《航天》、《军事科技》、《迈向现代农业》等有关航天、航空、军事、农业等方面的高科技丛书；也有《应对自然灾害》、《紧急救援》、《再难见到的动物》等涉及自然灾害及应急办法、生态平衡及保护措施；还有《奇妙的大自然》、《山石水土文化》等系列读本；《读古诗学科学》让你从诗情画意中感受科学的内涵和中华民族文化的博大精深；《科学乐翻天——十万个为什么创新版》则以轻松、幽默、赋予情趣的方式，讲述和传播科学知识，倡导科学思维、创新思维，提高少年儿童的综合素质和科学文化素养，引导少年儿童热爱科学，以科学的眼光观察世界，《孩子们脑中的问号》、《科普童话绘本馆》和《科学幻想之窗》，展示了天真活泼的少年一代对科学的渴望和对周围世界的异想天开，是启蒙科学的生动画卷；《老年人十万个怎么办》丛书以科学的思想、方法、精神、知识答疑解难，祝福老年人老有所乐、老有所为、老有所学、老有所养。

科学是奥妙的，科学是美好的，万物皆有道，科学最重要。一个人对社会的贡献大小，很大程度上取决于对科学技术掌握运用的程度；一个国家、一个民族的先进与落后，很大程度上取决于科学技术的发展程度。科学技术是第一生产力这是颠扑不破的真理。哪里的科学技术被人们掌握得越广泛深入，那里的经济、社会就发展得快，文明程度就高。普及和提高，学习与创新，是相辅相成的，没有广袤肥沃的土壤，没有优良的品种，哪有禾苗茁壮成长？哪能培育出参天大树？科学普及是建设创新型国家的基础，是培育创新型人才的摇篮，待到全民科学普及时，我们就不用再怕别人欺负，不用再愁没有诺贝尔奖获得者。我希望，我们的《当代中国科普精品书系》就像一片沃土，为滋养勤劳智慧的中华民族，培育聪明奋进的青年一代，提供丰富的营养。

序

田如森

半个世纪以前，自从人类进入太空活动以来，航天科技日新月异，迅速发展。航天科技的进步，使世界发生了巨大变化。航天，已成为一个国家科技进步，综合国力的象征，开启了一个新的时代。

1957年10月，世界上第一颗人造卫星上天运行，开辟了航天的新纪元。1970年4月，中国成功发射第一颗人造卫星，从而跻身于世界航天大国的行列。1961年4月，世界上第一位航天员乘坐宇宙飞船上天遨游，开创了载人航天的新时代。2003年10月，中国神舟五号载人飞船进入太空飞行，实现了中华民族的千年飞天梦想。1969年7月，美国阿波罗11号飞船把航天员送上月球，把空间探索活动推向一个新阶段。2007年11月，中国第一颗月球探测卫星嫦娥一号飞抵月球轨道拍回月球图片，迈出了中国深空探测的第一步。从突破运载火箭技术，到发射人造卫星、空间探测器和载人飞船、空间站、航天飞机等，航天科技攀登上一个又一个高峰。

目前，已有近6000颗不同功能的卫星挂上苍穹，为人类带来巨大的利益；已有近500人乘载人飞船和航天飞机到太空或进入空间站飞行，开创了天上人间的生活；已有近200个空间探测器造访地外星球，探索和揭开宇宙的奥秘。航天活动取得的巨大成就，极大地促进了生产力的发展和社会的进步，对人类生活的各个方面都产生了重大的积极影响。因此，人们也十分关注航天的每一轮新的发射和每一步新的进展。航天，不仅为广大成年人所热议和赞叹，而且更广受青少年的追逐和向往。

航天，已经逐渐为人们所知晓、所了解，但人们对它仍有神秘感，而且也确有一些鲜为人知的情况。《航天》丛书选择航天科技发展中的一些热点问题，分成10册，分别为《宇宙简史》、《走近火箭》、《天河群星》、《神舟巡天》、《到太空去》、《太空医生》、《太空城市》、《奔向月宫》、《火星漫步》、《深空探测》，更加准确、系统地揭示世界航天科技的最新进展和崭新面貌，让广大读者更加清晰地认识航天科技各个领域所取得的成就和发展前景。

浩瀚无垠的太空，正在和将会演绎许多神奇、诱人而造福人类的故事。广大读者会从这些故事中受到启迪，增长知识，吸取力量，创造美好的未来！

引言

航天技术的诞生，是 20 世纪人类社会最伟大的技术成果之一。

著名科学家钱学森认为，人类冲出地球大气层，进入宇宙空间活动，即宇宙航行，其历程可分为两个阶段。第一阶段为航天，就是在可感知的地球大气层以外、太阳系范围以内的航行及有关活动。宇宙航行的第二阶段叫航宇，就是冲出太阳系，到银河系，甚至河外星系的恒星际空间去航行和进行有关活动。

人类航天技术经过 50 多年的发展，虽然实现了重大突破，取得了了不起的成就，但是，目前发射的各类人造卫星、飞船、航天飞机、空间站等航天器，都还是在地球大气层以外、太阳系范围以内运行，因此，还处于航天阶段，也就是初级阶段。

人类的最终目标是到太阳系、银河系，甚至河外星系的恒星际空间去探索和考察，而实现这个目标，对科学技术发展的要求是非常高的。航天和航宇，不仅概念不同，其科学内涵也是及其不同的。正像钱学森所指出的，要实现航宇的理想，人类的科学技术还需要有几次大的飞跃。

自 1957 年苏联成功发射人类第一颗人造卫星以来，应用卫星是各类航天器中发展最迅速、最活跃的一种。20 世纪 70 年代以来，随着航天技术的快速发展，应用卫星研制水平的不断提高，种类越来越多，功能越来越全，应用领域越来越广泛，不仅应用于国防和国民经济各个领域，还悄悄进入寻常百姓家，已经成为进行科学研究、经济活动和日常生活中不可或缺的工具，正在改变着人类的生产方式和生活方式，促进了人类社会的文明和进步。同时，由各类军事卫星构成的航天装备系统在现代局部战争中的成功应用，正在改变现代战争的作战式样和理论。航天器技术对于全面提升国家的经济、军事、科技、文化等领域的水平和实力，具有巨大的推动作用，空间实力是国家地位和综合国力的象征。

我国自 1970 年发射成功第一颗人造卫星东方红一号以来，经过几十年的艰苦奋斗，应用卫星研制技术大体上经历了上世纪 70 年代的探索和试验阶段，80 年代的发展和扩大应用阶段，90 年代以来，开始进入广泛应用阶段。我国研制的返回式遥感卫星、通信卫星、气象卫星、地球资源卫星、导航卫星和海洋卫星等多种应用卫星在经济建设、国防建设、科学实验等各个领域发挥了重要作用，成为经济社会发展和科技进步的"助推器"。

外层空间将进一步成为国家安全和国家利益的重心。能否进入空间、利用空间和在一定范围内控制空间，将直接关系到一个国家在 21 世纪国际舞台上的政治地位。有专家预言，21世纪国家对空间能力的依赖就像19世纪和20世纪工业的生存与发展对电力和石油的依赖一样。同时，人类的生活也将越来越多地依赖应用卫星，可以说，人们对卫星的应用只会受到想象力的限制。

　　现代科学技术为应用卫星研制技术的发展插上了双翅，应用卫星技术的不断发展，必将对人类社会的进步与发展带来越来越深刻的影响和推动。未来，伴随着航天活动的日益广泛和深入，建设太空工厂，发展太空采矿业，建设太空太阳能发电厂，发展太空农业……大规模利用太空资源造福人类社会所涉及的技术都将不断得到突破；探索宇宙演化，研究生命的起源，寻找地球以外人类的知己……许多困扰人类的重大科学问题，都将在人类开拓天疆的征程中找到满意的答案。

目 录

争先恐后向天疆

星际航行的奠基人齐奥尔科夫斯基说过，地球是人类的摇篮，但人类不会永远生活在摇篮里。他们不断地争取着生存的世界和空间，起初小心翼翼地穿出大气层，然后就是征服整个太阳系。

人类认识宇宙、探索宇宙秘密的努力从未间断过。20世纪中叶航天技术的诞生，不仅使人类飞向了高远深邃的广袤太空，还使人类可以站在另一个星球上来观察我们的生身之母——地球。

人类生存与发展的强烈愿望和经济社会的广泛需求，以及科学技术的发展，推动了航天技术的迅猛发展，并取得了重大科技成就和应用成果，航天技术是20世纪公认的、发展最快和取得成就最大的科技领域之一。

航天技术是当代科学技术的集大成者和科技发展水平最集中的体现。航天技术集中应用了力学、热力学、材料学、医学、电子技术、自动控制、喷气推进、计算机、真空技术、制造工艺等人类最新技术成果。航天器作为一种系统、一个产品去完成一个特定的任务，不是一个简单的学科和专业的成果，而是当代科学技术诸多领域最新成果与当代传统加工工业最新成果的最完美的结合，是一个名副其实的高科技系统或产品。是科学技术的发展，催生了航天技术的出现，而航天技术的发展，又反过来推动了科学技术的进步。

星光闪烁，高远深邃，是航天技术拉近了遥远的太空与人类的距离，是航天技术把地球变成了一个小村庄。航天技术的诞生和迅猛发展，为人类认识、开发和利用太空，提供了重要的手段，从而引发了人类文明史上又一次重大的飞跃。

一、太空——人类的第四环境

在1981年召开的国际宇航联合会第32届大会上，陆地、海洋、大气层和外层空间分别被称为人类的第一、第二、第三和第四环境，而第四环境是随着航天技术的诞生而出现的。

在航天技术诞生之前，人类只能在第一、第二和第三环境里活动，航天技术的诞生，把人类的活动范围扩展为陆、海、空、天四大疆域。

有的科学家把人类活动的四大疆域，相对于陆地、海洋、大气层、大气层以外的空间对应为领土（陆）、领海（海）、领空（空）、领天（天）。

根据科学界的划分，陆地为地球表面未被海水浸没的部分；海洋为地球表面广大的连续海水水体；大气层指地表以外包围地球的气体。由于大气层的空气密度是逐渐变化的，没有明显的上限，因此，按照距地球高度划分，通常把距地球100千米以下的大气层称为稠密大气层，也称为大气环境；把距离地球100~150千米以上的广阔的空间区域，称为太空，又称为空间、外层空间、宇宙空间，简称为"空间"。

还有的划分是把大气层以外太阳系以内的空间叫做天，太阳系以外的空间（即银河系）叫做宇。

在现实生活中，许多人常常把航空和航天混为一谈，其实，这两个词不仅仅是概念的不同，而且本质也是不同的。

航空，是指人类在大气层内的飞行及有关的活动。例如，飞机、飞艇、气球等航空器都是在大气层内飞行，所以被称为航空。

航天，狭义指人类在大气层外的宇宙空间（太空）的飞行及有关的活动；广义，

塔架晨曦

开发宇宙

指人类进入、探索、开发和利用太空的活动。例如人造卫星、载人飞船、空间探测器等航天器在大气层外飞行，所以被称为航天。就广义范围而言，航天即包括环绕地球的运行、飞往月球或其他行星的航行、行星际空间的航行，也包括飞出太阳系的航行。

太空中的环境与地球环境是完全不一样的。太空环境具有以下特点：①高真空。太空中几乎没有空气，大气密度和大气压力接近于零，因此，也缺乏人和生物生存所必需的氧气。②超低温。太空环境温度接近 –200℃，但物体在太空中受太阳照射面的温度却可能高达 100℃。③强辐射。太空中存在着来自太阳和遥远天体发射的紫外、χ、γ 射线和各种带电或不带电的粒子辐射，这些辐射对人体、生物和电子设备都有破环作用。④超洁净，无尘无菌。

人类在社会生产活动和生活的实践中逐渐认识到，太空与人类的关系极其密切，对人类生存的地球会产生很大的影响。

在人类新进入的第四环境中，蕴藏着极其丰富的空间资源。仅就地球引力和人造地球卫星作用范围这一最小的外空领域看，现已探明可供利用和开发的空间资源大致有：航天器相对于地球表面的高远位置资源、高真空和高洁净资源、微重力环境资源、太阳能资源、强宇宙粒子射线资源、月球及其他行星资源。科学家认为，这些资源在地球上无法找到，非常丰富和有利用价值，对其中任何一项资源进行开发和利用，都会给人类带来巨大的利益。

随着航天活动的进行，人类对空间物质及其变化规律的研究和认识，成为一门新兴和迅速发展的前沿科学，在加深了太空资源开发利用的同时，也推动了其他相关学科的巨轮滚滚向前。

开发太空资源

二、没有国界和归属的资源

我们通常所说的资源，指的是人类生产资料和生活资料，它来自人类所处的天然环境，而资源数量和质量以及如何配置，将关系到国家兴衰、民族存亡、人类生存。资源是人类社会生生不息，破浪向前的最重要的基础和根本保证。

长期以来，人们一直以为只有那些看得见、摸得着的有形的物质才是资源。人类进入了地球轨道和外层空间后，对许多未知领域的认识产生了跨跃，资源的观念也发生了变化。资源已由最初的具有某种形态，扩展为某种环境和条件。比如，高远的位置、空间微重力环境、强宇宙粒子射线辐射和高真空环境等，就是这种地面所不具备的看不到、摸不到甚至也感觉不到的极其宝贵的环境资源。太空资源还有一个显著的特征，就是没有国界，没有归属，取之不尽，用之不竭。几十年来的航天技术的发展和科学研究，向人们传递着这样一个信息，外层空间环境资源是发展研究新材料、新工艺、新的具有更高价值的微生物制品，如单克隆抗体、干扰素、疫苗、激素等理想的场所。因此，可以不容置疑地认为，外层空间是人类赖以生存和发展的"富矿"。

太空，是人类生存与发展新的疆域，开发利用太空资源，不仅可以促进经济社会的发展，生产地球上所不能生产的材料、医药，提高人类的生活质量等，还可以解决能源危机、环境恶化等一系列困扰人类社会发展的许多重要问题，从而使人类社会产生革命性的变化。

高远的位置资源

据科学研究发现，站在地面上既使天气再好，视野再开阔，充其量也只能看到几十千米的地方。如果乘飞机，能看到方圆数十千米，甚至数百千米的地方。假如站在珠穆朗玛峰上，就可以看到0.07％的地球表面。而在离地球200千米轨道上的人造卫星，则可以看到14％的地球表面，在距地面35786千米轨道上的航天器，则可以观察到1/3以上的地球表面。

在地面上，因为受建筑物、山体等障碍物的遮挡，声波、电波的传

国际通信卫星

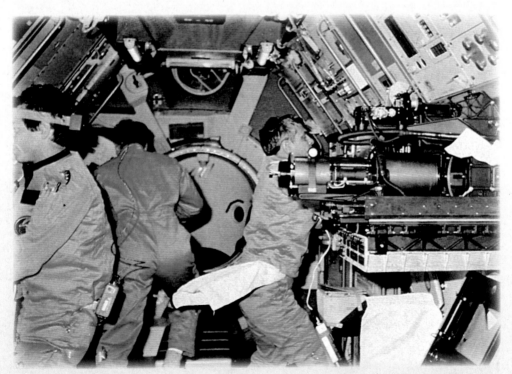

航天员在太空作实验

播都将受到影响，所以，电视转播塔、无线电发射架都要建得非常高，有的还建在高层建筑物的上边或山顶上。从中，我们不难看出高远的位置其实是一种资源。

　　航天器按天体力学规律和特定的轨道环绕地球运行，由于其位置高、速度快、耗能少，可以快速大范围覆盖地球表面，从而达到通信、遥感、定位的目的。今天，人类利用航天器相对于地球表面的高度这一十分重要的资源，发射了通信、气象、导航等各类应用卫星，这些卫星高高在上，不受建筑物、山体等障碍物的遮挡，使声波、电波的传播畅通无阻，为人类提供了无与伦比的通信、气象观测、导航定位、对地观测等各种服务，极大地提高了人类的生活质量，推动了人类社会的进程。

高真空环境资源

　　我们每天呼吸的空气密度，随离海平面距离的升高而减少，到达100千米以上的高度，已逐渐成为真空。在地面上，如果我们把一个密封的大罐子里的空气抽空，也会变成真空，但是这种人为的真空环境，与空间真空环境相差极远。在空间这个硕大的"真空罐"里，没有氧和其他气体的存在，生命无法存活，动物进入这个环境里，由于没有大气压，体内外的压力差会使体内的液体沸腾、汽化，而迅速蒸发掉。另外，空间真空环境不仅体积硕大，纯净无污染，还具有无限大的抽气能力，这种环境是一种非常有用、极其宝贵的资源。

辐射资源

　　我们所居住的地球，被厚厚的大气层包裹着，这团大气层如同一张天幕，遮去了部分太阳光，这张天幕被物理学家称为大气阻尼。宇宙空间充满着各种强烈的辐射。如银河宇宙线、宇宙射线辐射、太阳电磁辐射、太阳宇宙线和太阳风等，还充满着能量和万有引力场。由于没有大气阻尼，宇宙射线可以自由自在地在里边穿行，因此，

银河系

导航卫星

宇宙射线几乎没有什么损失。科学研究已经发现，地球轨道上的太阳辐射密度为每平方米1.4千瓦，是地面上的两倍。宇宙射线辐射也比地面大得多，而且是全谱的。特别是由于大气阻尼和吸引，宇宙高能重粒子到地面几乎已经绝迹，而在宇宙空间却极其丰富。这种辐射环境是一种地面无法模拟的宝贵资源。比如，这种环境将使种子、微生物以及各种细胞等生物的遗传密码，在排列上发生变化，可能从中产生更有价值的新物质。

在失重环境下进行科学实验

失重和微重力资源

地球或其他天体的引力称为"重力"。物体离地球越远，重力就越小。物体在重力作用下，施加给与其接触的其他物体的力称为"重量"。失重，指物体失去重量，而不是失去重力。凡物体只受重力作用时，就出现失重。例如，在地面上，若不考虑

月球探测

空气阻力，物体一旦抛出，它在上升和下降过程中，只受到重力作用，这时物体就失重了。航天器在太空中飞行时，只受地球、月球、行星、太阳等天体的引力作用，在这种情况下，航天器及其内部的物体相互之间没有拉、压、剪切等作用力，即处于失重状态。

航天器在太空飞行时，航天器及其内部的物体失去重量，这只是一种理想状况，实际上，它还会受到微小空气阻力作用，航天器内的物体并不都在航天器质心位置，有时航天器会旋转或航天器上携带的发动机工作会产生推力，在这些情况下，航天器及其内部的物体表现出有微小的重量或者产生微小的加速度，好像受到了微小重力的作用，这种作用力称为"微重力"。

失重和微重力是一种宝贵的资源，可借以进行地面上难以进行的科学实验，进行新材料和昂贵药物的生产等。

月球及其他天体资源

地球是人类的生身之母，她孕育着人类，又以其博大的胸怀、丰富的资源哺育着人类从远古走来。今天，由于地球上人口数量急剧增加和对资源的盲目开采，人类加在地球母亲身上的负担越来越沉重了。地球上已经出现了资源的严重不足，有的资源已经或将要枯竭。然而，科学家们已经把目光投向了广袤的太空，放眼太空，那里有一片未开垦的"矿场"。目前，科学研究已经知道，宇宙空间的许多行星上，都存在着大量的铁、硅等资源，特别是月球上的资源，人们对它早已不再陌生。据科学探测，月球岩土中富含地球上的全部化学元素和60余种矿藏。不仅如此，整个月球环境，对于人类来说也都是及其宝贵的资源。

据科学探测发现，有的金属型小行星上也含有极其丰富的铁、镍、铜等金属，有的还含有宝贵的贵金属和稀土元素。如1986年发现的"1986A"近地小行星被确认为是一颗含有极其丰富的铁、镍以及微量贵金属的金属型小行星，犹如一座矿山。同时，其他行星、卫星和彗星上，也有丰富的物质资源和供科学研究的资源。即使是瞬间即逝的流星，也是可以利用的资源。

太阳能资源

在宇宙空间，由于没有地球大气对太阳光的反射、吸收和散射的影响，可以高效率地利用太阳能。据有关专家预测，到2020年世界人口很可能超过70亿，能源危机是影响人类生存与发展的大问题，据统计，仅对电能的需求年增长率就大于2.5%，尤其是占人口80%的发展中国家需求更旺。而最有希望的能源是直接将太阳能转变为电能，它可克服火力发电污染严重、消耗燃料、水利发电水源严重不足等难题。在太空中利用太阳能发电，可以在不需燃料、完全无污染、不需要架设输电线路的情况下，直接向空间站或航天飞机上供电，也可向地面供电。

高、低温和大温差资源

在空间环境中，由于高真空绝热，被太阳直射的物体表面可以达到零上100摄氏度以上的高温，而背阴面则可以保持零下200多摄氏度以下的低温。两者之间形成大的温差，而且非常稳定，这种环境也是一种宝贵的资源。

另外，宇宙本身蕴含着无穷的能源，冲出太阳系，在广阔的宇宙中，将会获取大量的如引力能、电磁能、基本粒子能、新星及超新星爆发的能量、类星体喷射的能量、黑洞、暗物质等取之不尽的资源，或许还有反物质的利用等。总之，太空是取之不尽的资源宝库。

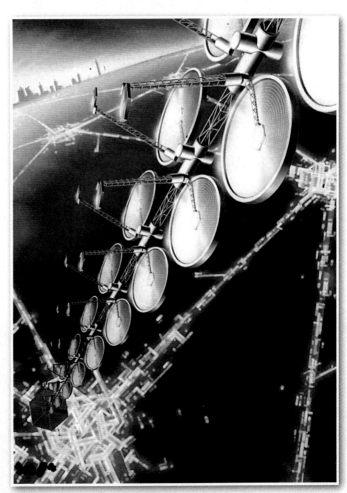

太空发电

三、航天技术为人类插上双翅

借助现代火箭，人类把人造地球卫星送入太空，为我所用；把航天员送到太空和遥远的月球，进行科学探测和研究；把各类探测器送到深空，探测广阔的宇宙空间和地外文明，寻找人类的知己，而这一切都是航天技术发展的结果。

航天技术，又称空间技术，是指人类进入、探索、开发和利用太空的一门综合性技术，也是高度综合的现代科学技术。广义的航天技术是指航天工程系统，包括航天器系统（卫星、飞船、探测器）、运输器系统、发射场系统、测控系统、应用系统。载人航天工程还有航天员系统和着陆场系统。狭义的航天技术指进入轨道的人造物体，如卫星、航天飞机、载人飞船等。

我们把在地球大气层以外的宇宙空间（太空）按一定轨道飞行，执行探索、开发和利用太空及天体等特定任务的人造物体，如人造卫星、载人飞船、空间站和空间探测器等称为航天器或空间飞行器。人类进入太空的过程是依靠航天器来实现的，航天器技术的发展水平依赖于人类科学技术的最新成果，而航天器技术反过来又促进了科学技术的发展。

航天器分为无人航天器和载人航天器两大类。无人航天器按其与地球的关系分为人造地球卫星和空间探测器。人造地球卫星指环绕地球飞行的无人航天器；空间探测器指远离地球或脱离地球引力的无人航天器。载人航天器有载人飞船、航天飞机和空间站三种。人类进行探索、开发和利用太空的壮举，就是依靠这两类航天器来实现的。从现代科学技术的发展水平来看，目前以及今后相当一个时期内，人类的主要航天活动还是在近地空间飞行，并以无人航天器为主要手段。

人造地球卫星的出现，为人类开发和利用太空资源提供了手段。自1957年10月4日

航天技术造福人类

苏联成功发射人类第一颗人造地球卫星的半个多世纪以来，随着当代最新科学技术成果的出现和应用，航天器技术得到了快速发展，各类航天器的升空，加深了对太空的了解，促进了社会发展和科技进步。

由于航天技术的作用、地位主要通过航天器技术来实现，同时，又由于每一个航天器因其使命不同，所携带的有效载荷在设计生产中都需要有较大变化，而其他航天工程，如运载火箭、测控通信、发射场等较之航天器要小得多，因此，在整个航天工程大系统中，航天器技术是航天技术（空间技术）的主要组成部分或核心部分，可以说，没有航天器就无法完成航天任务，且航天器的研制过程就是应用最新技术成果不断进行创新的过程。

在各类航天器中，人造地球卫星发射数量最多，广泛应用于通信广播、气象预报、资源探测、导航定位、空间科学实验和国防建设领域，取得了巨大的经济效益、社会效益和军事效益。

航天器技术的发展推动了科学技术整个体系的进步。在半个多世纪里，人类从航天器技术的应用及其技术转移中获得了十分显著的效益。同时，航天器技术的发展还极大地丰富了人类的知识宝库，改变了过去基于地面所形成的许多传统观念，进而把人类新视野伸展到宇宙的深处。可以说，世界上几乎没有什么其他的工程会像航天工程那样牵动公众的热情，激起广泛的关注和参与，几乎没有什么其他的工程技术可以对社会产生如此广泛而持久的影响力。

航天时代

四、人类社会进步与发展的"助推器"

　　航天器技术的发展，空间资源的利用，为人类社会的发展提供了强大的推动力。纵观航天器技术的发展史我们可以发现，航天器技术的每一次重大突破，都会引起人类社会生产力的深刻变革和巨大进步。半个多世纪以来，航天器技术的发展，日益渗透于经济和社会生活的各个领域，成为推动现代生产力发展的最活跃的因素。

　　人们高兴地看到，在短短几十年内，随着各类应用卫星、载人飞船和航天飞机的发射，空间资源开发及应用取得了累累硕果。当今，航天器技术的发展，空间资源的利用，已成为一个国家综合国力和科学技术发展水平的重要标志。

　　在各类航天器中，应用卫星是直接为国民经济、军事需要、社会生活和文化教育等服务的人造卫星，在发射升空的航天器中，应用卫星发射次数最多，应用最为广泛，应用效益最为明显。

　　应用卫星按其用途可分为通信卫星、气象卫星、导航卫星、测地卫星、地球资源卫星、侦察卫星等。按其服务领域又可分为军用卫星和民用卫星等。

　　在各类应用卫星中，对地遥感卫星发射数量最多。对地遥感卫星主要是利用卫星上所装载的遥感器，对地球表面和低层大气进行光学或电子探测遥感，从而获取人们感兴趣信息的卫星。这类卫星都利用卫星上的各种遥感仪器，如可见光相机、红外相机、多光谱扫描仪、微波辐射计、高度计、合成孔径雷达等来观察地球，所以又常称为"遥感卫星"。根据其用途不同，遥感卫星可分为气象卫星、资源卫星和军事侦察卫星等。根据数据采集和传输方式不同，又可以分为数据传输型遥感卫星和返回式遥感卫星。

载人航天是空间技术发展的一个新阶段。载人航天是航天员乘坐或驾驶载人航天器（载人飞船、空间站、航天飞机、空天飞机），在太空从事各种观测、试验、研究、军事和生产的往返飞行活动。载人飞船和航天飞机是供航天员在外层空间进行短期生活和工作并返回地面的载人航天器。由于目前还不能对其实施太空补给，受到所载消耗性物资数量的限制，因此，目前使用的载人飞船均是一次性、短时间、返回型载人航天器。与载人飞船只能一次性使用不同，航天飞机和空天飞机在执行完任务返回地面后，经过一系列必要的工作后，可以重复使用。

航天器技术对经济、社会和国家安全的影响和渗透力是巨大而深远的，它几乎延伸和渗透到经济、社会、军事和普通百姓日常生活中的每一个领域，并给其他传统产业部门和商业部门带来了越来越多的商机，同时对电信、交通运输和农业等传统产业的升级改造也提供了新的技术和创新手段，成为经济增长和社会进步的重要驱动力。

50年多来，航天器技术已经从实验室走向实际应用，从最初主要为军事和政府部门服务，逐步走向为国民经济和大众消费者或商务人员服务，且已形成了一个给世界经济、军事和社会发展以巨大推动力，由卫星制造、卫星发射服务、卫星应用服务和地面设备制造业构成的卫星产业。目前，卫星通信已经实现了产业化，卫星遥感和卫星导航的产业化也初步形成。

航天飞机在轨道上发射卫星

迄今为止，航天器相对于地球表面的高远位置资源开发和利用最为广泛，这一资源加速了人类社会的发展和科学技术的现代化，并成为现代社会重要的新兴生产力。

遥感卫星发射成功后，人类应用卫星遥感技术监测森林砍伐、森林再造、土地使用变化情况；用于研究水涝和盐化、沙漠化、海岸线动态、干旱和农产品估算等；用于评估和开发水资源、自然资源勘探、污染监测和更新地图等，从而解决了用常规手段无法观测或观测不足的难题，不仅大大提高了效率，而且大大提高了观测精度、范围和准确性。

通信卫星

通信卫星是用途最为广泛的卫星。今天利用通信卫星架起的空间信息高速公路，使信息畅通无阻，使工商企业和整个社会处于一场革命之中，人们能充分利用信息，大大提高物质生产的效率，提高原材料和能源利用率，从而改变人类生产和生活方式。由通信卫星带来的通信革命导致可视电话、电视会议、电视购物、电视教学、在家中办公等一系列新生事物的出现。利用通信卫星，人类实现了全球通信、电视转播等。通信卫星还成为信息传播的重要工具，利用通信卫星已经把电视教育课程送往边远地区，利用通信卫星指导开展抢险救灾，极大地减少了灾害造成的损失。目前，通信卫星在美欧日等发达国家实现了产业化和商业化，并在全球形

卫星地球站

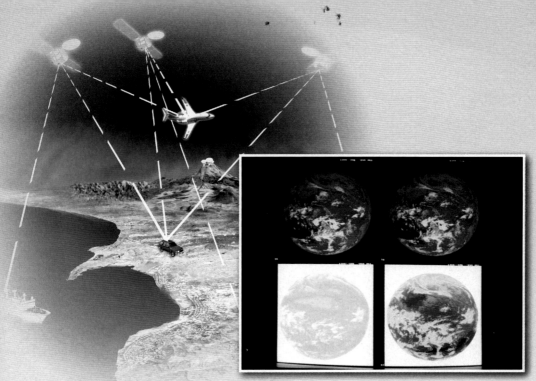

北斗导航卫星应用示意图　　　　　　　　　　　　　　风云二号云图

成新兴产业。目前有300多颗通信卫星在轨工作，主要担负语音、视频和数据通信广播三大业务，全球运营商用卫星通信业务的公司约有40多家。

气象卫星在进行天气预报、探测和跟踪台风飓风、研究和监测地表以及海洋生物量等方面发挥了重要作用，还为洪涝灾害预警和赈灾等提供了及时的服务。据有关资料统计，在今天，人类依靠气象卫星每年避免天气灾害损失达数千亿美元。

导航定位卫星不仅为飞机、船舶、公路铁路交通提供导航服务，还为搜索与救援进行准确定位。利用导航卫星建立天基交通系统，使航天、航空、航海、铁路、公路相结合，建立现代化的高速立体交通管制网络。卫星导航定位系统广泛应用于舰船、飞机、车辆，为交通安全与提高运输效率提供了有力的保证。

农业是人类生存的保证，提高农作物产量的根本出路在于依靠科技进步。在人类进入21世纪的今天，通信广播卫星、资源卫星、气象卫星、导航定位卫星在农业现代化中均获得了广泛应用。作物产量如何，有无病虫害，种植面积多少，旱涝情况等，通过卫星一目了然，这些信息对指导作物种植面积，及早发现病虫害，确定产品价格，以及解决农业发展中出现的重大问题，推进高产、优质、高效农业的发展作出了新的贡献。

伴随着人类探索太空的征程，航天器技术的应用不仅给国民经济众多部门带来直接的经济效益，而且通过把航天活动中发展的新技术、新工艺、新材料等向国民经济各部门的推广转移，带来了十分可观的间接经济效益。

国内外研究资料表明，应用卫星的投资效益比可达1:14~1:17，而对于发展中国家效益更大，因为这些国家的经济和技术发展水平较低，各部门采用传统技术的比重较

北斗导航卫星在太空

大，利用航天器技术可以跨越某些传统的技术发展阶段，获得更大的经济效益。据有关研究机构预计，在今后十年内，世界各国将向太空发射2000多颗航天器，这些航天器所产生的经济效益将是十分可观的。

除开发利用空间位置资源外，在空间环境资源的开发利用上，各航天大国也进行了不懈的探索和尝试。对空间微重力环境应用，特别是材料加工潜力的认识有了深化，形成了微重力流体力学、空间材料学、生命科学及生物技术体系。

有资料称，苏联从1980~1990年在空间站上进行了500项材料加工实验，范围涉及金属和合金、光学材料、超导体、电子晶体、陶瓷和蛋白质晶体等，并曾首次在空间生长出半导体晶体结构、超离子晶体、沸石晶体、胰岛素、干扰素等。从苏联/俄罗斯进行的材料加工实验中科学家们发现，空间是发展半导体金属材料、新型工艺、复合材料和玻璃材料的理想场所。

几十年来，航天员还在太空中进行了一系列生物学实验，主要是对生物体物质、能量循环及调节研究的生物圈研究；利用微重力促进生命进程研究及对微重力环境如何影响地球上生物机体的形成、功能与行为研究的重量生物学研究；对暴露在空间高能环境中的生物体损伤与防护研究的辐射生物学研究等。

在空间站里，还进行了生物体培养。在空间微重力条件下，进行生物体组织培养，可以避免地面重力条件所造成的对流和沉淀作用，可以获得比地面条件下更好的效果。该项实验不仅有助于加深人们对空间环境适应情况的研究，同时，作为未来在空间站或外星建立动植物养殖场的可行性研究的重要组成部分，对人类未来实现向空间移民宏伟计划的可能性将产生深远的影响，也给利用空间环境进行药物学研究，生产生物制剂带来新的生机。

在空间生物学及生命科学研究上，发现了微重力环境对生物生长特性性状以及植物种子遗传基因改变有较大影响，从而，可望为植物改良品种找出捷径。

上述实验不仅对加深人类生命自身的研究、合成新的药物，提高生命质量等方面具有重要意义，同时，又为未来在空间站或外星上建立长期居住基地，提供受控生态环境及生命保障体系，作了理论上和技术上的准备。

从上世纪90年代，特别是进入21世纪，我国航天器技术得到了快速发展，我国研制发射的通信卫星、气象卫星、地球资源卫星、导航卫星和海洋卫星等多种应用卫星，进入广泛、全面、深入的应用阶段，取得了显著的社会效益、经济效益，极大地推动了我国四个现代化的建设。

在利用航天器技术服务国民经济和国防建设的同时，我国还以返回式卫星和"神舟"飞船为载体，利用空间环境资源进行科学研究和试验工作，取得了丰硕的成果。特别是我国载人航天计划一开始就选取重点项目，突出有限目标，把对太空资源开发利用研究和载人航天效益工程结合起来，所开展的大规模的太空材料生长、生命科学和生物技术实验研究，将开创中国太空资源开发利用研究的新局面。

五、向太空挺进，21世纪人类的夯歌

空间资源是人类的共同财富，谁有能力开发利用它，谁就受益。在这片没有国界的"矿场"上，机会同等、资源共享，就看谁有能力获取和利用它，这里是国家综合实力的博弈和技术的竞争。

在进入21世纪的今天，人类正满怀信心地向太空这一辽远的疆域走去。大规模开发空间宝贵的资源，让太空资源造福人类，已成为世界各航天国家航天活动的主旋律。

航天器技术将以前所未有的速度发展

增加经费投入，加快应用卫星发展步伐。当今世界的发达国家都将航天器技术作为促进经济和社会发展、全面提升军事实力的重要支柱，纷纷加大对航天器技术的投入，一些发展中国家也加快了涉足航天器技术的步伐。纵观近十年来世界各主要航天国家空间技术投资的走向，我们可以发现，发展的方向和投资大都集中在应用卫星、载人航天和深空探测三个领域，其中，应用卫星是投资大户，约占60%~70%，载人航天和深空探测领域约各占15%左右。在未来，研制和发射应用卫星仍将是航天发展投资的绝大部分。同时，将有更多的国家和组织投入航天器技术的研制。

注重系统建设，发挥航天器整体功能。在航天器技术的应用领域，将更强调发挥系统的整体作用，把各种用途的航天器作为一个大系统，统一进行考虑和部署。将更加重视各航天器系统全面集成、协调配置，相互补充，充分发挥各个航天器的整体优

返回式卫星在厂房

势。在航天系统发展中，强调综合集成，通过对各种军用航天系统之间，军用与民用、商用以及国际航天系统之间的集成，逐步改变部门所有、条块分割、资源浪费、重复建设等状况，使航天系统服务于多种用户，实现信息资源的共效共享和综合利用，将成为未来航天器技术发展的重要特点和趋势。

返回式卫星在四川中部着陆

应用领域进一步扩展，服务质量进一步优化。未来，航天技术必将继续扩大其影响力和渗透力，其应用将进一步开展和深化，将更为广泛地渗透到社会生活的方方面面，社会和公众对航天器的依赖程度将大大增强。各类应用卫星的性能更强，服务质量更优，由此将形成许多新兴的高技术产业。同时，随着太空科学研究的深入，太空资源的直接利用步伐将大大加快，太空制药、太空材料生产、太空旅游等新兴产业将大量涌现。

为实现国家战略的需要，军事航天装备建设的速度将不断加快。预计到2020年，世界主要航天大国将建成满足战略和战术应用需求，功能完备，运行可靠的空间军事系统，战争和国家安全将离不开空间系统。就航天器技术的使命而言，空间系统将不再严格区分军用、民用和商用系统，而是军民合用，军民两用。

突破新技术，实现高综合、高性能、低成本。一方面，发展综合性更强、性能更高的大型航天器，不断满足用户的需求。在通信卫星领域，寿命在15~20年，携带100个左右通信转发器的通信卫星将成为主角。在对地遥感卫星领域，卫星将向高空间分辨率、高时间分辨率、高光谱分辨率、全天候、全天时、多种遥感手段并存的大型综合卫星发展；导航定位卫星抗干扰等性能不断提高，定位精度更为精确。另一方面，随着新技术、新材料的应用，发展小型化、低成本、生产周期短、功能单一、组网运行、更加专业化的小型航天器将成为潮流。

传统卫星发射时质量的大部分都用于携带用于卫星在轨保持的肼燃料上。经过几十年的研究，电推进技术已用于对卫星轨道控制，可以预见，随着推进技术的发展和推进剂的改进，航天器的寿命将大大延长。预计21世纪的静止轨道通信卫星将可以只携带很少的肼燃料。此外，卫星有效载荷将朝着更高频段、多波束天线和星际链路等方向发展。

卫星平台将采用高度模块化、集成化和系列化技术，先进的推进系统、能源系统和新材料、新工艺的运用，将使卫星研制技术更加完美。

卫星直接广播业务与卫星固定通信业务之间的区别也将减小，各种卫星通信网与多种地面业务传输网将进一步融为一体，一个全球无缝隙覆盖的海陆空立体通信网将出现。

实现联合，优势互补。航天国家在突破和掌握关键技术的同时，航天器技术领域将更多地出现诸如国际空间站那样多国联合研制的局面，特别是在深空探测领域，将出现广泛的大规模的国家合作。

太空工业终将出现

任何一次工业革命无不以科学技术的重大发现为先导。据专家预测，新的工业革命将发生在太空，一场开发利用太空资源的竞赛正在广阔无垠的太空展开，太空产业将在未来形成。

太空资源开发利用的强劲走势吸引了许多发达国家的目光，壮心不已的人类要在这片富饶的矿场上奋力开拓。因此，纵观今日的世界，增加基础投资，尽快形成效益，已成为各航天大国不容忽视的动象。以美国为例，据不完全统计，美国航空航天局在微重力科学试验研究投资上，平均以年50%的速度递增。据报道，美国已经出现计划发展太空采矿业的机构，进行太空采矿的前期勘探工程。美国新成立的太空发展组织曾表示，该机构计划个人投资发射一艘名为近地球行星勘察号的无人驾驶探测器，在

太空建筑

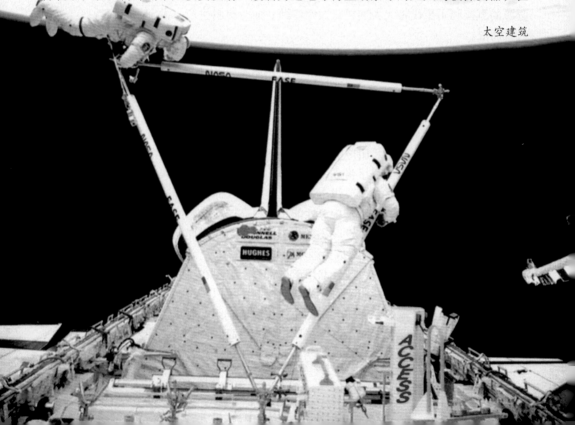

环绕太阳运行的某一颗小行星上着陆，在最接近地球的小行星上遥控勘探矿藏，并通过仪器将探测到的照片和其他资料传回到地面控制中心，科学家们将利用这些资料分析小行星上的贵重稀有金属的分布情况。

各航天国家在通向太空矿场的道路上，走法是不一样的。美国和苏联/俄罗斯是全面展开，研究内容涉及微重力的各个领域。中国、日本和欧洲更侧重于材料科学、生物及生命科学的研究，其他国家则是零星搭载试验，多属材料加工范畴。

人类航天史上最雄伟的杰作——"阿尔法"国际空间站，是迄今为止最大的航天器，也是最大、最为先进的太空科学研究和实验的平台，由美国、日本、俄罗斯和欧洲等国提供的6个实验舱所组成的实验室，运用了当代最先进的科学技术和工具，将为观察地球及进行科学研究，提供一个前所未有的场地，预计到21世纪20年代，这里开展的一系列生物、化学、物理及其他相关学科的研究，将为生物、医药和工业的进步，改善地球人的生活条件和未来地外旅行开辟途径。同时，还将打开人类长期探索太阳系的大门。

据有关资料介绍，国际空间站至少在建成后10年内将在下列领域为科学家提供科学研究的舞台。

蛋白质晶体研究。目前，科学家已经发现，在空间失重的条件下，蛋白质晶体可以比地球上生长的更为纯净。通过对这些晶体的分析，科学家们可以更深入地解开蛋白质、酶和一些病毒之秘，有助于由此而研制出新的药物和更好地了解生命的基本构造元。

其实，多年来，科学家们已经在航天飞机上进行了类似的实验和研究工作。但是，由于航天飞机每次飞行时间有限，而担负的使命又是多样的。因此，使这种试验受到限制。尽管如此，已取得的成果也足以引起人们的兴趣，以至于对太空制药兴趣和信心倍增。全球最大的制药公司与美国航宇局合作，试图在太空中研究出治疗癌症、糖尿病、肺气肿和免疫系统失调的药品或方法便是最好的证明。

微重力下的生命科学研究。失重、辐射等空间条件将给人体带来包括肌肉萎缩、心血管功能降低和骨质疏松等变化，这种影响到底有多大，怎样减轻和克服这种影响，将是未来空间站研究的课题之一。在空间站上，科学家将研究长期处于微重力条件下人体的变化及影响。目前人类在太空中生活时间最长的记录是俄罗斯航天员波利亚克夫创造的，他在太空中生活了439天。而未来深空探测载人飞行时间往往不是以月计的，可能将是以年或几年计算。因此，此项研究可使人类为未来长期探索太阳系，甚至实现火星着陆居住等提供理论数据和作准备。此外，这些研究还可以使人们更好地了解某些人体系统和疾病的成因、演变及找出治疗办法。

除了开展上述生物医学范畴的研究外，在空间站上，还将进行重力生物学范围的一系列实验，主要包括微重力对动、植物和生命细胞功能的影响等。据有关资料介绍，空间站上的离心居住舱内的离心实验设施将利用离心力产生模拟重力，其范围可达从零至两倍于地球引力。该设备模拟的地球引力，可以起到与空间站微重力条件下的实验相比较的作用，还可以消除实验中的可变量，同时，这些设施还可以根据实验的需要，模拟月球和火星上的引力，以取得一些极有价值的数据，而这些实验和研究可以为未来人类空间旅行、建立月球和火星基地及实现永久性居住提供有用的信息。

生物反应器研究。重力的干扰对活细胞的体外生长将产生一定的影响。科学家认为，在空间不受重力干扰下也许更容易进行细胞的培育。据报道，美国宇航局已研制出能改变和模拟减小重力对组织培养的影响的生物反应器装置，这种装置在地面上使用后，尽管仍然受到重力的影响，但仍培育出比正常情况下生成的质量更高的组织，使医生能够做到在不危害病人的条件下，精确地实验治疗癌症的新方法。同时，高质量的组织培养也已用于生长胰腺细胞，使糖尿病人在不按常规使用胰岛素的情况下得到治疗。据此，科学家们对利用空间站上长时间微重力环境，进行组织培养充满信心，也许长期困扰人类的癌症、糖尿病等疑难病症，将会在空间站上得到攻克。

空间的火、流体和金属研究。进行材料科学研究是空间站的主要实验项目之一。在已进行的燃烧科学研究中发现，在没有重力的情况下，火的燃烧也是不同的，由于空间环境减少了如地球环境上存在的那种对流流动。因此，不存在地球上这种由于对流而出现的热空气或流体上升，使冷空气或流体下沉的现象。没有对流，火的存在形式也是不一样的，而在空间轨道上看火怎样燃烧，可以研究在地球上不可能进行的燃烧过程，从而发现人类在这方面的未知。

由于已经进行的空间流体物理研究表明，在微重力条件下，液体不会因比重不同而产生上下对流或沉积等移动的现象。因此，在这种环境里，可以研究被重力掩盖的作用力和由此而引起的液体特性。同样，没有对流，可以使熔化了的金属或其他材料更为均匀地混合，在此之前，人类在空间站里进行的这种空间材料科学的研究，已经生成了包括砷化镓晶体在内的一些金属材料。因此，完全有理由相信太空将是一个理想的材料加工厂，在空间站里，有望研究出更好的，地面无法合成的金属合金和材料。上述研究的实施，也许将使人类工业革命产生飞跃性发展。

空间自然特性研究。根据目前的设计方案，建成后的国际空间站将有14个完全暴露在外的实验场所，在这些场所将进行完全暴露的空间环境下地球轨道环境，长期暴露对材料影响等实验。由此可以使科学家更好地了解空间的自然特性，从而使航天器的设计更为科学。同时这种纯暴露环境还可以进行被称为基础物理研究范畴的基本自然力的研究，它可以研究在地球上由于受重力作用后，非常弱小的很难以研究的力，从而有助于解释地球上很难解释的现象和整个宇宙的发展演变。据介绍，科学家计划在完全暴露的条件下，进行包括利用激光器使原子冷却至接近绝对零度在内的一系列试验，这些都可能有助于人类更好地了解重力本身。进行这种基础物理研究除可回答有关自然的基本问题外，对人类的生活也许会有实际进展，可能会由此出现比原子钟精确上千倍的钟和强度更高的材料等。

地球观测及研究。开展外层空间研究，很大程度上是为了研究人类生存的地球。国际空间站可以作为观测地球的空间平台，进行地球上环境变化的持续跟踪，以获得地球上无法得到的全球景象，即地球科学的研究，从而，有助于加深对山脉、森林、火山、飓风和台风等自然界变化的认识。同时，还可以观测城市污染、生存环境变化等人为造成全球环境变化的影响。在空间站上开展的地球科学研究，其范围是多方面的，它几乎包括了地球学、海洋学和生态学、地球科学研究的各个学科。

整个空间站的试验活动，将通过通信卫星传至地面，使地面能随时观测到航天员在轨道舱里进行各种试验活动的场景，同时，通过通信卫星，空间站里的航天员和整个地面相关的试验机构，均可对空间站里的实验进行控制和监测。

上述研究将视空间站的建造速度和进展情况逐步展开的。据有关资料透露，2003年前，美国将在建立空间站的同时，进行微重力下的生物技术(包括生物医学、生命科学等)、材料科学、流体力学、蛋白质晶体生长、特殊合金、半导体材料生产等。2004~2009年期间，将利用空间站进一步进行生命科学和物理研究，完成先进的生命支持系统，开发和示范保护航天员免受微重力、强辐射影响的有效方法等。

随着航天技术的发展，利用空间进行商业化活动，是人类文明发展的必然趋势，利用太空资源的新型企业必将大量涌现。美国航天界曾预言，未来，随着航天器技术的发展，人们将到其他星球去采矿，建立太空工厂，将在太空中采集的矿就地冶炼成地球上需要的各种材料。

太空作业

（上）太空佛手茄
（下）太空青茄

空间商业化的前景不仅是人类的向往，而且是壮心不已的人类征服太空、利用太空造福社会、保证和推动人类持续发展的必然趋势。

在希望的田野上耕耘

地球养育着人类，千百年来，人类都是在地球上种田，也许你未曾料到，在未来，人类也许将到太空中去"种田"。

在"和平"号空间站里，科学家们已成功地种植了卷心菜、土豆等蔬菜。同时，航天员们在空间站里还种植了只有40厘米高的小麦，在地球上小麦从播种到收割需要120天左右，而在太空中种植的这种小麦只要60天，这是因为空间站里的小麦24小时都有电灯照明，小麦无法睡觉，只能不停地昼夜生长，另外这种转基因小麦的产量是地球上普通小麦的3倍。

长时间在空间站里工作或进行星际飞行，航天员的食品是个大问题，现在，在空间站上航天员吃的食品都是由地面定期送上去的。这就出现一个矛盾：一次性从地面带得太多，将增加运载火箭的起飞重量，而带得少，维持不了多长时间，就又要发射飞船，加大了成本，这是一个困扰长期载人航天的大问题。现在，科学试验表明，这个问题有望在太空中解决。未来，长时间进行太空飞行的航天员可以在宇宙飞船或空间站就地取材，采用太空种植技术种植蔬菜、粮食等食品。这样，航天员在进行星际航行的时候，将可以吃上名副其实的太空粮、太空菜了。

长期以来，人们为解决吃饭问题，与天奋斗，发明了塑料大棚、覆盖地膜等方法；与地奋斗，进行土壤改造的同时，还在改善农作物品种上进行了大量的工作。培育一个良种，往往要耗费一个农业科学家毕生的精力，有时即使是竭尽全力也很难获得，因为种子的培育，对地面条件要求极高。研究发现，农作物种子经过太空"修炼"后，可以取得奇特的抗病高产的效果，航天技术将给农作物良种的培育带来曙光。

中国已有10多年进行太空育种实验的历史，所获得的良种早已在中国四面八方安家落户，尽管如此，能吃到太空椒、太空西红柿的人毕竟是极少数，目前，有关部门正在加紧太

太空椒肉厚个大

空种子的选育、推广步伐，为使更多的人吃到太空青椒、太空番茄、太空黄瓜等太空蔬菜和太空粮食而忙碌着。

太空太阳能电站紧锣密鼓

在人类发展面临能源和环境问题日益严峻的今天，探索发展可再生能源技术，是实现可持续发展的重大问题，航天技术经过50多年的发展，为建设空间太阳能电站提供了较好的技术基础，于是，世界上一大批科学家把探寻的目光投向了广袤的太空。

人类发展呼唤可再生能源。能源与环境问题正在成为全世界面临的挑战，正如国务院总理温家宝在哥本哈根气候变化会议领导人会议上的讲话中说："气候变化是当今全球面临的重大挑战。遏制气候变暖，拯救地球家园，是全人类共同的使命，每个国家和民族，每个企业和个人，都应当责无旁贷地行动起来。"在加快发展的同时，保护生态和环境，提倡和实行低碳生活的意义正在被认识，可再生能源成为未来必然的选择，非化石能源取代化石能源成为各国的共识。

现实生活中，传统可再生能源将无法满足人类对长期稳定能源的需求。比如：水能资源分布不均，资源有限，发电不稳定，会造成生态环境影响；风能发电不稳定，大面积风力发电会破坏大气环境的平衡；核能核原料资源有限，核废料难以处理，存在一定的安全风险；生物质能资源较小；地热、潮汐能等技术还不成熟，大规模开发困难。因此，毫无疑问，人类长远发展最可依赖的能源方式为太阳能和核聚变。

据有关资料，世界在核聚变技术领域的投入已经超过200亿美元，但目前依然没有取得突破性进展；传统的地面太阳能发电不稳定，需要大量的储能设备，不适合作为基本负载电源。而在空间利用太阳能，将提供一种不受季节、昼夜变化影响，能够向地球表面连续提供能量的重要方式，同时，空间太阳能资源储量远大于地面太阳能资源储量；空间太阳能电站可以连续地提供稳定的大功率电能，不需要巨大的储能设施，适合于作为主供电系统。

纵上所述，在人类未来的发展中，传统能源体系正在面临着变革。以矿物能源为主的能源利用体系导致了人类与气候环境互动灾难。欲改变这种情况，就要建造以可再生能源为基础的能源生产和消费方式。国际能源署

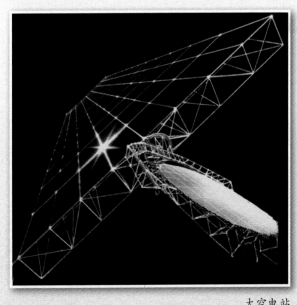

太空电站

（IEA）正在拟定新的能源利用计划，即至2050年全球能源消费50%来自可再生能源，25%来自核能，另25%来自矿物能源的清洁利用。

随着人口的急剧增长，地球人正面临着能源危机和环境恶化，而太阳是取之不尽的能源。电能、煤、油汽和天然气等是现今人类生存的主要能源，而电能是不形成污染的最好能源。但是，火力发电形成污染，且要燃烧许多煤炭。水利发电虽然好，但水资源极其缺乏，许多地方生活用水都成问题，发电就更谈不上了。尽管核能是一种极有潜力的能源，已经在不少国家利用，但是核电站易出问题，会对人类生存环境造成危害，核废料处理也是个大问题。因此，科学家认为，可以利用的最好的能源是太阳能。

太阳是一个取之不尽、用之不竭的洁净能源宝库。由于太阳光被地球大气层反射、折射、散射和吸收后大大减少，太阳所散发的热量中只有极少的能量到达地球，尽管如此，地球每秒钟所获得的能量，仍然相当于燃烧500万吨优质煤所发出的能量。而且

地面上有白天和晚上之分，晚上没有太阳，可利用的时间就减少一半，特别是赶上阴天和雨天，可利用的时间又将减少，因此，在地面上利用太阳光的效率不高。而如果在太空建立太阳能电站，其应用价值是巨大的。因此，目前一些发达国家正在研究试验建造太空发电厂，以开发新的能源。因此，毫无疑问，利用航天技术，建造空间发电厂，是人类应对能源和环境危机的重要手段。

建造空间太阳能电站，人类航天的追求。何谓空间太阳能电站？空间太阳能电站是指在空间将太阳能转化为电能，再通过无线能量传输方式传输到地面的电力系统。空间太阳能电站相对于目前空间应用卫星、空间站等的电源系统，其规模、能力要大得多。

建造空间太阳能电站的构想是由美国科学家彼得·格拉赛（Peter Glaser）于1968年首先提出，其基本思路是：将无比巨大的太阳能电池阵放置在地球轨道上，组成太阳能发电站，将取之不尽、用之不竭的太阳能转化成数千兆瓦级的电能，然后再将电能转化成微波能，并利用微波或无线技术传输到地球。

空间太阳能电站主要由三大部分组成：太阳能发电装置、能量转换和发射装置、地面接收和转换装置。太阳能发电装置将太阳能转化成为电能；能量转换装置将电能转换成微波或激光等形式（激光也可以直接通过太阳能转化），并利用天线向地面发送能束；地面接收系统接收空间发射来的能束，再通过转换装置将其转换成为电能。整个过程经历了太阳能—电能—微波（激光）—电能的能量转变过程。空间太阳能电站的建造和运行过程还需要包括大型的运载系统、空间运输系统以及复杂的后勤保障系统。

有资料称，从理论上说，在阳光充足的地球静止轨道上，每平方米太阳能能产生1336W热量，如果在地球静止轨道上部署一条宽度为1000m的太阳电池阵环带，假定其转换效率为100%，那么，它在一年中接收到的太阳辐射通量差不多等于目前地球上已知可开采石油储量所饱含的能量总和。而且这种太阳能取之不尽、用之不竭，既洁净又环保。虽然当代硅太阳电池的转化效率仍然很低，一般为13%~15%，预计未来有可能提高到30%~40%，但其潜在的价值对于正在面临能源短缺、生态和环境危机的地球人类来说，却具有重大战略意义。专家认为，对于中国、印度、日本和欧洲等严重依赖石油进口的航天大国来说，天基太阳能发电，更是在21世纪确保国家安全、能源安全和环境安全的重大战略选择。

空间太阳能电站发展现状。空间太阳能电站无可比拟的优势，吸引了众多国家的目光。几十年来，以美国、日本为首的许多国家都投入的空间太阳能电站的研究工作，并投入一定的资金相继启动了建造太空发电站的计划。

1999年7月召开的联合国第三次和平探索与利用外层空间会议，鼓励世界各组织进一步研究空间太阳能发电的技术与经济可行性。

国际无线电科学联盟在2001年建立了一个空间太阳能电站跨委员会联合工作组，经过多年的努力，于2007年正式发表了《空间太阳能电站白皮书》，对于空间太阳能电站的发展进行了广泛的分析，并重点从无线传输的角度对空间太阳能电站的可行性和可能造成的影响进行了评估。

2010年4月12~14日，四川国际清洁能源峰会在成都召开，峰会主题是探讨清洁能源的高端技术——空间太阳能电站的商业化。

2010年5月底，美国国家空间协会组织召开2010年ISDC会议，主题为空间太阳能电站，世界范围内（包括美国、日本、印度、欧洲）多位专家参加会议。同时国际大学生空间太阳能电站设计竞赛发布。

虽然有的专家认为，建设空间太阳能发电站不仅存在着技术上的风险，而且经济上也不可承受，但是，几十年来，对发展空间太阳能电站的研究一刻也没有停步。美国、日本和欧洲的科学家竞相开展相关技术与方案研究，在许多方面取得了积极的进展。

据有关资料显示，在过去的30年里，美国航空航天局和能源部耗资8000万美元对天基太阳能发电概念进行过大量的研究工作。"9·11"事件之后，反恐战争改变了美国的国家安全战略，天基太阳能电站技术及其解决方案再次成为关注重点。美国在20世纪70年代就投入经费进行空间太阳能电站（SPS）系统和关键技术进行研究，并且提出5GW的"1979 SPS基准系统"方案。1995年7月，NASA开展了重新评估空间太阳能电站可行性的研究，并且提出多种创新方案。1999年，NASA在2年内投资2200万美元，开展了"空间太阳能电站探索性研究和技术计划"，提出空间太阳能电站发展的技术路线图，计划于2030年实现1GW商业系统运行。2007年美国国防部组织专家完成了中期评估报告，引起新一轮空间太阳能电站研究热潮。2009年，美国太平洋天然气与电力公司（PG&E）宣布，与Solaren公司签署协议，正式向Solaren购买电力20万KW。2010年5月，国际SPS学生竞赛发布。2010年5月，美国空间协会主办的2010国际空间发展会议（ISDC）的主题定为空间太阳能电站。

日本从20世纪80年代就开始进行SPS概念和关键技术研究。共有200多名科学家参加15个技术工作组，从90年代起陆续推出了SPS2000、SPS2001、SPS2002、SPS2003、分布式绳系SPS系统等设计概念。2003年2月，日本提出了"促进空间太阳能利用"计划，目标是在20~30年后实现商业化，并提出了SPS发展路线图。第一步是开展几十kW的小型系统验证，验证微波和激光的无线能量传输技术。第二步是在国际空间站周围进行10MW级的的大型可展开结构的机器人组装技术验证。第三步是在GEO轨道上建造SPS的验证系统，最终在GEO轨道上建一个GW级的商业空间太阳发电系统。2009年，日本宣布以三菱公司为主的集团将在2030~2040年间建设世界第一个GW级商业SPS系统，总投资额将超过200亿美元。

欧洲在1998年开展了"空间及探索利用的系统概念、结构和技术研究"计划，提出了名为太阳帆塔的概念设计。2002年8月，欧洲空间局先进概念团队组建了欧洲空间太阳能电站研究网，重点在高效多层太阳能电池、薄膜太阳电池、高效微波转化器、极轻型大型结构等先进技术方面开展研究工作。

目前，世界上已经出台了多个典型的空间太阳能电站方案。

（1）1979 SPS基准系统。"1979 SPS基准系统"是第一个比较完整的空间太阳能电站的系统设

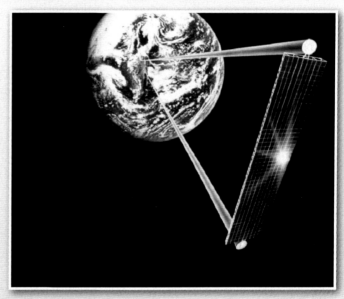

1979 参考系统 SPS 概念方案

计方案，由美国在1979年完成，以全美国一半的发电量为目标进行设计。其设计方案为在地球静止轨道上布置60个发电能力各为5GW的发电卫星。

（2）分布式绳系卫星系统。为减小单个模块的复杂性和重量，日本提出了分布式绳系卫星的概念。其基本单元由100米×95米的单元板和卫星平台组成，单元板和卫星平台间采用四根2~10千米的绳系悬挂在一起。单元板为太阳电池、微波转换装置和发射天线组成的夹层结构板，共包含3800个模块。每个单元板的总重约为42.5吨，微波能量传输功率为2.1MW。由25块单元板组成子板，25块子板组成整个系统。该设计方案的模块化设计思想非常清晰，有利于系统的组装、维护。但系统的质量仍显巨大，特别是利用效率较低。

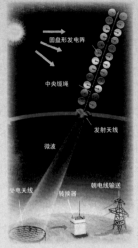

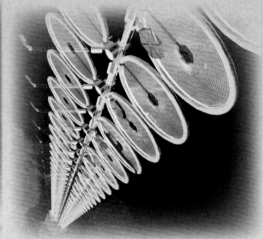

"太阳塔"发电卫星示意图　　　　　　美国"太阳塔"发电卫星

（3）集成对称聚光系统。NASA在20世纪90年代末的SERT研究计划中提出新一代的集成对称聚光系统的设计方案。采用了位于桅杆两边的大型蚌壳状聚光器将太阳能反射到两个位于中央的光伏阵列。聚光器面向太阳，桅杆、电池阵、发射阵作为一体，旋转对地。聚光器与桅杆间相互旋转维持每天的轨道变化和季节变化。

每个聚光器由36面平面镜组成，直径为455.5米，表面平面度0.5度，镜面反射率为0.9，镜面为0.5mm Kapton材料，依靠一个环形可膨胀环和一个可膨胀背板支撑。安装在聚光器结构板上，形成主镜。桅杆长6373米，主镜焦距超过10米。主镜3559米×3642米。

PV阵的平均聚光率大约为4.25，建议采用量子点技术，到2025年可能达到的技术指标为1000W/千克和550W/平方米，阵列效率可达到39%。PV阵采用了肋化设计，可以增强散热20%。PV阵背板结构是一个可膨胀环网。每个1000米直径电池阵由40米×25.6米的子阵组成。

为了减少由于电池阵到微波转换器的长距离产生的能量损失和质量，从电池阵到发射天线采用的电压为100KV。由于电池阵电压为1000V，固态放大器工作电压为80V，所以需要两方面的电压转换，电压转化装置是影响电源管理与分配部分的主要质量因素。如果采用6000V的磁控管，并将电力分配电压降为6000V，就可以减小或消除电压变换装置。

（4）欧洲太阳帆塔。欧洲在1998年"空间及探索利用的系统概念、结构和技术研究"计划中提出了欧洲太阳帆塔的概念。

该方案设计的基础是基于美国提出的太阳塔概念，但是采用了许多新技术。其中最主要的是采用了可展开的轻型结构——太阳帆。可以大大降低系统的总重量、减小系统的装配难度。其中每一块太阳帆电池阵为一个模块，一个模块150米×150米，发射入轨后自动展开，在低地轨道进行系统组装，再通过电推力器转移至地球同步轨道。

该方案采用梯度稳定方式实现发射天线对地球定向，所以太阳帆板无法实现持续对日定向。

发展空间太阳能电站面临巨大挑战。

第一首先是技术难题。空间太阳能电站是一个巨大的工程，对于现有的航天器技术提出了很大的挑战：规模大，质量达到万吨以上，比目前的卫星高出4个数量级，需要采用新材料和新型运载技术；面积达到数千米以上，比目前的卫星高出6个数量级，需要采用特殊的结构、空间组装和姿态控制技术；功率大，发电功率为GW，比目前的卫星高出6个数量级，需要特别的电源管理和热控技术；寿命长，至少达到30年以上，比目前的卫星高出一倍以上，需要新材料和在轨维护技术；效率高，需要先进的空间太阳能转化技术和微波转化传输技术。

第二是成本问题。据有的专家估算，建设一个天基太阳能发电站需要耗资3000亿至1万亿美元。因此，成本问题可能是制约空间太阳能电站发展的主要因素。按照目前的航天器的研制、发射成本，空间太阳能电站无法与现有能源竞争。以1个1GW空间太阳能电站为例，假设寿命30年，考虑阴影期影响，不考虑中断运行期，总发电量大约为2400亿KWh。以目前的地面太阳能电价，所获得的直接收益不超过2500亿人民币。

如果考虑到能源价格的增长、低碳能源所带来的附加值，实际收益将高于这一数值。但在新概念、新技术和大规模商业化之前，收入难以补偿整个系统的建造和运行成本。

第三是环境影响。虽然空间太阳能电站功率很大，但由于微波能量传输距离远（36000千米），根据微波能量传输特性，实际接收天线的能量密度比较低。

第四是运行问题。运行中还有许多问题，其中包括需采取相应的措施对波束进行安全控制问题、对于飞行器的影响、空间碎片可以对空间太阳能电站造成局部损害、易攻击性、可能成为空间垃圾等。

太阳塔 SPS 概念方案

第五是军事用途。空间太阳能电站（特别是微波能量传输型）不具有特别的攻击能力，但作为一个大功率空间电源系统，与其他军事技术的结合有可能成为攻击性武器。另外，空间太阳能电站可以用于军事设施的无线供电，间接应用于军事用途。根据一些专家的建议，在发展空间太阳能电站时，要加强国际监督，确保空间太阳能电站不成为军事武器。

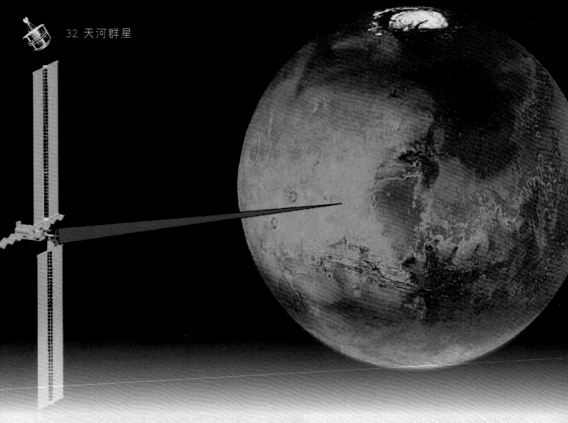

火星探测 SPS 概念方案

第六是轨道和频率问题。根据联合国《外层空间条约》规定：卫星频率和轨道资源是全人类共有的国际资源，各国都可以依据国际规则开发利用。依据国际规则，在卫星投入使用前不早于5年，但不晚于2年，向ITU申报并公布拟使用的卫星频率和轨道资源，先申报国家具有优先使用权。轨道和频率资源也将成为空间太阳能电站发展的重要限制条件之一。

第七是产能、发射能力。一个5GW空间太阳能电站系统的质量（1979参考系统：3~5万吨）相当于人类50多年来发射的所有航天器的总和。空间太阳能电站是一个巨大的工程，为了实现商业化和低成本，应当形成规模化、产业化。对于现有的航天器制造和发射能力提出非常高的要求，从材料、研制、测试、发射、在轨操作等方面都远远超过了现有能力。

我国发展空间太阳能电站意义重大

中国经济快速增长，同时能源消耗快速增长（近5年年均增长约9%），能源消耗总量接近世界第一。能源问题已经成为制约经济社会发展的"瓶颈"所在。发展空间太阳能电站技术，对于我国的长远发展意义非凡。

（1）空间太阳能电站是一种重要的可再生能源。为满足我国可持续发展的能源需求，必须开发大规模清洁能源的利用方式。在太空利用太阳能具有十分突出的优点，它可以24小时不间断地接收太阳能，且不受昼夜、季节、气候、地点等因素的影响。通过空间太阳能发电技术，解决太阳能的大规模利用问题，将可能成为21世纪取代化石燃料的重要途径之一。

（2）空间太阳能电站具有重要的战略价值。我国目前正在步入经济快速发展时期，能源和环境问题正在成为制约我国经济发展和国家安全的最显著的威胁。如果能够建立起技术上、经济上许可的空间太阳能电站系统，有效地利用空间太阳能，就可以为国家提供巨大的可再生能源资源，对于保证我国的能源独立和安全、促进国家社会、经济的可持续发展具有重要的战略意义。

（3）空间太阳能电站具有广泛的用途。空间太阳能电站不仅是一种重要的大规模可再生能源供给方式，也具有非常广泛的用途。例如，空间太阳能电站可以作为一种灵活的电力供应方式，用于紧急救灾和偏远地区供电；也可以用于航天器、航空器及地面设施的能源补给，包括星际探索，甚至可以用对飓风的减缓。

（4）空间太阳能电站对航天领域可持续发展具有重要意义。空间太阳能电站是带动未来航天产业持续发展的一个很好的候选途径。首先，它是一个宏大的航天工程，其规模将远远超越我国目前的航天重大工程。其次，空间太阳能电站是航天领域适应国民经济和国家安全急需的典型工程。空间太阳能电站能够对国家能源特别是清洁能源，和国家安全作出重要贡献。再次，空间太阳能电站作为重要的应用型空间基础设施，也必然带动其他大型空间应用项目和太阳系探索进程的开展。最后，空间太阳能电站的发展从规模、技术继承性和空间站的应用等方面与我国的载人航天工程具有很好的衔接，也将促进我国载人航天工程的可持续发展。

（5）对于相关技术研究和高级人才培养的极大带动作用。空间太阳能电站是一项庞大的系统工程，不仅涉及航天技术，还涉及能源、推进、材料、电力、电子、微波、激光、机器人、防护等诸多领域，系统规模浩大，被喻为"能源领域的曼哈顿工程、阿波罗计划"。我国如果能够开展空间太阳能电站的研究与发展，将大大促进航天技术和航天产业的发展，还将对我国众多领域的基础技术进步和产业发展产生极大的促进作用，带动一批新产业的兴起，大大提升我国的科技和经济地位。同时将大大带动从事基础研究的高素质人员的培养，为我国科技领域的长期可持续发展积累重要的智力资本。

我国空间太阳能电站发展"四步走"

近十多年来，空间太阳能电站关键技术有了很大的进步。从世界发展趋势预测，至2020年世界上将建造规模不同的试验验证空间电站，在空间取得经验后，估计2030年空间电力产业将进入商业化阶段，美国、日本等国将处于世界领先地位。而至2050年空间太阳能电站提供的电力将占全球的20%以上。目前，国内空间太阳能电站研究还出于刚刚起步的阶段。主要活动和工作还处于相关单位、研究院所、大学、相关专家自发状态。比如：上世纪80年代末，上海空间电源研究所开始对空间太阳能电站研究开展跟踪研究；1992年，中国航天科技集团公司组织参加了国际空间大学的SPS联合研究工作组，进行了空间太阳能电站方案研究；2003年，中科院及中国运载火箭技术研究院的多位专家给国防科工委上报开展空间太阳能电站研究的建议书；2007年，四川大学开展"空间微波输能技术研究";2008年,中国空间技术研究院开展了"空间太阳能电站概念及我国发展思路研究";2009年,国内多位专家上报中央,建议发展空间太阳能电站;国内相关单位结合其他项目在高效太阳能发电、特殊材料、大型展开结构、在轨维护等关键技术方面开展了初步研究工作。

2010年8月25日,在中国空间技术研究院主办的空间太阳能电站发展技术全国研讨会上,专家们认为,航天领域经过50多年的飞速发展取得了巨大的进步,特别是载人登月和国际空间站的建成是人类最具里程碑的航天成就,为空间太阳能电站的发展提供了较好的技术基础;我国已成功地发射了100多颗卫星和7艘飞船。未来十年左右将要建设的空间站,将给我国空间太阳能电站的发展带来很大的机遇;我国新一代运载火箭和未来可能发展的重型运载将大幅提升我国进入空间的能力,为建站提供了条件;我国空间技术和空间工业基础的发展,将为我们进一步利用开发空间资源开辟新的空间,使我国在空间太阳能发电涉及的空间资源分配和国际市场上拥有一席之地。有专家建议,我国政府必须高度重视尽快启动空间太阳能电站计划,把这一实用的工程纳入到发展计划之中,尽快实现由民间到官方的转变。

与会的院士和专家第一次提出了我国空间太阳能电站发展目标的建议:以大规模地面应用为最终目标,同时结合空间应用及宇宙探索等方向,开展空间太阳能电站系统和关键技术研究。利用地面和空间开展多阶段、多层次的技术和系统试验验证,逐渐实现空间太阳能电站关键技术实用化和空间太阳能电站系统的商业化,为我国社会的长期可持续发展和经济实力的战略提升提供重要的可再生能源。

在总结我国几十年对空间太阳能电站研究开展跟踪研究成果的基础上,与会专家提出了我国空间太阳能电站发展的步骤及建议。专家提出的我国空间太阳能电站发展"路线图"概括起来主要分为四个发展阶段。

第一阶段:2011~2020年

充分分析空间太阳能电站的应用需求,开展空间太阳能电站系统方案详细设计和关键技术研究,进行关键技术验证,突破关键技术为建设空间太阳能电站做准备。

我们知道,从上世纪60年代以来,人类迄今为止从技术到实践多个层面上论证了空间太阳能电站的可行性,从卫星通信的实践证明从太空轨道上向

聚光式集成对称 SPS 概念方案

地面发射微波是完全可行的，但是，把从太空中获取的太阳能转变为可以进入输电网络的电能，至今为之，还没有成功实现。尽管近些年来，相关多种技术取得了重大进展，光电效率（即光能转化为电能的转换率）大约10年前只有10％，而现在已经达到40％，但怎样把从太空中获取的太阳能转化为可以使用的电能，必须在地面上进行大功率无线能量传输试验，掌握原理，突破关键技术；比如，太阳能电站的基础是一个大型空间结构，为了实现尺度巨大的太阳能电站，需要大型空间结构具有可展开功能，可实现由折叠状态到展开状态的转换，在发射时为折叠状态，到达轨道后再完全展开并保持构形，目前科学家的设想是在近地轨道上先组装完成大型太阳能电站，再通过安装在太阳

激光能量传输 SPS 概念方案

能电站上的火箭发动机把这个大型结构推到地球静止轨道上，整个过程是一个巨大的航天工程，要靠机器人和航天员共同完成。到底怎样在地球轨道上组装空间太阳能电站，需要先在地面上进行大型结构展开及装配技术试验，完成这一试验获取新的经验后，再到空间站上，依托空间站进行大型结构展开及装配技术试验；再比如，空间到地面，电能的传输不可能架设电线，到底应用什么技术传输，还处于研究探索中，必须通过不同条件进行试验来获得，目前，空间电能传输方式主要有两种：一种是基于微波传输技术的空间太阳能系统，一种是激光传输技术的空间太阳能系统。这些传输方式都有大量的技术需要探索和试验。我国科学家设想在未来10年里，先进行地面对平流层飞艇无线能量传输试验和平流层飞艇对地面无线能量传输试验，而后再提高试验的高度，进行空间站对地面大功率无线能量传输试验，等等，当获得了一些经验后，还要发射关键技术验证专用卫星。

第二阶段：2021~2025年

利用我国的空间站平台，在航天员的参与下，进行我国第一个空间太阳能电站系统——低轨100kW演示验证系统研制，在2025年开展系统验证。重点验证大型结构的空间展开及装配，大型空间聚光系统及其控制，大功率电源管理系统，大型结构的姿态控制技术，无线能量传输技术（激光、微波），空间太阳能电站的运行维护管理等。

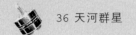

第三阶段：2026~2040年

在低轨关键技术验证的基础上，进一步研究经济上和技术上更为可行的空间太阳能电站系统方案和关键技术，突破轨道间大功率电推进技术，研制地球同步轨道10MW验证系统，大约在2030年左右发射，进行空间—地面、空间—空间无线能量传输，开展系统验证，为商业系统的研制提供重要的运行参数。系统运行寿命10年。

初步考虑该系统在低轨进行自主空间组装，并利用空间站和航天员进行部分组装工作，并解决空间装配中出现的问题，组装测试完毕后，整体运送到地球同步轨道。

第四阶段：2036~2050年

结合验证系统的运行状况，结合技术发展，研制我国第一个商业化空间太阳能电站系统，具体规模将根据商业需求而定（100MW以上），实现空间太阳能电站商业运行，运行寿命30年以上。

专家们建议：考虑到发展空间太阳能电站的战略紧迫性、技术难度和和较长的研究周期，空间太阳能电站的发展应当引起特别的重视，从资金、组织和研究人员方面大力支持开展基础研究；设立空间太阳能电站重大研究专项，联合航天、能源等相关领域专家成立专题研究组织，联合开展空间太阳能电站研究。以商业化系统建设为目标，制定空间太阳能电站发展战略和中长期发展规划；作为未来的长远发展的大工程，鼓励私营企业参与空间太阳能电站的研究发展；加强国际合作。在政府、研究机构和企业层面，与国际空间太阳能电站发展较快的国家开展广泛、深入的合作。

建造空间太阳能电站不仅涉及的技术非常复杂，需要的经费也是天文数字，其难度远比载人航天、"阿波罗"登月、GPS系统的建立要大的多，可以说是人类前所未有的重大航天工程。尽管前进的道路上充满荆棘，但人类必将义无反顾地向着胜利的坦途走去，迎来那激动人心的时刻。让我们仰望太空，翘首以待。

旅居太空不是梦

随着人们生活水平的提高和生活质量的改善，旅游已经成为一种时尚，国内假日旅游热一浪高过一浪，一日游、三日游、七日游、跨国游等五花八门的旅游活动正在红红火火地开展，旅游已经成为新的经济增长点。

到哪里去旅游，当然是神秘惊险的地方。在现实生活中，越是神秘惊险的地方，就越能刺激起人们的好奇心，就越能成为旅游的好去处。太空，充满着新奇和惊险，因此，是许多人向往的地方，当地球上的旅游热一浪高过一浪的时候，到太空去旅游，体会一下太空飞翔的滋味，将成为一个新的热点。太空旅游，甚至实现太空移民，太空居住，既是人类航天的追求，又是终将实现的梦想。

2001年4月30日，美国富翁丹尼斯·蒂托花了2000万美元乘俄罗斯"联盟"32号飞船进入了国际空间站，在太空中度过了8天惬意的生活，首开了普通人到太空旅游的先河，而后，南非商人马克·沙特尔沃斯等又相继乘"联盟"飞船进入了太空。眼下，大规模的太空旅游还没有开始的时候，已有许多人跃跃欲试了。据有关机构的一项调查显示，60％的美国人、70％的日本人和43％的德国人都希望有朝一日能够到太空中去玩一趟。

在科幻小说里，遨游太空是一个永恒的主题。随着太空旅游热再度兴起，一些雄心勃勃的市场开拓者正在发动一场旅游业的革命，太空的大门正逐步向普通人敞开。美国、日本的一些旅行社，已经开始预订太空宾馆的房间了。只要你在因特网上浏览一下，就会发现许多有关太空旅游的消息。

尽管太空旅游目前还处于准备和策划阶段，可是，美国和日本的一些商人看准了这块肥肉，恨不得自己一下子独吞下去。于是，在这个潜在的市场里，展开了一场太空旅游资源争夺战。日本有3家公司已捷足先蹬，目前，已为此花掉了2500万英镑。日本清水集团的计划是在月球上建造一个高达240米、重约8000吨的大酒店，酒店里设计了高尔夫球场、网球场等设备。日本的西松公司更加雄心勃勃，计划在月球上建造三座30层楼高的大酒店，酒店以蜗牛的形状造型，因此取名为蜗牛城大酒店。另一家公司大林集团野心更大，准备修建一座可容纳1万人在上面生活游玩的太空城。

美国著名的宾馆业巨头希尔顿集团已准备加入竞争行列，计划在月球上兴建一家名为"希尔顿月球"的豪华酒店，这个月球星级酒店有5000个房间，还有人造海滩和农场，由两个大型太阳能发动机提供电力。当月球上可能存在水的信息传来后，更加鼓舞了这些会做生意的商人。有报道说，美国希尔顿集团已经开始拉客了。他们已与美国太空总署洽谈，希望建立太空旅游合作伙伴，让宇航局把客人拉到他们的月球酒店。为使月球酒店美观漂亮，希尔顿集团聘请了包括英国设计师彼得在内的几位著名的建筑设计师，进行月球酒店的设计工作。据目前提出的方案，月球大酒店有325米高，内部设计了餐厅、医疗中心，还有教堂，在太空游玩期间的游客，还可以抽空到太空教堂中作礼拜。据说，这个酒店可与美国目前世界上最大的酒店——拉斯维加斯的米高梅豪华酒店相媲美。另外，为招徕游客，酒店还开辟了"月岩"山，观景台游玩旅游专线，专门有月球巴士车拉着游客观赏月球风景。

为迎接太空旅游热的到来，五花八门的太空宾馆已经开始设计了。据报道，美国的特罗蒂公司的专家专门为即将到太空旅游的客人设计了一种游客宾馆，叫宇宙宾馆。这个宾馆将建造在距地球450千米高的轨道上。形状就象一座大型游乐场，不过容纳人不是特别多，只有100名游客，看来，到那里住宿床位还挺紧张的。为使旅客不至于因为失重而产生不愉快的感觉，宾馆分钟自转3圈，这样，旅客生活在上面就像在地球上一样了。

据报道，日本专门为太空旅游而设计的太空宾馆是个像草帽的建筑，最上端是太阳能电站，往下是个大圆环，排列着64个房间，每个房间直径宽4米，长7.5米，视野十分开阔。房间设计了大舷窗，有豪华的床铺，自动旋转来制造重力。圆环中间是办公、娱乐区。走出房间，乘电梯走过大厅，就进入办公室、会议室和娱乐场所等。在零重力运动场，可以进行多种有趣的活动，如飘浮、翻滚、杂技、魔术、力学试验等。最下端则是宇宙飞船的停靠港，来往的航天飞机或宇宙飞船将在这里落脚。游客中如果有谁生了病，也不必着急，这里有一个能在两小时内就可以紧急起飞，将生病的游客送回地球的安全系统。这个宾馆预计在2020年就可以接待游客，每次6天。日本建筑公司株式会社和国际著名饭店建筑设计事务所公司也在研究开发太空旅馆，饭店建筑事务所的设计是由多个舱室连接成自行车轮的形状，太空旅馆在绕轨道运行中，还进行自转，这样，轮胎的边缘可产生相对于地面20%的引力，而太空旅馆中心则处于失重状态，旅客在边缘的太空舱内居住，这样可以减轻失重带来的不舒服的感觉，又可以在中间体验失重状态下奇妙的感觉，在那里，客人们可以自由自在地飞翔，真正地飘了起来。这座旅馆在距地球320千米的近地轨道上飞向，最多可容纳200人，为使客人不虚此行，还开办了太空行走、登月等项目，游客穿上特制的宇航服，就可以到太空中享受一下太空飞人的滋味了。整个旅程持续几天或几周，为降低太空旅馆的成本，该公司计划将用太空中的废火箭燃料箱改装而成。

你的身体能上太空吗？这是许多人担心的问题。如果说，只有具备航天员那样健壮的身体才能到太空去旅游，那就错了。其实，你千万不必担心，美国的专家已经专门做过研究，他们认为，到太空旅游是短时间的，参加旅游的人不一定要有航天员一样的身体，只要通过一般的身体检查，体力达到一定的状况就完全可以了。就目前拟定的条件是血压不高于100~160的人经过2~3天的训练，阅读太空旅游指南，进入模拟器感受一下太空环境，了解乘坐航天器的性能和特点，熟悉舱内各种电器开关、生活设施的使用方法，知道太空失重环境的用餐、睡眠、刮胡子、上厕所等事项以及特殊紧急情况下的处理方法和安全救生的知识等，就可以上天旅游了。

尽管如此，游客到太空去旅游与在地面上旅游的身体要求还是不一样的。到太空旅游，虽然不需要像航天员那样进行严格的身体检查和训练，但是，还是要进行例行的检查和训练的。尽管到太空去玩一圈需要花2000万美元，对大多数人来说，还是一个天文数字，但随着航天技术的发展，在未来的日子里，进入太空旅游的费用将大大降低。

虽然到太空旅游不需要特殊的身体，但保持健康的体格和具备其他条件还是必须的。赶快抓紧时间锻炼你的身体，学习一些必要的知识，积攒一些必须的费用，在未来的某一天，在紧张的工作之余，像出差到外地一样，提前预定一张太空旅游票，简单收拾一下洗漱用品，搭乘航天飞机或宇宙飞船，到太空去进行一次惊险刺激而又十分好玩的旅行吧。

揭开人造卫星的奥秘

英语将围绕行星运行的卫星叫"satellite"，它的原意是"仆人"，就是取之于仆人总是围绕主人转的意思。因此，围绕地球运行的航天器叫人造地球卫星，以此类推，围绕月球运行的航天器叫人造月球卫星，围绕火星运行的航天器叫人造火星卫星等，简称为人造卫星或卫星。

人造卫星是一种应用当代最新技术成果、高度自动化、在太空中运行的航天器。自1957年10月4日苏联成功发射人类第一颗人造卫星后，美国于1958年、法国于1965年、日本和中国于1970年相继发射了自己的人造卫星，此后，还有印度、以色列等国家都自行研制和发射了人造卫星。目前，美国和俄罗斯在卫星研制技术方面领先于其他航天国家。

据2008年底初步统计，全世界有几十个国家竞相投资卫星研制技术，十多个国家发射了人造卫星，大约有60个国家和地区的1100多家航天公司参与研发、制造、部署和运营各种军用、民用和商用卫星系统；全世界共进行了4600多次航天发射，入轨航天器共计6500多个；近10年来每年发射入轨的各种航天器有100~110个；200多个国家和地区已在利用卫星通信、导航、气象和遥感卫星的成果。人造卫星研制技术的发展和应用，促进了经济社会的进步，推动了科学技术的发展，改变了人们的思想观念、思维方式和生活方式，把地球文明送上了月球、火星和其他天体。

随着卫星应用领域的不断扩大，卫星应用产业化将实现跨越式的发展。据预测，未来十年间，将有2000多颗人造卫星进入太空。

在人类发射的航天器中，人造卫星发射最多、用途最多、应用范围最广，占发射航天器总数的90%以上。目前尚在太空中工作的人造卫星大约有600多颗。应用卫星已经作为当今社会发展的一个基础性设施，而得到快速发展和广泛的应用，从而，形成了显著的经济和社会效益。

通信卫星内部结构

一、人造卫星为何绕地球飞个不停？

我们知道，物体飞出地球到广阔的宇宙空间成为地球的卫星，需要有一定的速度。那么，地球上的物体需要多大的速度，才能克服地球引力的束缚，而绕地球飞行，成为地球的卫星呢？科学家研究后发现，这个速度与地球与这个物体的质量成正比，与它们之间的距离的平方成反比，这个距离以物体到地心的距离计算。由于地球质量是一定的，经过数学推导，这个速度实际上可以由地球表面的重力加速度、地球的半径和物体到地心的距离算出。

物体脱离地球引力的束缚而绕地球运行，成为地球的人造卫星的速度，称为"第一宇宙速度"。如果物体在地球表面上，在不考虑空气阻力的情况下，这个速度为7.91千米／秒，离地心越远，这个速度的数值要越小一些。由于物体具备了这个速度，就可以冲出地球，围绕地球飞行，所以这个速度也被称为"环绕速度"。

卫星吊装

物体脱离地球引力的束缚而绕太阳运行，成为太阳的人造卫星的速度，称为"第二宇宙速度"。在不考虑空气阻力的情况下，这个速度的数值为11.18千米／秒。由于物体具有这个速度就可以逃离地球，所以这个速度也被称为"逃逸速度"。

地球上的物体脱离太阳引力的束缚，逃离太阳系的速度称为"第三宇宙速度"。在不考虑空气阻力的情况下，这个速度的数值为16.7千米／秒。

把人造卫星、载人飞船、空间探测器等航天器送到太空中预定轨道上去的火箭，必须采用多级火箭，常用的运载火箭大都为2级或3级。火箭由箭体结构、动力装置和控制系统等构成。运载火箭不需要依赖空气中的氧，靠自己携带的氧化剂帮助燃料燃烧，所以，它的动力装置能在没有空气的太空中燃烧和工作。

为什么人造地球卫星不需要借助任何外力，在太空中可以在同一条轨道上绕地球不停地旋转呢？这是因为宇宙中的物体有一个特性，如果没有外力的作用，运动的永远运动，静止的永远静止，这通常叫做惯性。

在运载火箭的推动下，卫星达到第一宇宙速度后，它的离心力大于地球的引力，而冲出地球，成为绕地球运行的卫星。此时，由于惯性的作用，卫星不再需要外来动力，而继续绕地球飞行。同时，由于卫星还没有完全摆脱地球引力的作用，因此，在地球引力的牵引下，卫星绕地球作圆周运动。简单说来就是当卫星在作圆周运动时所产生的离心惯性，与地球对它的引力相等时，卫星就不停地围绕地球运动，而不会跑掉。

人造卫星在太空中飞行为什么不会很快掉下来呢？

要使物体作圆周运动，必须具备两个条件：一是物体本身具有速度，二是要有一个向心力。这是因为物体在已有的速度下作圆周运动时，会产生离心加速度，即离心惯性，也称离心力。只有受到一个大小相等、方向相反的向心力的作用，才能继续作圆周运动。地球引力的作用范围为以地心为中心、半径约93万千米的球。人造地球卫星只要在93万千米以下环绕地球飞行，就始终在地球引力的作用下。它不掉下来，并不是因为地球引力等于零，也不是因为它摆脱了地球引力，而是因为地球是圆球形，卫星飞行速度很快，来不及被地球吸引到地面上就飞过去了。所以，人造卫星才不会掉下来，一直不停地运行到离心力的消失。

离地球几百千米的低轨道上仍然有稀薄的大气，由于空气阻力和其他原因，在轨道上运行的人造卫星的速度会逐渐降低，随着其运行速度的逐渐降低，地球对它的引力也逐渐大于卫星的离心惯性，所以，人造卫星最终也会慢慢地下落。在它进入大气层后，与空气产生激烈的摩擦而被烧毁，所以，人们不必担心卫星掉下来会砸到脑袋。

如果运载火箭给予卫星的速度过小，达不到第一宇宙速度，这个时候，即使卫星已经发射到太空中，也无法进入预定的轨道绕地球飞行，最终，它将在地球引力的作用下，沿着一条抛物线轨迹落向地面，这叫亚轨道飞行。

如果火箭给予卫星的速度稍大于第一宇宙速度，它的离心惯性大于地球给它的引力，就会进入一条椭圆形轨道，绕地球飞行，越接近第二宇宙速度，椭圆形轨迹越长；如果速度达到第二宇宙速度，地球的引力再也拉不住它的时候，它就会挣脱地球的引力，以抛物线的轨迹飞离地球；如果达到第三宇宙速度，它就会以双曲线的轨迹飞出太阳系。

中华第一星——东方红一号在太空飞行

二、茫茫太空有"天路"

　　地面上的汽车总是要有路才能奔跑，没有路寸步难行。天上没有路，人造卫星在太空中飞行，是不是就可以横冲直撞了呢？也不是的。实际上，太空中也有一条人们看不见供人造卫星运行的路，这条路就是人造卫星在太空中运行的轨道。那么，什么是卫星的轨道？卫星有几种轨道？为什么要选择这些轨道？

　　所谓卫星的轨道，就是卫星在太空中沿着地球运行所形成的轨迹。运载火箭把人造卫星送入空中后，卫星在太空中，并不是自由自在的游荡，航天专家们根据不同的卫星所担负的不同任务，给卫星设计了多种运行轨道。

　　人造卫星的轨道是多种多样的。如果按形状，一般可分为圆轨道和椭圆轨道：圆轨道就是卫星运行的路线与地球的高度相等，即卫星运行的每一圈都是在围绕地球划圆圈；椭圆轨道就是卫星运行的路线与地球的高度有高有低，即椭圆形的。按卫星距离地球高度，一般可分为低、中、高轨。低轨道卫星，通常其轨道高度为500千米以下；中轨道卫星，通常其轨道高度为600~2000千米；高轨道卫星，通常其轨道高度在2000千米以上。

　　另外，根据特殊的要求，可以把卫星进行组网，还可以组成星座。如GPS导航定位系统，就是由24颗卫星组成星座，在6个轨道面上运行。

　　按卫星运行方向，与地球自转方向相同的轨道叫顺行轨道。与地球自转方向相反的轨道叫逆行轨道。在地球赤道上空绕地球飞行的轨道，叫赤道轨道。通过地球南北两极的轨道叫极轨道。这中间还有一些特殊意义的轨道，如地球同步轨道，地球静止轨道和太阳同步轨道。

当卫星轨道高度为35786千米时，卫星运行周期与地球自转周期相等，这种卫星轨道叫地球同步轨道；如果地球同步轨道的倾角为零，则卫星正好位于赤道上空，卫星在这一轨道上运动速度为3.07千米/秒，绕地轴转动的角速度和地球自转的角速度相等，在地面看来卫星是静止不动的，这样的轨道为地球静止轨道。静止轨道是地球同步轨道的特例，地球静止轨道只有一条。地球静止轨道卫星主要用途是通信和气象观测，它可以始终对准一个地区，一颗卫星可覆盖地球三分之一以上的面积。

轨道平面绕地球自转轴旋转的方向和速度与地球绕太阳公转的方向和平均速度相同的人造卫星轨道叫太阳同步轨道。在太阳同步轨道上运行的卫星，在同一方向经过同一纬度的当地时间是相同的，因此，可以通过选择适当的发射时间，使卫星经过一些地区时，这些地区始终处在较好的太阳光照条件下，这时卫星观测或拍摄到的地面目标图像最清晰。极轨气象卫星、地球资源卫星、海洋卫星、成像侦察卫星等对地观测卫星大都采用这种轨道。

表示轨道特点的主要参数：轨道的远地点高度、近地点高度、轨道平面与赤道平面所成的角度——倾角、轨道周期——卫星在轨道上运行一圈的时间。远地点高度和近地点高度相等时，就成为圆轨道；倾角为0°时，轨道平面与赤道平面重合，称为赤道轨道；倾角为90°时，卫星飞经地球南北两极就叫做极轨道。

卫星在轨道上的每一个位置，在地球表面上的投影叫星下点。所有星下点连成的曲线叫星下点轨迹。由于地球的自转，星下点轨迹不只一条，相邻两条轨迹在同一纬度上的间隔，正好等于地球在卫星轨道周期内转过的角度。有了星下点轨迹，就可以预报卫星在什么时候经过什么地方上空了。

卫星轨道的选择，是根据卫星的任务和应用要求来确定的。圆形轨道可以使卫星飞行的速度和离地面的高度保持不变，速度方向平行地平线；而低轨道可以提高地面摄影的分辨率。空间环境探测卫星等，常采用椭圆形轨

中国试验通信卫星在技术厂房

道，选择这种轨道由于卫星运行的轨道高度距地球的距离不同，因此，可以探测距地球不同距离的环境参数；遥感卫星由于要对全球进行观测，常常采用极轨道，选择这种轨道的好处是它可以从全球任何地方上空飞过；气象卫星和侦察卫星，需要在相同时刻对固定地区进行观测和拍照，常常采用太阳同步轨道，它可以在相同光照条件下，对同一地区进行观测和拍照；通信卫星常常采用地球同步轨道和地球静止轨道，它可以向同一地区不断地传输信息；没有特殊要求的卫星，为了借助地球自转的速度，节省运载火箭的能量，一般采用顺行轨道。

在各类应用卫星运行轨道中，用得最多的是圆轨道。因为圆轨道上运行的卫星速度是均匀的，这对于完成各种特定的任务有利。不过，也有运用椭圆轨道的卫星，俄罗斯由于地处赤道北端，靠近北极，发射沿赤道运行的卫星，北端就看不到，因此，便利用椭圆轨道，由于椭圆轨道近地点快，而远地点慢，因此，让卫星远地点处于北极上空，就可以长时间观察这一地区。

总之，人造卫星选择什么轨道，是其使命所决定的，使命不同就决定了其轨道不同，而这种轨道一旦选择就终身不变，直到卫星寿命的完结。

中国风云二号气象卫星在技术厂房

资源一号内部构造

三、人造卫星的五脏六腑

　　人造卫星从外部看，有的是方形，有的是长方形的，还有的是圆柱形的，外边有各种天线和遥感设备，形状各种各样。不同的卫星其内部构造也是千差万别、各不相同的。

　　人造卫星内部的结构构成，是根据任务不同来确定的。从大的方面来看，尽管各类卫星的用途是不同的，但是它们的内部结构都是由公用系统（公用平台）和专用系统（有效载荷）两大部分组成。

　　公用系统是卫星的基本结构。卫星上所有这些公用系统的集合叫做卫星公用平台。卫星公用平台是指根据不同航天任务，进行局部适应性修改，可支持多种有效载荷，以构成不同卫星的卫星平台，是每颗卫星完成各自的特有使命都必须具备的支持系统。比如，所有卫星上都必须有承载各种设备的结构系统、热控制系统、推进系统、姿态和轨道控制系统、数据管理系统、无线电测控系统、电源系统等。对返回式卫星来说，还必须有回收设备等，这就是公用平台部分，有了这个平台，在上面安装不同的有效载荷，就构成有不同用途的卫星了。

（1）结构系统。卫星结构系统的作用是保证卫星有适当的强度和刚度，有一定的外形和容积，是整个卫星的承力骨架。结构系统由隔框、桁条、蒙皮和横梁组成。横梁是安装仪器设备的基座，是卫星的主要承力构件，卫星上的主要承力构建都安装在横梁上。由于卫星发射中的加速和返回时候的减速产生的过载，大部分作用在横梁上，因此，卫星的结构材料不仅强度和刚度要高，要非常坚固，而且材质要轻，这样可以最大限度地减轻卫星的质量，同时，选用的材料要有良好的抗辐射和抗腐蚀性能。返回式卫星的返回舱还要有良好的防热结构和防热材料，能够在数千度的高温下不被烧毁、融化。

东方红一号卫星结构图

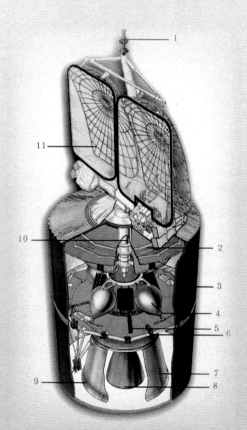

美国通信卫星一号结构图

1. 遥测和指令天线，发射卫星的数据和接收地面站指令；
2. 电子仪器舱，内有通信接收机、放大器和发射机；
3. 每分钟自旋 60 转以获得旋转稳定；表面覆盖太阳能电池帆板，从阳光获取电能；
4. 定位和定向系统；
5. 蓄电池组，储存太阳电池产生的电能，当卫星进入地阴时，给卫星供电；
6. 太阳和地球敏感器，使卫星保持固定位置的基准装置；
7. 助推器接合器；
8. 远地点发动机，在卫星与运载火箭分离以后，将卫星推到同步轨道；
9. 轴向喷管；
10. 支轴和动力传动装置，因为必须保持天线指向地球，所以支轴安装在旋筒与不旋转的顶部之间；
11. 通信天线，它接收和发射通信信号。备有使用相同频率使用两次的水平和垂直极化扫描器，因此卫星有效容量可增加两倍。

（2）热控制系统。当在轨道上运行的卫星正对着太阳时，由于太阳光直接照射到卫星星体的时候，太阳光的辐射热、地球反射太阳光的热和仪器设备产生的热，可能使卫星内部温度达到100℃以上；而当卫星进入地球阴影区，没有太阳光照射时，温度又会低达–100℃以下，这时，必须有可靠的热控制系统来保证卫星内部维持适当的温度，使各种仪器设备能正常工作，这就是卫星的热控制系统。目前，给卫星控制温度的方法通常采用被动式和主动式两种。被动式包括多层隔热材料隔热、涂层温控、热管温控、相变材料温控等。主动式温控包括百叶窗、电加热器和流体循环换热等。

（3）姿态控制系统。卫星在轨道上运行，必须保持一定的姿态，比如遥感卫星上的遥感器和通信卫星上的天线必须始终保持对着地球，太阳望远镜必须始终对着太阳等，而空气阻力、地球重力的变化和卫星内部的运动机构产生的干扰力，都会使卫星姿态发生变化。返回式卫星在返回地面前，还必须调整姿态。姿态控制系统的作用就是使卫星保持一定的姿态。

姿态控制的方法有被动式和主动式两种。被动式有旋转稳定、重力梯度稳定和磁稳定等几种。主动式姿态控制系统由敏感器、控制器和执行机构三部分组成。常用的姿态敏感器有太阳敏感器、红外地球敏感器、星敏感器、陀螺仪、扫描雷达等，它们能准确地确定卫星姿态的偏离量，然后传给控制器，经过处理、变换和放大，再传给气体喷管、反作用飞轮等执行机构，以纠正卫星的姿态偏量。

（4）电源系统。电源系统好比航天器的心脏，负责向卫星上所有需要用电的仪器设备供应养料——电能。绝大多数航天器，特别是人造卫星，都使用由太阳能电池和蓄电池组成的电源系统供电。卫星在运行中需要的电能是靠安装在卫星上的太阳帆板和蓄电池来提供的。卫星受到太阳光照射时，太阳帆板受太阳光照射产生电能，这些电能除供应仪器设备使用外，还贮存一部分在蓄电池中。当卫星进入地球阴影区太阳照不到的时候，就由蓄电池向仪器设备供电。

（5）无线电遥测、遥控和跟踪系统。卫星上的无线电遥测、遥控系统，是用来保证卫星与地面的联系的。它把卫星的工作状态和成果报告给地面，同时，又接收地面的各种指令，指挥卫星工作。由于运载火箭不可能完全准确地把卫星送入预定的轨道，在轨道上运行的卫星在受到各种干扰后，轨道还会发生变化，因此，卫星平台上还要有跟踪测轨系统，地面遥控站通过它测量出卫星的实际轨道，以便通过卫星上的动力装置，对卫星轨道偏差进行修正。修正卫星轨道的装置也叫做轨道控制系统。

（6）推进系统。推进系统是为控制卫星的姿态和轨道，产生控制力的反作用喷气系统。卫星的推进系统有二类，一类是以冷气为推进剂的冷气推进系统，冷气一般用氮气；另一类是使用化学推进剂，将推进剂分解或燃烧产生推力的热气系统。冷气推进系统结构比较简单，但比冲较小；热气推进系统比冲较高，但结构较复杂。热气推进系统又有单组元推进剂系统和双组元推进剂系统之分。单组元推进剂常用无水肼，双组元推进剂常用一甲基肼和四氧化二氮。

（7）回收与着陆系统。回收与着陆系统是为返回式卫星在返回过程中保证返回舱安全降落的系统。主要包括制动火箭、降落伞等。当返回舱下降到离地面10千米左右时，先后打开引导伞、减速伞和主伞，使返回舱下降速度从200多米/秒降低到10米/秒左右；在离地面1米左右时，着陆子系统的制动火箭工作，使返回舱的着陆速度进一步降低到1米/秒左右。

专用系统指的是卫星的有效载荷。专用系统是每一颗卫星所独有的，是根据卫星所承担的任务的不同而确定的，承担不同任务的卫星其专用系统是不一样的。例如，承担对地遥感任务的遥感卫星要有照相机，承担通信广播任务的通信卫星要有转发器，进行气象观测的气象卫星要有扫描辐射计等。

有效载荷按功能分为三种。

（1）信息传输的有效载荷：通过天线、转发器，进行遥感数据传输等。

（2）信息获取的有效载荷：多波段扫描辐射计、多光谱CCD相机、可见光相机等。

（3）信息发布的有效载荷：提供时间和空间基准、高稳定度的频标、时标和激光反射镜等。

卫星吊装

四、人造卫星品种多多

人造卫星如果按其用途可分为三大类。即应用卫星、科学卫星和技术试验卫星。

为国防建设、国民经济建设、国家安全、文化教育和大众生活等服务的人造卫星叫应用卫星。由于各类应用卫星直接为国防和国民经济建设服务，因此，根据任务和目标的不同，而赋予卫星不同的使命。如通信卫星、气象卫星、地球资源卫星、导航卫星和侦察卫星等。应用卫星按其服务对象可分为为军队服务的军事卫星，为政府、企业和大众服务的民用卫星以及既为军队服务又为政府、企业和大众服务的军民两用卫星三大类。

应用卫星按其功能可分为三类。

（1）信息传输：如通信广播卫星、中继卫星、遥感信息的传递与中继。

（2）信息获取：如侦察卫星、气象卫星、资源卫星、海洋卫星、包括空间探测器。

（3）信息发布：如导航定位卫星系统。

应用卫星按照工作特点可以分为三大类：

（1）无线电中继型。这种类型的卫星包括各种通信卫星，广播卫星等。它们大都

采用地球静止轨道，也有的根据需要采用椭圆轨道、低轨道或中高轨道。

（2）对地观测型。这种类型的卫星包括气象卫星、资源卫星、海洋卫星和侦察卫星等。其轨道大多数采用太阳同步轨道，也有采用地球静止轨道和低轨道。

（3）空间基准型。这种类型的卫星包括导航卫星和测地卫星。导航卫星一般采用分布在不同轨道面的相同倾角轨道的多颗卫星组成星座。测地卫星则大多数采用圆形极轨道。

为科学研究服务的人造卫星叫科学卫星。科学卫星用于科学探测和研究，它包括空间物理探测卫星和天文卫星。卫星上常用的仪器有望远镜、光谱仪等各类遥感器，用于对天体的观测和地球辐射带极光等太空环境的探测，如空间探测卫星、天文卫星、太阳观测卫星等。

许多航天新技术、新原理、新工艺、新材料、新方案、新设备等，通常需要先在太空中进行试验，成功后才能投入使用。为航天技术、空间应用技术进行原理性或工程性试验的人造卫星叫技术试验卫星。兼有科学研究与技术试验两种用途的，则称为科学与技术试验卫星。

人造地球卫星最早是为军事服务的，后来逐步"为民所用"。在人类已经发射升空的数千颗人造卫星中，应用卫星不仅数量占大多数，而且品种最全，用途也最为广泛，涉及人类社会和大众生活的方方面面。

作为空间技术的后来者，40多年来，中国空间技术在完全依靠自己的力量下，得到了较快的发展，初步建立了我国的应用卫星体系，各类卫星广泛服务于经济建设，取得了显著的社会效益和经济效益。

1965年8月，我国开始实施第一颗人造地球卫星计划。经过5年的努力，我国成功地发射了东方红一号卫星。卫星的重量、跟踪手段、信号形式、星体温控等技术都超过其他国家第一颗卫星的水平。东方红一号卫星的发射成功，标志着我国正式进入了太空时代，对我国国防和国民经济建设产生了深远影响。正如邓小平同志所指出的："如果60年代中国没有原子弹、氢弹，没有发射卫星，中国就不能叫有重要影响的大国，就没有现在这样的国际地位。这些东西反映一个民族的能力，也是一个民族、一个国家兴旺发达的标志。"

截至2010年底，我国自主研制和发射成功100多颗不同类型的人造地球卫星，飞行成功率达90%以上。目前，我国已形成返回式遥感卫星、"东方红"通信广播卫星、"风云"气象卫星、"实践"科学探测与技术试验卫星、"资源"地球资源卫星和"北斗"导航定位卫星等6个卫星系列，海洋卫星系列也即将形成。各类卫星的整体水平明显提高，达到20世纪90年代国际水平。值得一提的是，近年来，我国的小卫星研制得到了快速发展，应用领域不断扩大，形成了一个重要的应用卫星领域。

我国成功发射的各类应用卫星在国民经济建设、国防建设等领域发挥了重要作用，被誉为我国四个现代化建设的"助推器"。

天河群星

导航卫星

通信卫星

气象卫星

小岛上的电话通信

大型体育比赛现场直播

突发灾害时的通信确保

城市电通信干扰时的
首选通信手段

偏远山区通信

航空管制

五、应用卫星发展方兴未艾

　　卫星应用产业是当今世界经济、军事和社会发展的重要驱动力，也是加速实现信息化、工业化和现代化的重要选择。加快卫星应用产业化发展进程，让航天技术走进社会，走进老百姓的生活之中，是人类发展航天技术的根本目的。发展空间技术，实现天地良性互动，推动航天技术服务社会、服务大众生活的产业化进程，是推动航天事业发展的基础保证，也是确保卫星产业持续发展的必然要求。

　　空间技术的发展和强烈的需求，催生了卫星应用产业

　　航天器技术的快速发展，各类应用卫星的竞相升空，不断加深了卫星服务社会经济建设和大众的生活，同时，也催生了应用各类卫星成果的强烈需求，这种需求进一步促进了应用卫星的研制，催生了卫星应用产业的形成。

　　卫星应用产业是随着应用卫星技术的发展和社会的强烈需求而产生和发展的。什

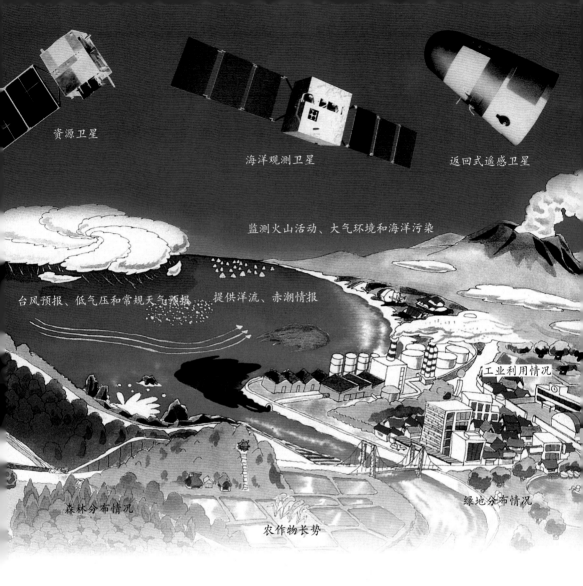

资源卫星

海洋观测卫星

返回式遥感卫星

监测火山活动、大气环境和海洋污染

台风预报、低气压和常规天气预报　提供洋流、赤潮情报

工业利用情况

森林分布情况

绿地分布情况

农作物长势

么是卫星应用产业呢？卫星应用产业是将应用卫星技术成果转化为应用产品、运营和服务，直接应用到国民经济、国防和社会各领域，形成规范化、规模化市场，并产生经济效益和社会效益的所有活动的整体集合。卫星应用产业的特点可归纳为：战略性、基础性、带动性、渗透性、增值性和不可替代性。同时，它也和其他高技术产业一样具有高技术、高投入、高风险、高回报和市场前景广阔等特征，同属于技术密集型、资本密集型和高度创新型的新兴产业。

　　根据产业种类的划分，卫星应用产业属于卫星产业的一部分。卫星产业包括卫星制造、发射服务、卫星服务业和地面设备制造。卫星应用产业专指卫星产业中的卫星服务业和地面设备制造业等组成的产业群。卫星服务业包括卫星通信服务、卫星导航服务、卫星遥感服务，以及综合运营服务。设备制造业包括卫星通信、导航和卫星遥感的应用终端设备制造、地面基础设施研制与建设等方面。

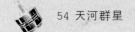

推动卫星应用产业化发展是一项国家战略

卫星应用涵盖四大领域：卫星通信、卫星导航、卫星遥感和空间环境应用。各领域之间的相互渗透和与其他技术的结合，又形成了综合应用领域。

（1）卫星应用对于建设创新型国家具有重要作用。卫星应用集中应用了当代最新科学技术成果，依赖技术上的不断创新，同时，又牵引相关学科和科学技术的发展，是一个高度创新型的新兴产业。随着卫星应用产业的不断深入，日益渗透到社会生活的方方面面，应用效益的不断扩大。许多有识之士认为，推动卫星应用产业的深入，是一项国家战略。这是因为从国家层面看，卫星应用在我国国民经济建设和社会发展、国家安全和国际政治、军事航天武器装备体系以及科学技术发展中，都已经和正在发挥出巨大的作用。加快卫星应用产业发展，是牵引技术发展，建设创新型国家的重大战略举措。一方面，充分发挥应用卫星的作用，不断加深应用领域，从而形成产业化，实现应用效益和效率的最大化，需要在技术上不断创新，以牵引了相关技术的进步和发展。另一方面，加快卫星应用产业的发展，需要应用诸多相关领域的最新技术成果，这对于将科技成果尽快转化为生产力，实现科技成果应用效益的最大化，具有重要的推动作用。因此，卫星应用产业是高度创新型的新兴产业，是一项最能拉动技术发展，促进技术成果转化的产业之一。

（2）卫星应用是促进经济建设和社会发展的"加速器"。勿庸置疑，在现代社会，最能对社会发展起推动和牵引作用的当属卫星应用产业，推进经济建设、加速现代化建设、加快信息化建设等都需要应用卫星技术的成果。在现代生活中，经济建设、社会发展、提升大众的生活水平等诸多方面，离开了科学技术的发展和科学成果的应用将无从谈起，离开了卫星及其成果的应用将很难想象。与此同时，在应用这些卫星成果的基础上，由于各领域之间的相互渗透以及与其他技术的结合，可以形成巨大的综合应用产业。因此，卫星应用作为国家的一个战略产业，已成为经济建设、社会发展和政治决策的重要支撑，是促进经济建设和社会发展的战略性高技术产业，是推动整个社会发展的基础性的奠基工程。

（3）卫星应用在国家安全和国际政治中占有重要地位。国家安全实际上包括两个层面：一方面包括领土、领空、领海和防务安全，另一方面，它还包括经济、文化、资源、信息等安全。站在这两个层面来看卫星应用，我们就会发现，卫星应用以其涵盖领域的全面性、提供服务的多样性，在涉及国家重大安全问题的军队武器装备建设、交通、测绘、通信、广播等领域占据重要地位。在国际政治上，卫星应用的深度和广度，已经成为国家的国际地位、国家形象、综合实力、民族自信心和凝聚力等方面的重要标志和体现，许多国家把发展和应用卫星成果作为国家战略的重要组成部分，作为提升国家形象、增强国家综合实力的战略性工程来实施。

（4）卫星应用带动科技进步，促进高技术产业群发展。卫星应用是一项综合性很强的高技术群，集中了当今世界科学技术发展的最新成果，带动和促进了众多学科的发展，促进了一系列科学技术的进步，其中包括天文学、地球科学、生命科学、信息科学以及能源技术、生物技术、信息技术、新材料新工艺等，就应用卫星的研制工程来讲，它带动了如电子技术、遥感技术、喷气技术、自动控制技术等技术的发展；同时，还可以形成许多边缘学科，如空间工艺学、空间材料学、生物学、卫星测绘学、卫星气象学、卫星海洋学等。因此，各种卫星应用技术的发展，大大增强人类认识和改造自然的能力，促进生产力的发展。

（5）卫星应用是武器装备效能的倍增器和应急响应的重要基础设施。卫星应用在现代和未来战争中，正在和必将发挥重要作用。比如，在空间支援、力量增强和空间控制、力量运用中，卫星应用产业具有特殊的不可替代的作用，可以说没有卫星参与的战争，将必定是一个没有胜算的战争。同时，卫星应用还是防灾减灾的重要基础。比如，在汶川地震发生后，我国共有9种型号15颗卫星参与救灾。

（6）卫星应用推动空间环境应用领域的发展。空间环境应用领域是指将返回式卫星、载人航天、月球和行星探测、日地空间探测等航天任务建立的技术储备、基础设施和取得的成果应用于社会经济建设和国防建设中。其应用领域是对卫星应用领域从单一轨道（位置）资源，向空间特殊环境、空间能源和矿产资源等资源全面应用的扩展，是人类活动从大气层迈向外层空间的必由之路，也是人类社会可持续发展的必然要求和发展航天技术的长期目标。随着航天活动的不断深入，空间环境的应用范围将不断扩大，应用领域将不断加深，将催生出巨大的空间环境应用产业。从目前的情况看，由于一些技术上的"瓶颈"还没有突破，世界上空间环境应用还处于探索和试验阶段，还没有形成产业化，或者说其产业化程度还比较低，但是，可以相信，通过不懈的努力，一旦关键技术得到解决，空间环境应用的产业化就将到来，由此必将带来巨大的经济和社会效益。

卫星应用未来发展方兴未艾

专家预测，在未来的30年内，随着市场和用户的强烈需求和现代科学技术的发展，应用卫星研制技术将实现新的突破，各类新式卫星将不断出现。据预测，仅在今后10年，可能将有近2000颗应用卫星发射升空，价值1200~1500亿美元，其中绝大部分属商业卫星。未来应用卫星的发展方向一是发展大型综合型、高性能卫星，不仅数量多，用途广，且寿命更长。二是发展用途多样化、长寿命和低造价的小型卫星。

进入20世纪90年代以来，随着应用卫星研制技术的发展，卫星应用正在成为人类社会发展的推进剂，且形成了一个巨大的卫星应用产业。按美国航天基金会的估算，2008年全球航天产业的年收入为2570亿美元；而美国国际商业航天委员会发布的1998年全球航天产业总收入为976亿美元，10年增长了2.5倍。有资料显示，未来15年航天产业规模将达到1万亿美元，如果能在这一商机中赢得较大份额，就会带来可观的效益。

据国际卫星产业联盟（SIA）公布的数据，最近五年来卫星产业发展迅速，在全球形成了新兴产业和新的经济增长点。在卫星产业链上，上游产业，即卫星制造和发射服务业，与下游产业，即卫星应用产业（卫星服务业和地面设备制造业）投入与产出的价值比例大约为1:8。2007年，全球卫星产业的年收入达到1230亿美元，比2006年增长16%，其中卫星应用产业1082亿元，约占卫星产业的88%。可见，卫星应用产业在卫星产业中占据了主导地位，尤其是在美国，以卫星直播终端和运营为代表的卫星通信产业以及以GPS导航芯片和接收机为代表的卫星导航产业已经形成了成熟的应用体系，市场需求十分旺盛。

卫星应用产业巨大。比如，在遥感卫星方面，据统计，2000~2009年10年里，全球共发射了128颗对地遥感卫星，为航天制造业创造了204亿美元的收益，据预测，今后10年，全球将发射260颗对地遥感卫星，将为航天制造业创造274亿美元的收入，商业观测收入全球平均每年以16%的速度增长。据欧洲咨询公司2009年11月12日发布的最新报告《2018年卫星对地观测市场前瞻》指出，2009年全球卫星对地观测业务收入超过10亿美元，而到2010年，将达到39亿美元。

总之，随着卫星应用产业化的形成，通信、导航、遥感等已有的业务领域，将得到更加蓬勃的发展，天地融和、星网融和将孕育着巨大的市场商机，互联网宽带接入服务将成为市场繁荣的新动力，卫星导航将成为供水、供电、供气和电信后的第五公用事业。同时，天基太阳能发电、太空旅游、太空环境资源和物质资源的利用等前景领域，也将伴随着技术的突破而快速发展，逐步形成产业化。

应用卫星研制和卫星应用产业化的发展，向人们传递这样的信息：太空，是各国经济与技术较量的疆场，伴随着社会的发展，一场更加激烈的角逐将在这片广阔无垠的舞台上展开。在利用新技术竞相发展新型应用卫星的同时，卫星应用产业化发展无疑将更加引人注目。专家认为，未来卫星应用产业发展将呈现出以下新的趋势。第一，全球卫星应用产业将保持继续增长的势头。在欧美等发达国家，各种融和应用的市场需求在稳定增长，新产品、新业务不断涌现；印度和中国等发展中国家卫星电视直播和多媒体广播业务将会得到迅速发展，各种卫星服务业还在向全球市场渗透和扩张。第二，卫视直播等面向大众消费的产品和服务，继续引领卫星应用产业。卫星应用产业已经从过去几十年单纯为军事和官方民用部门服务的高技术产业，迅速扩大到为大众消费者服务，并已发展为与普通老百姓日常生活息息相关的高技术产业。如直接到家庭的电视直播服务，直接为个人消费者服务的卫星移动多媒体广播等。第三，卫星应用向天地集成与融和服务方向发展。各种新产品和新业务不断推陈出新，在全球电信基础设施的无缝隙连接与覆盖中，应用卫星发挥着不可替代的作用，从而使传统的航天制造业要与新闻业、电信业、娱乐业、互联网接入业务等相互会聚与融和。第四，随着一大批卫星制造业和私人风险投资家涉足卫星应用产业，卫星应用市场将再也不是少数行业的事，产业竞争将变得更加残酷，在激烈的竞争中广大用户将从中得到实惠。

随着应用卫星技术的发展和应用领域的不断拓展，卫星应用产业化正在以前所未有的速度发展，在为经济发展创造的新市场和巨大经济效益的同时，还将促进经济增长方式的转变和人类生活质量的提升。在卫星应用这个庞大的市场面前，谁抓住了先机，谁就能获得巨大的收益，积极推进卫星应用产业化发展，是航天国家的明智选择。

创新发展，加快我国卫星应用产业化进程

加快应用卫星研制步伐，又好又快地推出应用卫星平台，形成种类齐全，功能强大、寿命长，服务领域广泛的应用卫星系统，全面推动卫星应用产业化发展进程，形成天地互动，良性发展的局面，是我国建设小康社会，建设创新型国家的重大举措。

随着我国卫星制造业的逐步成熟，卫星应用体系的建立健全，卫星应用产业在推动社会发展，推动经济社会建设，提高人民群众的生活质量等方面正在发挥重要作用，形成了良好的应用效益，已成为国民经济发展的新的增长点。但是，我国发射的应用卫星就其数量来讲，与国外相比卫星资源还偏少，尚无法满足社会经济活动和各界、各层次用户的需求，现有的空间基础设施离拉动卫星应用产业发展的需求，还存在一定的差距。面对国际上卫星应用产业化发展的浪潮，国内许多航天专家和应用领域的有识之士都认为，我国只有审时度势，抓住机遇，采取措施，进行体制机制和技术创新，进一步扩大和完善我国卫星应用领域，推动卫星应用产业的发展，才能迎头赶上，才能尽快融入国际卫星应用产业化的发展浪潮，才能用卫星应用产业化推动我国的现代化建设。

为加快空间基础设施的建设步伐，我国在《国民经济和社会发展第十一个五年规划纲要》、《国家中长期科学技术发展规划纲要》、《高技术产业发展"十一五"规划》和《航天发展"十一五"规划》等国家规划中，对"十一五"及以后一段时期，我国航天发展使命赋予了新的内涵。明确指出，一是从整体上要初步实现由试验应用型向业务服务型的转变，形成具有一定经济规模、产业链完整的航天产业体系。二是要以建立我国长期、连续、稳定、自主的空间基础设施为目标，建立长期稳定运行和协调匹配的卫星对地观测系统、完善的卫星通信广播系统以及初步满足需求的卫星导航定位系统，促进卫星应用的商业化、产业化发展，显著提高卫星应用产业的规模和效益。三是要优先实施载人航天工程、月球探测工程、北斗卫星导航系统工程和高分辨率对地观测系统等四大工程项目，重点发展卫星通信、卫星直播电视、卫星导航定位、卫星遥感等应用业务，把提供商业运营服务作为扩大卫星应用产业的切入点，形成空间段运营、地面系统运营和关键部件与应用终端产品制造的产业链。

在未来20年，我国应用卫星研制将跨上一个新的台阶。随着载人航天、月球探测、北斗卫星导航系统工程、高分辨率重大专项任务和移动通信卫星系统建设等航天任务的实施，我国空间设施建设将逐步完善，必将快速拉动我国的卫星应用产业的快速发展。

值得一提的是，卫星应用不同于星船研制，星船研制的主导用户相对少，市场脉络比较清晰，而卫星应用是比较典型的军民融合产业，更趋于市场化，既有不同层次的运营服务，也有不同层次的集成和终端市场，除终端、芯片外，运营和集成往往要嵌入现有地面网、行业地面信息系统或武器装备信息系统才能发挥效用，幅面宽、层次多，行业主导性较强，市场竞争特征明显，这在相当程度上给经营发展带来巨大的挑战。专家认为，加快我国卫星应用产业化发展进程，要从以下四个方面入手。

一是做好总体策划。发展我国的卫星应用产业，必须确立系统思维的理念，打破行业壁垒，牢固树立"一盘棋"、"一体化"的观念。国家相关部门站在国家层面上做好总体策划，秉承"军民融合、天地互动、协同创新、共同发展"的理念，坚持市场化、专业化、产业化的发展道路，面向国际国内两个市场，快速提升产品、技术和市场创新能力，坚持天地一体化的思想，形成天地互动的良性循环，做大做强卫星应用产业。

二是加速产品创新。集中资金，集中力量，重点推进卫星应用核心产品研发、推广与批量生产的工作，以尽快满足用户的需求，用技术含量高、价格低廉的卫星应用产品覆盖市场，比如，目前市场上应用的导航系统设备，被国外所垄断，我国应该在与北斗导航卫星发射布网的同时，进一步加快导航产品的开发，丰富我国的北斗导航卫星成熟产品的产品型谱，尽快形成与国外产品竞争的态势，打破市场被国外垄断的局面。同时，要根据应用卫星的发展规划，提前布局新型终端的研发，真正形成卫星研制、应用产品开发、尽快形成应用效益的一条龙同步运作、同步投入、同步发展的良性互动的局面。

三是加强国际市场开拓。实际上，我国许多卫星应用产品的技术含量，与国外相比，都毫不逊色，完全有能力参与国际竞争。因此，要进一步解放思想，更新观念，树立坚定的信心，扩展视野，采取走出去战略，在国际竞争中争得市场。

四是完善产业布局。在充分发挥市场作用的同时，有关部门要站在高层次上做好系统策划工作，提前做好宏观控制，避免由于重复建设、行业间的恶性竞争等因素造成的人力资源、资金和时间上的浪费，形成布局合理，互为补充，良性互动，相互促进和发展的态势，提升产品产业化的能力。

纵横天地显神通

20世纪50年代后期，人类完成了文明史上又一次飞跃——进入外层空间。继地球、海洋、天空之后，航天技术把地球文明推向高远浩瀚的宇宙。

在人类发射升空的遥感卫星中，大多数卫星发射上天后，将遥感信息传输到地面，人们在地面上就可以应用卫星的遥感成果，而卫星在天上一直工作到寿命的结束。但在航天技术发展初期研制的一种遥感卫星在工作完成后，需要返回地面才能得到成果，因为卫星对地面的遥感成果是储存在照相机的胶片上，进行的各种空间试验是储存在试验装置中的，只有返回地面后取出胶片或试验装置，经过处理才能得到有关信息和结果，这就是卫星家族的特殊品种返回式卫星。

返回式卫星是一种在近地轨道上运行、采用三轴稳定方式、对地心定向、返回舱可返回地面的卫星。它主要用于对地遥感观测，有时候也用于科学技术试验。

返回式卫星回收技术十分复杂，必须突破姿态控制与轨道控制技术、卫星再入防热技术和卫星回收技术。在50年前航天技术刚刚起步的时候，这些技术无疑是一道难题。美国曾经为此经历了12次发射失败的惨痛代价，才突破了卫星回收技术，苏联也同样在交了13颗卫星失败的高昂学费才实现了返回式卫星的成功回收。

返回式卫星首开了人造卫星投入应用的先河。在航天技术投入实际应用之初，利用返回式卫星进行对地遥感侦察，曾是获取信息和传输信息的重要手段，同时，返回式卫星还为航天新技术试验提供了重要载体，对后来载人航天技术的发展、空间站的建设和载人登月壮举的实现，奠定了技术基础。

我国返回式卫星是最早投入应用，且应用最成功的航天计划之一。

远古时，有人说地球是方的，有的说是长的，有的说是圆的，有的说是扁的。返回式卫星的回收成功，人类才第一次站在新的高度上借助航天技术观察地球，才真正看清了地球的本来面目。在应用卫星技术成果的过程中，返回式卫星功不可没。

返回式卫星电测

一、卫星家族的特殊品种

20世纪50年代后期，在第一颗人造卫星发射成功后，美国和苏联两个超级大国为了相互侦察军事部署情况，窥视对方军事情报的需要，开始研制返回式卫星。经过艰辛的努力，终于突破了卫星回收技术，实现了军事侦察手段的革命性变化。

人们不禁要问，返回式卫星是怎样返回地面的？

要了解这个问题，让我们先来了解一下什么是航天器的返回轨道。

人们通常把航天器从脱离运行轨道到降落到地面这一段的飞行轨迹叫返回轨道。根据航天器在返回轨道上所受到的升力和阻力的情况，目前，返回式航天器在返回地面的过程中，一般采用弹道式、半弹道式和滑翔式（升力式）三种轨道。

弹道式返回轨道。这种轨道的特点是，航天器在进入返回轨道，再入大气层的时候，只受阻力作用而不产生升力，因而，下降的速度快，空气动力过载大，落点无法调整和控制，可能产生较大的落点偏差。苏联和美国早期的飞船和我国的返回式卫星均采用这种返回轨道。

半弹道式返回轨道。这种轨道的特点是，航天器在再入大气层后，除了阻力外，还会产生部分升力。只要适

返回式卫星在塔架上

当控制滚动角，就可以控制升力方向，小范围地改变飞行路径，适当调整落点范围，使落点比较准确，空气动力过载也比较小，一般为4~5g。苏联"联盟"号飞船和美国的"双子星座"号飞船都是采用这种返回轨道。

滑翔式返回轨道。这种轨道的特点是，航天器在再入大气层后，会产生很大的升力，因而可以调节纵向和横向的距离，准确地降落在跑道上，空气动力过载也很小，只有2g左右。美国的航天飞机和空天飞机就采用这种轨道。

提到卫星回收，人们可能会想到把整个卫星都回收回来，其实不是这样的。返回式卫星在设计的时候一般由回收舱和仪器舱两部分组成，在完成预定任务返回地面的时候，将必须带回来的

技术人员在厂房里紧张工作

物品和返回过程中需要的工作设备集中在一个舱体里，称为返回舱或回收舱，将其他不需要返回的物品和设备集中在另外一个舱体里，如设备舱、轨道舱。卫星回收并不是说把整个卫星都收回来，而是将卫星的返回舱收回来。在卫星返回前，实施两个舱体的分离，将不需要返回的舱体全部抛掉，留在太空里，在经过一系列技术措施后返回舱返回地面。

卫星的回收是一个及其复杂的过程，这是因为卫星在轨道上是以7千米/秒以上的速度飞行的，当完成任务后需要它返回的时候，以这样高的速度冲向地球大气层，再入大气层的时候会与空气产生强烈的摩擦，卫星的表面会产生很高的温度，所以，返回式卫星在设计上必须充分考虑如何控制返回姿态，如何可靠地对付再入大气层时产生的这种极其高的温度等难题，否则，不仅卫星不会准确地回到地面，还会在返回大气层的时候被烧毁。即使返回舱不被烧毁，由于舱内温度过高，照相胶卷和试验样品也将受到破坏，整个卫星在天上的工作成果就将毁于一旦。因此，卫星回收技术是航

天技术中一项举世公认的难题。那么，卫星返回地面应具备什么条件呢？

返回式卫星安全返回地面要具备下列条件：

（1）卫星控制系统要能够准确地调整卫星姿态，使它从在轨道上飞行的姿态变成返回姿态。

（2）如果卫星是由多个舱段组成的，而且是只回收其中的一部分，则它们必须能够可靠地分离。

（3）卫星需要自带动力系统，使它能够脱离原来的运行轨道，进入返回轨道。

（4）要有良好的防热性能和隔热性能，返回舱不但不能被烧毁，而且要保证返回舱内部的温度不能过高，以保证内部拍摄的图片和进行科学实验的装置完好无损。

（5）返回舱上要有良好的减速和缓冲设备，例如安装降落伞、反推火箭发动机等，使它能够安全地降落到地面而不被摔坏。

（6）返回舱上还要有无线电信标机、闪光点和海水染色剂等标位装置，在返回舱落地后，能及时发出声音、光和颜色等信号，以便回收人员及时识别位置和成功回收。

返回式卫星返回地面的过程是：

调整姿态。由卫星上的制动火箭点火将卫星由原来的飞行姿态调整为返回姿态，并使卫星在这个姿态下保持稳定。

舱段分离。为减轻返回重量，一般只是返回舱返回地面，因此，返回舱要与其他舱段成功分离。

返回舱旋转。在返回前必须使卫星返回舱以一定的速度旋转起来，旋转的目的是为了在返回动力装置工作的时候，保持姿态稳定。

脱离飞行轨道。安装在返回舱的小型固体反推火箭或制动火箭点火工作，使返回舱产生一个反向速度。减速后的返回舱沿着亚轨道向地面下降。

打开信标机。返回舱在下降到一定的高度时，打开信标机，不断地向地面发射无线电信号，告诉回收人员所处的位置，以便于地面人员及时发现和回收。

打开降落伞。返回舱下降到一定的高度后，打开降落伞，使返回舱再一次减速，最后安全降落到地面。

卫星回收是一项极其复杂的技术，突破卫星回收技术，至少要克服三大难关。

首先，是卫星姿态及轨道控制技术。当卫星进入预定轨道后，星上姿态控制必须保持三轴稳定，使相机始终对准地面，对地面进行拍照。卫星完成任务后，按地面指令调整姿态，在回收舱和仪器舱分离后，制动火箭按照预先计算好的角度和方向点火工作，使返回舱脱离原先的运行轨道转入返回轨道，返回地面。在这期间，如果角度计算的不正确，比如，本来反推火箭应该是把卫星向下推，反而向上推了，那么，就可能把卫星推向宇宙深处，造成卫星不知去向的严重后果。

其次，是卫星再入防热技术。返回舱进入大气层后，由于速度快，舱体的头部与大气层进行剧烈摩擦，产生大量热量，这种热量可达几千度，如果没有过硬的防热措施，返回舱将被熔化掉。因此，必须采用特殊材料，这种材料一方面能阻挡热量进入

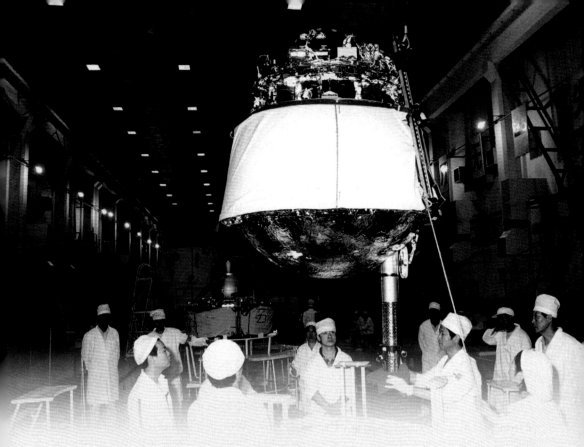

返回舱起吊

返回舱内，另一方面能把大量的热量迅速带走。

最后，是卫星回收技术。当卫星下降到距地面约10千米时，回收舱抛开后盖，分级逐步将引导伞和减速伞打开，此时，回收舱的速度就一下子降了下来，卫星以每小时不到20千米的速度落地。回收舱落地后，舱内信标装置将发出信号，告诉回收人员它所处的位置，待回收人员将回收舱回收后，整个回收程序才算完成。

从上述过程我们可以看出，返回式卫星成功返回可以说是过五关斩六将。

在这里还要介绍一下卫星回收着陆场。

卫星成功返回，回收着陆区域选择也非常重要。为了便于及时发现和寻找返回地面的卫星返回舱，美国选择海面作为返回式卫星的回收场，用庞大的舰队和直升飞机群在空中或海上进行回收。俄罗斯选择一片浩瀚的沙漠作为回收场，这种回收场地地域广阔，地面平坦，视野开阔。中国虽然幅员宽广辽阔，但卫星回收场的选择也很费脑筋。新疆、内蒙古、黑龙江等省区虽然地域宽广，沙漠和草原很多，人烟稀少，但是靠近我国边境，卫星回收的时候一旦发生偏差，容易落到其他国家去，这会带来很大麻烦。中原地带虽然不会使卫星返回舱落到国外去，但城镇密布，人口稠密，房屋林立，空中电线纵横交错，卫星回收时容易出现险情。最后，我国的卫星回收场选择了中国腹地四川中部的山区，这里虽然有山丘密林，江河峡谷，给寻找带来困难，但是，人口和城镇相对较少，一旦卫星回收时出现较大偏差，也不会落到国境以外。我国这种特殊的卫星回收区域，使卫星回收较之苏美在技术上难度要大得多。

二、中国最早的应用卫星

中国返回式卫星是一种主要用于国土普查的遥感卫星。在中国应用卫星的大家族中，返回式卫星首开了航天遥感事业的先河，在传输式遥感卫星投入使用之前的二十多年里，我国国产的航天遥感资料都来自于返回式卫星。因此，我国返回式卫星是最早投入应用，且应用最成功的航天计划之一。

1965年底，我国研制返回式卫星计划开始启动。我国航天科技工作者在一穷二白的基础上，自力更生，艰苦奋斗，攻克了道道难关，突破了卫星姿态控制、离轨、再入大气气动外形和防热设计、返回程序控制、卫星软着陆等再入返回关键技术。1975年11月26日，我国第一颗返回式卫星发射成功，该卫星在太空运行3天后成功回收，从而，我国成为继美国和苏联后世界上第三个掌握卫星回收技术的国家。同时，值得称道的是，我国返回式卫星第一次发射成功就成功回收，创造了人类航天发展史上的奇迹。

中国返回式卫星是一种低轨道、三轴稳定的对地观测卫星，共分为两类：一类是国土普查卫星，现已研制了两代；另一类是地图测绘卫星。两类卫星在外形上都是羽毛球状的钝头圆锥体，装有三种不同型号对地摄影的可见光相机以及对星空摄影的恒星相机。与第一代国土普查卫星相比，第二代国土普查卫星照片的地面分辨率、卫星重量、回收舱可回收有效载荷、仪器舱的容积都有很大增加，在轨工作寿命由3天延长至27天，一次飞行所获得的卫星遥感信息量，比第一代返回式卫星有了很大的提高。

中国第一代返回式卫星由仪器舱和返回舱组成，容积为7.6立方米，返回时有效载荷重量为260千克，在轨飞行3~5天。1992年研制的第二代返回式卫星是在第一代返回式卫星底部增加了一段高度为1.5米的圆柱体，并进行了一系列改进，有效地加大了卫

从卫星里取出搭载样品

星容积，使其达到12.8立方米，返回有效载荷达到400千克。在充分继承第一代返回式卫星成熟技术和研制经验的基础上，进行了大量技术创新和改进，实现了卫星总体设计技术、三轴稳定姿态控制技术、再入烧蚀防热技术、返回技术、热控技术、对地遥感技术、激光测距仪技术、卫星侧摆技术、高精度舱压控制、锂电池、湿度控制、回收落点控制技术等新的技术突破。从而，成功开发了我国用途广泛的返回式卫星平台。

老百姓与有关人员一起回收卫星

截至2010年底，我国返回式卫星共研制了返回式国土普查卫星、返回式摄影测绘卫星、返回式国土详查卫星、实践八号育种卫星等多种型号。共进行了24次发射，成功回收了23颗，回收成功率达96%以上，处于世界领先水平。

返回式卫星回收

三、太空"天眼"建奇功

在穿梭于天宇之间返回式卫星的眼中，地球表面似乎已无秘密可言，这个明亮的眼睛甚至还能穿过地表，看到地下奥秘。

察断层 找矿藏，遥感卫星开慧眼

返回式卫星在国土资源普查、大地测量以及河流海岸监测、城乡规划、水利建设、地质资源勘探、考古以及空间育种等众多领域发挥了重要作用，获得了明显的经济效益和社会效益。毛泽东、周恩来同志曾兴致勃勃地观看了我国返回式卫星拍摄的照片，叶剑英同志在观看了返回式卫星拍摄的照片后，欣然批示：返回式卫星有功！

据有关资料统计，我国宝成铁路自1956年以来，铁路沿线先后发生了100多次山体滑坡等自然灾害。几十年来，为保证我国西南这条经济大动脉畅通无阻，仅国家所投入的治理费用就高达7亿多元。导致这条铁路每每发生滑坡、塌方的原因到底是什么？长期以来，我国铁道专家一直百思不得其解，因此，只能一次又一次地耗费巨资进行维修。

导致铁路灾害频发的谜团，终于被我国发射的返回式遥感卫星解开了。通过研究返回式卫星拍摄的照片，研究人员惊奇地发现，这段铁路之所以频频发生灾害，原来是它的下边是地层的断裂带。为减少灾害，我国铁路设计建设部门在一些事故多发地区，有针对性地采取了大量的加固地层的措施，这些措施，有效地减少了山体滑坡等

返回式卫星热真空试验

事故的发生。

据铁道部门提供的数据，铁路每缩短一千米，可节约100~500万元投资。研究表明，利用返回式卫星资料进行铁路设计选线，不仅可避开地下断层，还可以进行线路优化设计，节省大量的投资。据介绍，我国有关部门在进行大秦铁路设计时，利用返回式卫星的遥感资料进行铁路勘测选线，不仅缩短了线路，少占了大量的耕田，还节约投资4亿多元。

京山铁路复线方案中，滦河大桥原址选在青龙河某段。在对返回式卫星遥感照片进行判读时，技术人员惊讶地发现，这一地段恰恰是地质断裂带，这就是说，即将动工的铁路大桥，将建在一个地质断裂带上。这一信息报告给铁路设计部门后，有关部门立即对桥址进行地质论证，经钻探果然发现河

返回式卫星拍摄的黄河入海口卫星图像

床下边有300米宽的破碎带，如果大桥建在这种地层上，其后果是可想而知的。于是桥梁专家重新修改了方案，将桥址北移，从而，避免了重大投资失误。

返回式卫星遥感照片显示，山西某电厂选址，恰恰是地层断裂部位，经钻探验证后，有关部门立刻重新选址改建，从而，避免了可能造成的几千万元的损失。

利用返回式卫星还可以找矿。首钢利用返回式卫星拍摄的照片，对北京1.68万平方千米范围内进行地质勘探，找出了7个成矿预测区，与过去一直使用的由点到面的找矿方法比较，既节省了时间和人力物力，又减少了盲目性。

掠山壑 扫荒漠，巡天遥看"地球村"

利用返回式卫星进行国土普查，改变了传统的方法，提高了准确性，减少了野外作业，并节省了大量的人力、物力和资金，特别是对崇山峻岭等一些人迹罕至、无力到达之地进行普查，就更加显示出其无与伦比的神奇力量。

新中国成立以来，经过广大地质工作者的艰苦努力，我国到1982年只完成二十万分之一的全国地质图64%的测绘工作。而利用我国国土普查卫星照片资料，不仅可以

返回式总装现场

在较短的时间内制成二十万分之一、十万分之一的地质图，还可绘制成五万分之一的地质图。

正是通过返回式卫星，才使我们了解了许多过去不曾了解的国土状况，准确知道了我国万里边境线的实际情况，卫星遥感资料不仅为科学研究、地图测绘和经济建设提供了大量信息，还为我国政府处理与邻国的边境事务问题，提供了准确的依据。

我国返回式遥感卫星提供的图片资料，一幅照片覆盖的面积是航空照片的140倍，只需一人用3天时间就可完成解译判读工作，这样大的面积如用飞机进行航拍，则需30人用几个月时间进行解译判读。用人工测绘，则需几年。地图测绘，以往制图都是用标杆经纬仪测绘成无数个点。完成一幅全国地图，要花数十年时间，耗费巨大的人力物力，而且有些地方由于无法到达，往往形成空白。由于测绘周期长，有时地图尚未完成，地貌又发生了变化。即使是用飞机航拍绘制我国全境地图，也需要拍摄50~100万张照片，这些照片还需要进行大量的校正和接拼工作，庞大的工作量，完成一幅全国地图，也得近十年时间。返回式遥感卫星一个半小时就可绕地球一周，每天绕地球14圈，测绘我国全境地图只需拍摄300~500张照片，一天时间就可完成，

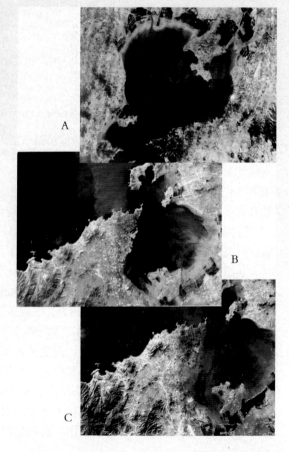

A

B

C

返回式卫星拍摄的这组照片，系统地反映了山东省胶州东岸工业废水污染和青岛市大气污染的变化过程。
A. 胶州湾 1985 年国土影像
B. 胶州湾 1986 年 TM 影像
C. 胶州湾 1988 年 TM 影像

拍摄全球也只需18天时间。

我国石油地质队员在对柴达木盆地"伊克雅鸟汝"油气构造进行调查时，26人奋战4个月，才测出568个点，绘制成五万分之一的地质图。而返回式遥感卫星仅用一张照片，就一目了然，还发现了地面测量中所无法发现的断层构造，这一发现为确定钻井位置，了解地下水资源以及确定输油管走向，提供了可靠的资料。

我国有关部门曾经利用返回式卫星遥感资料，查明了黄河、滦河、海河三大河流淤泥流沙的活动规律

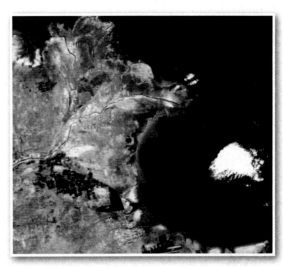

我国返回式卫星拍摄的黄河口向海域伸展的图像

及相互作用，为研究渤海湾内的流系规律及天津新港淤泥回流问题提供了科学依据。

黄河每年将大约十多亿吨的泥沙输入大海，形成了面积近6000平方千米的黄河三角洲，河床几经变迁，新老三角洲交替产生，这一地区及近海内贮存了大量的石油天然气，是理想的能源基地，开发利用潜力很大。我国有关部门正是根据返回式卫星照片，很快绘制出黄河三角洲海岸滩涂形态、故河道分布、水系渠道、油田井钻等8种基础图片，为尽快利用和开发黄河三角洲，提供了宝贵的资料。

利用返回式卫星遥感资料，可以清晰地看到承德避暑山庄的围墙和树林、山海关附近的长城和古堡。我国考古工作者还利用卫星图片，发现了一批古代遗迹，加速了考古研究。如在进行卫星照片破译时，考古专家发现了我国金代界壕和古城遗址，并确认了金代界壕位于内蒙古昭乌达盟克什克腾旗达来诺尔附近，还确认了该城是元朝至元7年(1270年)忽必烈为其女儿鲁国大长公主兴建的应昌古城。这座历经数百年风沙洗礼的古城，虽然已被黄沙掩埋，但在卫星照片上却仍然可以辨认出来。

返回式卫星吊装

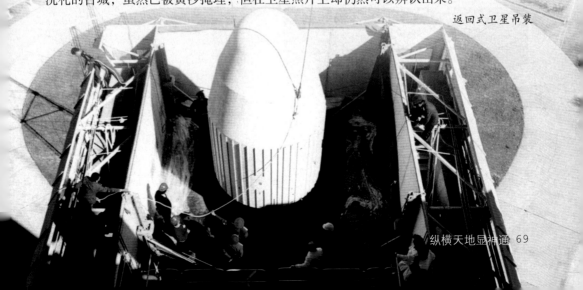

四、科学实验当尖兵

人类社会发展进步的历程，再明白不过地表明，任何一次新的工业革命，无不以科学技术的重大发现为先导。利用宝贵的太空资源，生产出地面所无法生产的新材料、新药物，是各航天大国向往并为之奋斗已久的。我国发射的返回式卫星在完成对地遥感任务的同时，还进行了各种科学实验，取得了丰富的研究成果。

据不完全统计，我国在发射的24颗返回式卫星中，共完成4次空间生命科学试验、7次空间材料加工试验、3次微重力测量试验，以及900多件植物种子、微生物、虫卵、100多件空间辐射剂量测量、20多件航天用器件的无源搭载试验。此外还完成了熔体表面和液固界面特性、空间细胞培养等空间科学试验。

在实践八号育种卫星上，在进行种子太空搭载试验的同时，一次就进行了13项搭载科学试验。其中有中国科学院的物质传质过程、热毛细对流、材料焖烧、导线着火特性、微重力池沸腾、高等植物生长、干细胞培养、星载加速度计、颗粒物质运动9项试验；进行了推进剂剩余量测量等多项试验及中科院紫金山天文台1项暗物质探测试验。

1987年，对于中国航天人来讲，或许是一个永远值得骄傲和纪念的年份。在科技强国的大旗下，我国利用返回式卫星进行太空科学实验的序幕正式拉开。

中科院院士、著名科学家林兰英在进行新一代高速集成电路和光电子器件基础材料砷化镓的研究时，遇到了困难，试图与国外同行进行真诚的合作，然而，傲慢的外国人却不给面子。林兰英突发奇想，决定利用我国的返回式卫星到空中寻求结果。于是，与中国空间技术研究院院长闵桂荣和返回式卫星总设计师王希季院士取得了联系。这一大胆奇想得到了我国航天专家的支持。于是，1987年8月5日，我国首次搭载空间材料加工炉的返回式卫星升上了太空。卫星返回地面后，科学家发现，用降温凝固法在空间首次从熔体中生长出直径和长度各约10毫米的掺碲砷化镓单晶体，其生长速度比地面快，杂质却明显减少，组份分布均匀，用所获得的单晶制成了低噪声金属栅场效应管，与地面上生长的同类器件相比，噪声系数低31%，相关增益高23%，展示了空间生长单晶具有美好的应用前景。

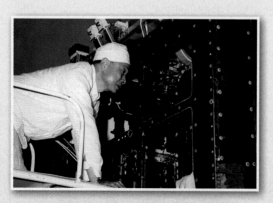

返回式卫星现场检查

我国利用返回式卫星为平台进行的一系列空间科学研究，引起了国际上的广泛关注。在我国第17颗返回式卫星发射中，中国空间技术研究院科技人员谢燮与日本早稻田大学和静冈大学教授联合提出了铟镓锑晶体生长及扩散机制实验，同时，还进行了钯、镍、磷非晶的生长，金属合金空间重凝研究等搭载。这次实验搭载样品完好无损，遥测数据齐全，取得圆满成

返回式卫星现场检查

功。在第17颗返回式卫星上，中科院物理研究所麦振洪、金属研究所丁炳哲联合进行了锑化镓材料在熔化和凝固过程中，熔滴形状及其和基体的接触角的研究，也取得了理想的结果。锑化铟晶体地面生长有明显杂质条纹，而兰州大学物理系负责主持的锑化铟晶体空间生长试验，不仅克服了这个问题，而且电阻率的均匀性比地面样品提高了一个数量级，结构完整性也大大提高。此外，我国科学工作者利用返回式卫星进行的超导材料空间热处理实验研究、难混合金、偏晶合金空间重熔凝固试验、水熔性晶体空间块试验等实验，取得了明显好于地面制备条件下的结果。

微生物技术是医学领域的基础，与人们的生活息息相关，通过研究环境与微生物生长代谢的关系，并有效地控制微生物的生长代谢过程，去获取人类生存需要的多种多样生物质源是一项十分重要的课题。伴随着航天技术的发展，微生物的生长代谢研究已由地面拓展到空间，由此而发展起来的微生物技术，有希望广泛用于药物合成、医学研究领域，空间特殊的环境为人类利用空间环境生产生物制剂显示着新的前景。

1987年，中科院微生物研究所阮继生、蔡妙英、齐祖月、刘志恒在国内率先将真菌、细菌、放线菌等12个属种利用返回式卫星送上太空，用以探讨产生生物活物质的真菌、细菌和放线菌等重要微生物，在空间环境中的生长与代谢性状，对空间环境下微生物的形态、生长及生理代谢影响，作出了有益的探索，得到了首批成果，这些成果将为发展空间生物制药及航天医学提供前期生物学依据。

我国利用返回式卫星进行藻类空间生长试验，获得了固氮能力提高的藻类新品系。这些研究表明固定化藻细胞应用于空间生命科学是可行的，不仅为空间生物学效应研究提供了新的方法，而且可能在受控生态生命保障系统和空间生物技术中加以应用。

1992年8月9日，中科院上海技术物理所龚惠兴、中科院生物研究所毕汝昌，首次

返回式卫星对接

在我国返回式卫星上，进行空间微重力环境下的蛋白质长晶实验。在13天7小时的空间试验中，出晶率达52%，最大的晶体达到1.4毫米。

1994年7月3日16时，我国发射的返回式卫星升空，在这颗卫星上，我国专家进行了蛋白质晶体空间试验。7月18日11时35分，卫星返回地面后发现，在太空旅行了15天的细胞，仍健康地活着，10种蛋白质制备的48个样品出晶率高于国际上同类水平，除一种首次参加实验的蛋白质外，其余9种都长出了晶体，这一成功，使我国在这一空间技术领域迈出了重要一步。专家还发现空间环境不仅影响一些微生物的存活，而且促进了芽孢、杆菌的形成，淀粉酶活性提高3.3倍，而曲霉毒素下降2.2倍。这一成果使我国返回式卫星生物学搭载，达到了国外载人航天器上生物学实验的同等水平。

经测定还发现，空间飞行后的纤维素霉和葡萄糖苷酶活力提高28%以上，黑曲霉糖活力和葡萄糖苷酶活力提高80%以上。在三年多的使用过程中活力稳定，用这种菌种发酵物配制的饲料，已成为一种新饲料，对梅花鹿等动物进行饲喂实验发现，不仅可节省饲料，还可使发病率降低，鹿茸产量增加16%。经空间飞行的酵母菌，诱变株酶活力提高了29%，发酵周期缩短8~10天，在啤酒工业上有广阔应用前景。

从青菜内提取细胞用于空间融合试验

五、太空育种显奇迹

在亘古的久远，一个神秘的天外来客撞击地球，从此有了生命。虽然这是无数生命起源说中的一个，但揭示生命的奥秘却曾使无数科学家穷其毕生的精力。

20世纪50年代末，沉睡了亿万年的太空被惊醒了。自苏联把人类第一颗人造卫星送上太空、星际文明的光芒照亮地球之后，人类不仅演出了一场外层空间军事角逐的活剧，而且还进行着一场空间科学研究的竞赛，执着的人类在外层空间这片广袤的田野上，播种奇想，收获希望。

太空育种结出累累硕果

据有关资料不完全统计，1957~1988年，国际上已发射了空间生命科学卫星109颗。搭载植物材料33次，占总数的30.3%，其中苏联16次，美国14次。这些搭载，使人类对空间微重力、高能重粒子对植物生长发育的机理和遗传特征的影响等，有了初步的认识。美国将番茄种子送上太空达6年之久，收回后发给中小学生做种植试验，获得了变异的番茄。苏联曾将枞树种子送入太空，经地面种植后，获得了生长快速的植株。

由于解决粮食问题对美国和苏联来讲并不紧迫，因此，这两个航天大国太空植物试验的重点并不是为了获得在地面种植的良种，而主要是为了探讨解决人类进入太空的"口粮"问题，以改善人在空间生存的小环境。换言之，是为了探索太空中能否生长植物，如果这一探索能够成功，不仅航天员在太空中吃饭问题不用操心，人类移居其他星球也将有饭吃。

维持生命需要热量，而热量的主要来源是食物。据生物学家测定，人一昼夜需要2300千卡的热量，才可以基本上维持生命。把这个数字换算成粮食，如果按全世界平均亩产320千克来计算，早在十几年前联合国就划出一道耕地"黄线"。即人均耕地最低标准不能少于0.7965亩，其中还要扣除工业用粮占地、家畜牲畜饲料地和建设用地。如果我国达到发达国家的消费水平，人均耕地必须达到1.58亩。现在我国耕地只占世界7%，却

变异后的太空葫芦

发射返回式卫星

要养活占世界五分之一的人口，可见粮食压力之大。国内的一些有识之士曾对未来30多年的粮食情况作出预测，如果到2030年我国人口控制在16亿，人均消耗粮食900斤，则需要14400亿斤粮食，假设耕地面积仍保持在16.5亿亩的现有水平，平均亩产也要达到900斤，而目前亩产水平与之相差较大。

这些冷酷的数字一方面说明我国粮食生产的前景不容盲目乐观，保护可耕土地事关重大，同时，也对改善作物品种，提高农作物的产量，提出了更高的要求。许多专家认为，以有限的耕地，养活越来越多的人口，其出路就是大幅度提高单位面积产量，而多年来我国农业生产的实践已经证明，我国粮食单产几乎达到极限，仅仅靠精耕细作，难有大的突破，而利用多种技术手段，改善作物品种，是提高农业产量的重要出路。

世界上一切生物都在发生着变化，农作物种子也不例外，它们长期生长在一个环境中，因适应了，有的也就逐渐退化了。多年来，我国一代又一代科学家为培育优良品种提高作物产量而艰辛工作着，我国利用返回式卫星进行太空育种的研究，无疑为农业增产带来了福音。

1987年8月5日，为了探索空间条件对植物种子的诱变作用，在我国发射的第9颗返回式卫星时，科学家将辣椒、小麦、水稻等一批种子搭载升空，开始了我国太空育种的有益尝试。

利用返回式卫星进行太空育种研究课题，得到了党和政府的高度重视，被列为国家"863"高科技航天领域生命科学项目，由中科院遗传研究所等单位主持。中国科学

航天小麦

家经过20多年的积极探索，经过太空洗礼的种子，在江西、广西、黑龙江、甘肃等地安家落户，繁育后代。

经过太空"修炼"的种子，到底是否已成正果?在中科院遗传所的组织下，1993年，有关专家云集江西省宜丰县，进行搭载水稻种子的现场鉴定。

专家们发现，经过6年的种植、培育、选择和测定，经过搭载的"农垦58"水稻纯系种子，不仅穗长、粒大，有的一株上竟长出3~4穗，获得了许多矮杆、丰产、早熟的后代，亩产达1200斤以上。更为可喜的是，能恢复籼稻不育系的粳稻突变体，有的亩产高达1500斤左右。不仅如此，经过检验还发现，其蛋白质含量增加8%~20%，生长期平均缩短10天。这些水稻种子产生的许多遗传变异，其幅度和类型是迄今地面上诱变因素难以达到的，其变性性状能真实地遗传，另外，专家认为，空间条件下，具有处理方法简便、变异幅度大、类型多、性能稳定、速度快等特点。

一个青椒8两重，能做一盘菜，在以前不要说看，就是想恐怕你也不敢去想，

看一看太空青茄有多大

航椒一号 30 厘米长

可是这并非神话。我国农业科学家将1987年经过太空"修炼"的青椒种子，在黑龙江省进行试种和选优，经过几个回合的培养，已产生长势强、高产优质、抗病性强的新品种。水灵灵的大青椒好像茄子一样大，单个青椒平均重量从使用传统种子种植的90克提高到160克，有的可达300~400克，亩产可达八千到一万斤，比对照增产一倍以上。病情指数减轻55%左右，可溶性物含量提高25%，维生素含量提高20%。北国的九月，已至深秋，来到航天育种实验田里，人们看到其他青椒枝叶脱落，只剩下枝干，而经太空"修炼"过的青椒后代，却仍叶繁枝茂，生机勃勃。有关部门已在黑龙江省建立了5000亩青椒生产试验示范田，广为试种培育。

专家研究发现，西红柿种子经过五年多的试种培育，其平均产量增加20%以上，病情指数减轻41.7%。

诱导种子向优秀的方向变异，所需要的条件是极其复杂的，而这些条件在地面往往是无法达到的，而太空环境可为种子的优化提供极其宝贵的条件。种子太空"修炼"的结果，向人们展示了空间特殊环境条件可能是作物诱变育种的一种新途径，这

航天专家捧起心爱的大茄子

一发现既为更广泛地利用外层空间造福人类开辟了广阔的前景，也为人类认识自然开辟了途径。专家们认为，空间科学向农业育种的渗透，有可能发展成为空间诱变育种的一个新的边缘学科。

为什么经过太空"修炼"的种子能产生优秀的后代呢？种子在太空中发生变异的

航天育种青椒

机理又是怎样的呢？目前，有关部门正在作深入的研究，从已认识到的结论来看，科学家认为，是空间微重力环境、强宇宙粒子射线辐射和高真空环境，给植物种子的"修炼"提供了十分宝贵的场所。

由于万有引力的存在，才使地球上的物体有了重量。绕地球轨道上运行的航天器中的物体，既受到地球引力的作用，又受到惯性离心力的作用，这两种力达到平衡，等效于重力消失，只受到其他微小干扰力的作用，而处于微重力状态。此时，航天器里物体的重量，只有地面的十万分之一或百万分之一，即使是原先重于泰山的物体，在那里却轻如鸿毛，可以悬浮在空中飘忽不定。

在那个空间里，空气、水受热后，不会处于上下对流的情况，液体没有固定的水平面，比重不同的液体，混合液也不会出现上下分层的现象，不难想象，这种奇特的无拘无束、毫无压迫的环境，是非常有利于种子发生遗传变异的。另外，宇宙空间处于高真空，不仅纯净无污染，而且体积硕大。同时，宇宙空间还具有强烈的宇宙射线辐射。专家认为，正是上述环境和条件，导致种子的遗传密码在排列上发生变化，产生出更有价值的新品种。

已故的返回式卫星专家林华宝和水稻专家袁隆平是中学时的同窗好友，航天有关人员通过这种关系找到了袁隆平，与他商谈利用返回式卫星育种的问题。袁隆平了解到航天育种的情况后，表现出浓厚的兴趣，他认为，搞杂交水稻特别需要新品种，如果通过航天育种能帮助找到一两个新品种，可想而知，经过重新排列组合后，不知道会搞出多少个极具价值的新品种。1996年，经过多方努力，袁隆平水稻研究中心的200克水稻种子被搭载上了返回式卫星。在拿到卫星返回地面后的搭载种子后，袁隆平格外高兴，他马上做起了试验。对于航天育种为什么会发生诱变，袁隆平中肯地说，要想从机理讲清楚还需要过程，要在摸索的过程中去认识。但可以肯定地说，航天育种

豇豆为什么这样长，航天专家研究它像研究航天技术那样认真。

变化率比传统方法的变化率要高得多。

"航天育种技术已成为快速培育农作物优良品种的重要途径之一，在生产中发挥的独特作用，为提升我国粮食综合生产能力和农产品市场竞争力提供了重要技术支撑。"我国著名农业专家、中国工程院院士卢良恕对航天育种也给予很高的评价。

外行看热闹，内行看门道。一些专家认为，航天育种除了能快速有效地直接选育优良品种外，更重要的是能创造出一大批特异的种质资源，以缓解或解决我国农作物育种种质资源贫乏这一"瓶颈"问题。

然而，在对航天育种技术的一片肯定与赞誉声之外，也有专家学者表达出了某些疑虑。这些疑虑主要集中在经过航天育种后种植的农作物的安全性上。通俗地讲，就是人吃了"太空粮"、"太空菜"，会不会有不良影响？

对此，我国的科学家观点十分鲜明：用航天育种技术选育出来的农产品，由于没有经过人为的方法将外源基因导入到农作物中使之产生变异，而是经过微重力、宇宙射线等众多因素作用，使农作物本身染色体产生缺失、重复、易位、倒置而引起遗传性变异。这种变异本质上与生物界的自然变异没有任何区别。专门实验研究显示，即使太空飞行回来的当代种子，经严格检测也没有增加任何放射性。因此，食用太空种子加工生产的粮食、蔬菜，不会存在不良反应。由于航天技术育成的新品种不存在基因安全性问题，航天育种产品是安全的。

关于这个问题，中国科学院院士陈子元经过大量调查研究后发表论文指出，航天育种是利用物理因素对植物进行诱变产生遗传变异，通过选育而培育成高产、优质、抗逆性强的植物新品种。航天育种属于理化诱变育种，是常规育种的一种手段，跟基因转换方式有很大不同。自20世纪50年代理化诱变育种被应用以来，全世界共培育出农作物2000多种，通过人们长期食用，没有发现对人体存在安全性问题。

据了解，1987年以来，我国利用返回式卫星进行了15次、2000多种农作物空间搭载试验。

专家认为，高新技术应用于农作物育种，可以在较短的时间内创造出优良的种质资源，选育出高产、优质、抗性强的农作物新品种，从而成为解决"三农"问题，振兴农业，提高农民收入的一把"金钥匙"，外部空间，可能是人类解决"米袋子"、"菜蓝子"的希望田野。

育种卫星创造新的奇迹

尽管我国政府在解决13亿人口吃饭问题上，取得了了不起的成就，为人类作出了很大的贡献，但"米袋子"、"菜篮子"仍然是党和政府时刻不容忽视的大问题。航天育种取得的成果，使航天人和一些农业科学家感到一阵阵兴奋，而发射专门用于育种的卫星，是他们共同的呼唤。

上世纪90年代初期，在参加中央召开的一次经济工作会时，当时的中国航天工业总公司总经理刘纪原得知国家缺少"两个1000亿"，即由于人口增长过快，每年缺少1000亿千克粮食；由于受自然灾害的影响，每年造成1000亿元人民币的损失。面对这种情况，他提出了要搞航天效益工程，就是要利用航天技术进行航天育种，利用遥感卫星预报地质灾害和利用航天技术推动传统产业进步。

要搞航天育种就必须让对方了解什么是航天育种。当航天总公司派"使者"踏进农业部机关的大门时，接待室的一位老员工惊奇地说："搞了30多年接待，从没有接待过航天系统的人。"航天人的第一次"登门拜访"，悄然地把航天育种的概念带入到了农业科学技术研究中。

航遗2号番茄品种是利用搭载在俄罗斯和平号空间站上，经过地面7代选育的番茄新品种。2003年在全国5个区域进行种植培育试验，平均亩产5622.4千克，果实茄红素含量高、耐贮运、常温下一个月不腐烂。

往卫星内放置种子

1995年初，航天总公司和农业部的两个"一把手"坐到了一起，就合作开展农作物航天育种工作进行专门座谈，并达成共识。会后，农业部委托中国农科院，会同航天总公司有关单位的专家、学者，对我国自1987年以来开展的航天育种的现状进行了全国性的联合实地考察和调研。当时，搞返回式卫星研制的中国空间技术研究院已经在北京郊区的大兴建设了占地200多亩的试验基地。其中有100亩用于航天育种，并专门起名为航天育种示范基地。

1996年夏天，卫星专家特意为90多位农业专家进行了一场卫星技术"科普"讲座。什么是卫星技术？怎样进行卫星搭载？空间环境对种子有怎样的影响？这些有趣的话题，使到会的农业专家们通过与航天的"零距离"接触，感受到了航天育种的真正意义。

1996年下半年的一天，航天总公司负责航天育种工作的有关人员找到中央电视台《焦点访谈》栏目的一名记者，跟他提起航天育种这个话题，敏感的记者立刻意识到这是一个热门话题，当时就定下了节目题目——《从老百姓的菜篮子看航天技术》。第二年4月，节目摄制组赶到海南琼海县，采访了经过卫星搭载后，在这里培植的400亩水稻和20多亩青椒的长势情况，他们还采访了航天专家和领导、农业专家和普通农民。在节目中，被采访的一位航天领导用简明扼要的话语点明了搞航天育种的目的：中国航天不仅要搞导弹、武器，而且要和国民经济结合起来，利用航天技术做很多的事，诸如航天育种、减灾卫星，推出效益工程。

航天育种要形成产业必须要有专门的航天育种卫星，但卫星的立项工作不是一家能办到的事，需要多方密切配合。经过近10年在航天育种方面的成功实践，相关部门的领导和专家对卫星育种的认识也逐渐深刻起来。

1996年6月，航天总公司与农业部、中科院一起联合起草了《利用返回式卫星开展农作物空间育种工程项目建议书》，同年8月，又起草了工程项目实施方案，此后还相继补充起草了《空间技术育种工程项目良性循环发展计划》和《空间技术育种工程项目投资效益分析》报告，一并上报原国家计委。

1997年，当时主管农业的国务院副总理姜春云和时任北京市委书记的贾庆林以及农业部、财政部、国家计委的有关人员来到了大兴航天育种示范基地。由太空搭载的青椒和西红柿等种子，经过培育后结出的果实又大又喜人，让在场的人们都流露出惊喜的表情。时隔三天，时任国务委员宋健又来到航天育种示范基地，同样，他对航天育种也给予了高度肯定。

1999年12月28日，经国务院第56次办公会议研究通过，正式批准航天育种工程立项。2003年5月，国家发展和改革委员会、财政部、国防科工委下达了《关于审批航天育种工程项目可行性研究报告的请示的通知》，标志着育种卫星项目正式启动。

2006年9月9日，我国实践八号育种卫星在酒泉卫星发射中心升空，由此开启了我国发射专门的育种卫星，利用航天高科技手段培育优良农作物品种实验的航程。

9月24日，在经历15天的太空旅行后，卫星返回舱平安降落在四川省境内，两天后，这些经历太空之旅的种子在北京航天城走出了返回舱，正式交给科学家们进行试验。

人们也许非常关注我国这颗专门用于太空育种的卫星都搭载了一些什么种子。

我国第一颗育种卫星实施的空间育种以粮食和经济作物为重点，兼顾饲料牧草作物以及微生物菌种和已知序列的分子生物学材料。考虑各种作物的不同生态区域及基因突变频率，选择了9大类、180组、200多千克、2020份作物和菌种等进行空间育种试验。主要有，水稻：0.05立方米，约30千克，200份；麦类：0.05立方米，约30千克，200份；玉米：0.05立方米，约30千克，160份；棉麻：0.03立方米，约10千克，100份；油料：0.02立方米，约25千克，100份；菜瓜类：0.01立方米，约20千克，150份；林果花卉：0.03立方米，约20千克，100份；菌种：0.01立方米，约5千克，100份；其他（杂粮、牧草、药用植物等）0.05立方米，约30千克，1000份。

在我国此前开展的太空育种中，为什么会发生变异，机理是什么，一直是个谜。为了探测研究空间重粒子辐射、微重力、弱磁场等环境因素的生物学效应，全面探测各种空间环境要素的量级，探索航天育种技术诱变的机理，育种卫星上还装载了7项用

种子被吊装进卫星内

航椒 3 号是利用甘肃省天水市地方品种"甘农线椒"和"天水羊角椒"搭载神舟三号飞船后选育出的一个早熟、丰产、维生素 C 含量高的新品种。在全国区域试验中平均亩产 2816.7 千克，果实平均长 25~30 厘米，每株下边都可以结 100 多个。

于空间环境探测的试验设备，包括：微重力测量仪；用途：测定和记录卫星飞行期间星上微重力水平的变化情况；离心机，用途：提供1G的重力场模拟，用于进行微重力影响下的对比研究；铅屏蔽室，用途：铅屏蔽室内装载部分植物种子和热释光片，进行微重力影响下的对比研究；辐射剂量仪，用途：记录舱内带电粒子剂量及其空间变化情况；热释光剂量包，用途：测量舱内辐射剂量及分布；核径迹探测器，用途：测量重带电粒子通量，对重粒子进行跟踪、定位和测量；磁强计，用途：测定并记录舱内磁场强度的变化情况。

当实践八号育种卫星遨游太空，回到祖国大地的时候，透过从卫星返回舱中取出的一袋袋种子，人们仿佛看到，不久后，在农业专家的精心培育下，这些太

把种子装进固定支架

空种子就要"开花结果"了。

几年时间过去了，这些种子到底长得怎么样，育种试验到底取得了什么成果呢？

2008年底，中国农业科学院在北京组织召开了实践八号航天育种工程中期进展汇报会，来自全国16个科研院校的航天育种工程项目重点课题负责人等40多名科技人员参加。汇报会特别邀请全国航天育种协作组组长翟虎渠教授、董玉琛院士、盖钧镒院士、傅廷栋院士、荣廷昭院士、谢华安院士、中国科学院遗传发育研究所张爱民教授和中国空间技术研究院实践八号育种卫星总设计师唐伯昶等作为项目中期进展评估专家莅临指导。

实践八号育种卫星搭载的种子经过几年的选育所取得的成果，使与会的专家欣慰之情溢于言表。

突变材料筛选分析稳步推进。实践八号育种卫星搭载了9大类、2020份不同种类的生物材料，包括水稻、麦类、玉米、棉麻、油料、蔬菜等152个物种，以及7套空间探测仪器。全国共有138个单位的224个课题组、1200多名科技骨干参与了地面育种项目的实施。两年来，项目组根据搭载作物种类不同，分区域建立了不同作物航天诱变育种的基础群体，在部分作物上初步筛选出200余份可遗传的突变材料，并对其中部分材料进行了初步的分子生物学分析。

航天育种机理研究进展顺利。通过对实践八号育种卫星搭载的植物种子的空间辐射剂量分析，初步掌握了不同种类的植物种子在空间飞行中被宇宙粒子击中的频率及其细胞学变异的分子机理。研究了空间环境宇宙粒子、微重力等不同因素对于植物种子萌发与幼苗生长的影响，基本明确了空间环境可以诱发作物变异以及引起变异的主要诱因。比较分析了地面模拟空间环境因素诱变植物的生物学效应，优化了地面模拟诱变技术体系。

新品种选育与示范成效显著。实践八号航天育种工程的实施，整体上有效地带动了我国航天育种新品种选育与示范。据不完全统计，两年来，项目组先后培育出通过省级以上品种审定（认定）的水稻、小麦、棉花、油菜、番茄、苜蓿等作物新品种、新组合40个，其中，7个通过国家级品种审定，使我国航天诱变作物新品种的总数达到66个。新品种累计示范应用面积超过2500万亩，增产粮棉油9.6亿千克，创社会经济效

"实践八号"育种卫星发射升空

益14亿元。申报或获得发明专利和新品种保护权34件。

评估专家在听取了航天育种工程项目地面育种工作的进展情况后，一致认为，项目实施以来，总体进展显著，筛选出了一批珍贵的变异材料，并广泛应用，对航天育种机理进行了可喜的探索，取得了初步结果，这些研究结果是以前难以获得的。项目的实施有效地带动了我国航天育种技术研究工作。针对后续工作，与会专家建议项目组要进一步加强作物空间环境诱变后代突变体的筛选与分析工作，促进重要突变新材料、新品系的鉴定与生产应用。

多年来，我国农业科学家在改进农作物品种研究上走在了世界的前列，袁隆平院士杂交水稻育种技术的突破性成果，不仅为解决中国的粮食问题作出了巨大贡献，而且为世界作出了贡献。我国从开始研究航天育种到第一颗育种卫星问世，风雨兼程二十多载。虽然走过的路途有些漫长，但航天育种的大道却越走越宽广，前景充满了希望。

在利用传统地面育种技术的同时，航天育种无疑开辟了一条育种的渠道。专家建议，作为一个新事物，一个新型边缘学科，航天育种需多部门、多行业通力合作。同时，在进行航天育种技术成果推广的同时，要加强航天育种机理的研究，把为什么发生变异的原因和机理说清楚。

航天种子能否在大范围内得到推广和应用，关键取决于种子最终能否实现产业化的生产。因此，进一步强化航天种子生产、加工、销售及其配套技术服务，将成为航天育种产业形成与发展的重要动力。据了解，在未来的几年里，我国将建立3~5个集生产、试验、示范、开发为一体的现代化航天技术育种产业基地。

愿航天种子和其他育种技术产生的种子，在华夏大地生根开花结果。如果说，在中国神话里只有神仙才能吃到天上美食，那么，随着太空育种工作的开展，我们个个都将成为"神仙"。也许有那么一天，你的餐桌上摆的将是名副其实的"天上美食"。

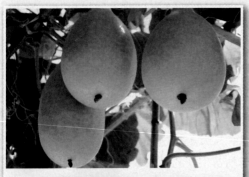

（上）长柄葫芦发生了变异，有的是长的，有的是椭圆的，最重的有4千克
（下）航天海棠变得又大、花瓣又厚

第四代"国际移动卫星"主要特征是有1个直径9米的展开式反射器

现代通信"大哥大"

通信卫星是用作无线电中继站的人造地球卫星，是各类卫星通信系统或卫星广播系统的空间部分。通信卫星可以用来在地面固定站之间、车辆、舰艇、飞机、导弹、卫星以及个人等移动体之间和固定点与移动体之间，进行电视、电话、电报、传真、数据、因特网、多媒体等各种信息传输。具有覆盖面积大，通信距离远，传播层次少，构成通信网快，视听效果好，通信容量大，可靠性高和灵活机动等优点。

在各类应用卫星中，通信卫星是发展速度最快、对社会影响最大、效益最为显著的卫星品种。目前，通信卫星已承担全世界三分之二以上的国际电报、电话业务和几乎全部的洲际电视转播业务。

通信卫星包括国际通信卫星、国内通信卫星、军用通信卫星、移动通信卫星、电视直播卫星、音频广播卫星和跟踪与数据中继卫星、无线电侦察卫星等。

经过多年的发展，目前，国际通信卫星已经发展到第八代，卫星通信转发器由最初的几个，增加到几十个，甚至上百个，寿命由几十天延长到15年以上，一颗通信卫星的通信能力为几万条话路，可同时转发几十套电视节目。

近年来，随着微电子、微机械、计算机等技术的发展，现代小卫星技术得到了快速发展，一些小型通信卫星也相继升空，由小卫星组网的通信系统正在陆续建立，由功能强大的现代小卫星组成的星座，正在给人类通信带来划时代意义的革命。

利用通信卫星架设的空中信息高速公路，被誉为21世纪的奠基工程，卫星通信正在把一条人们看不见的空中信息高速公路铺向四面八方。

生活在今天的人们是幸福的。当你打开电视机，欣赏精彩的体育比赛时，当你拿起电话向在海外的亲人问候时，当你为了明天的远行而看一看天气预报时，当你坐在计算机前通过互联网查阅资料时，也许你并未意识到，正是遨游在苍穹中的通信卫星，才给你带来了这一切。

通信卫星给人类通信带来了划时代意义的革命，在现代信息社会，通信卫星出尽了风头，从传送语言到文字，从图像到数据，从资料到各种控制信号，几乎人们通信需要什么，它就能提供什么。

一颗为亚洲地区服务的通信卫星

一、人类通信的划时代革命

1945年5月，英国著名物理学家克拉克，首次提出了在地球同步轨道上发射3颗卫星，就可实现全球通信的大胆设想。

1958年12月18日，人类第一颗试验通信卫星"斯科尔"（幸运）号升空，从此，克拉克的设想变成了现实。1963年2月14日，美国又成功发射第一颗地球同步轨道试验通信卫星"辛康"1号。通信卫星的问世，整个世界的通信广播事业发生了革命性的变化。

国际通信卫星－10

通信卫星一般运行在地球同步轨道上，定点在赤道某一个地区上空，使卫星天线始终指向地球上某一个固定的地区，从而实现两地的连续通信。如果在地球静止轨道上每隔120°放置一颗卫星的话，就能实现除地球两极以外的全球通信，也就是说，可以利用3颗相同间隔放置的地球静止轨道通信卫星实现全球通信。

卫星通信为现代通信插上了双翅。目前，人类社会有100多种不同的业务，是依靠通信卫星完成的。除电报、电话、传真、数据传输、电视广播、远距离教育、无线电广播和海事移动通信等外，通信卫星还能提供数据广播、电话会议、遥远医疗、银行汇兑、电子文件分发、报刊印刷、资料检索与传送和计算机联网等业务。已形成了年产值数百亿美元的产业，卫星通信不仅给人们带来巨大经济收益，而且带来巨大社会效益。

拥有140多个成员国的国际通信卫星组织，是国际卫星通信业务的主要经营者。据有关资料，到目前，该组织已经发射了八代通信卫星，几十年来，他们不仅稳稳地占据卫星通信市场的头把交椅，而且以其技术的不断更新而领导通信卫星技术的新潮流。

今天，尽管具备通信卫星研制和发射能力的国家仍为数不多，但拥有自己的通信卫星的国家却遍布全球。美国、加拿大、日本、法国、德国和俄罗斯等发达国家及中国、印度和印尼等发展中国家都有自己的国内通信卫星。

近几年来，亚太地区通信卫星市场迅速崛起，从印度到大洋洲的广阔地域，每个国家都在使用卫星建立自己的通信基础设施。今天，亚太地区上空有100多颗通信卫星在工作，一些国家在建立国内卫星通信系统的同时，还将其扩大成区域通信。

随着通信卫星技术的迅猛发展，卫星通信已经成为一种重要的现代化的通信手段，在美、欧、日等发达国家已率先实现了产业化、商业化和国际化。随着新需求的出现及技术的不断进步，卫星通信正跨入一个新的时代。

二、通信卫星研制技术复杂

通信卫星实质上是一个置于太空中的通信转发器或中继站，其专用系统由卫星上的通信转发器和通信天线组成。

通信转发器的作用是将卫星上天线接收到的由地面站发送的电话、电报、传真、数据和图像等微弱的信号进行放大、变频，然后，再通过发射天线将信号发射到另外的地面站，并通过地面传输线路，接通具体用户的通信联系，以实现通过卫星进行两个定点的通信。为了使发往地面的下行无线电载波信号与上行信号不互相干扰，所以还需要改变信号频率，再经功率放大后，才能向地面发送。转发器上的功率放大器是通信卫星的关键部件，常采用行波管放大器和场效应固体放大器。转发天线采用定向天线，区域通信卫星一般采用点波束定向天线。

从卫星发往地面的无线电载波信号到达地面后，已经变得很微弱了，所以需要设专门的卫星地面（球）站，用大直径的天线接收，经放大等技术处理后，再转发给用户。

携带通信转发器数量的多少，是衡量某一卫星通信能力大小的标志。早期的通信卫星只有几个通信转发器，而经过各种新技术的发展，现在通信卫星上已经可以携带几十个甚至上百个通信转发器了，因此，通信能力大大提高。

太阳帆板光照试验

通信卫星绝大多数是地球静止轨道卫星。发射地球静止轨道通信卫星难度极大。各国发射静止轨道通信卫星一般采用变轨发射的方法，要经历停泊轨道、转移轨道和同步轨道的变换。一般需要三大步：

第一步，要将卫星送到近地点为200~300千米高度的圆轨道—停泊轨道；第二步，当卫星穿过赤道平面时，末级火箭点火工作，沿着卫星飞行方向加速，使卫星离开原来的圆轨道，走上一条大椭圆轨道，其远地点正好位于赤道平面的交叉点，高度约为36000千米，这个大椭圆轨道称为转移轨道；第三步，当卫星经过远地点，同时处在地面测控站观察范围内的时候，由地面发出指令，卫星上的

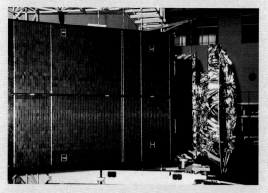

通信卫星进行卫星环境试验

远地点发动机开机工作，按预先计算好的方向和速度给卫星加速，使卫星沿着赤道平面飞行，经过多次变轨，使卫星由椭圆轨道最后进入与赤道平面重合的圆轨道。在这条轨道上，卫星自西向东以每圈23小时56分4秒的速度，围绕地球运行，与地球自转速度和方向保持一致，这样，卫星相对地面就成为静止不动的了。在整个阶段中，点燃远地点发动机，改变卫星运行速度、倾角和轨道平面是发射中最关键的步骤，也是难度最大的一步。

卫星进入静止轨道后，还要由地面进行指挥控制，改变它的运行周期，使它漂移到预定的赤道上空，然后再使它完全与地球自转同步即定点，这就要使用卫星上的姿态控制发动机经过多次的修正调整，最终使卫星达到东西不漂移，南北不画"8"字的状态，真正静止定点在赤道上空，这时候，卫星就成为静止轨道通信卫星，便可以开始工作了。一般要经过8~15天，通信卫星才走到它的"太空泊位"。

保证地球静止轨道通信卫星在轨稳定的工作要求很高，稍有偏差，卫星就会漂移，轨道周期比地球自转周期大或小时，卫星就会向西或向东漂移。轨道不圆时，卫星就会每天沿东西方向来回摆动一次，轨道倾角不为零时，卫星就会在南北方向上运动，因此真正的静止十分困难。即使卫星已静止在某一地理经度的赤道上空，由于地球扁率和太阳光压也会引起卫星在东西方向上的漂移，日月引力还会引起卫星在南北方向上的漂移，要使卫星轨道保持在允许的范围内，地面要定期修正，直至卫星上控制系统的燃料用完。

如果以为博大的太空可以毫无限制的放置卫星，那就大错特错了。看起来浩瀚无边的太空，可供地球静止轨道通信卫星使用的轨道其实只有一条。进入20世纪80年代后，通信卫星产业的强劲走势，吸引了众多航天国家的目光，因而，引发了一场争夺太空轨道位置的太空"奥运"大战。

根据世界无线电行政大会规定，需要发射通信

通信卫星扣整流罩

吊装通信卫星整流罩

通信卫星转运

卫星的国家，必须事先向国际电联登记，获得许可方可发射，因此，不少国家抢先登记地球静止轨道通信卫星轨道位置，占领宝贵的空间段资源。但是，国际电联同时规定，如果某国登记的轨道位置在规定的时间内未能使用，就将失去对它的所有权。

地球静止轨道这一宝贵的资源，成为许多国家竞争的战场。一些国家和组织出于保护自己利益的考虑，先占领轨道位置而后发射卫星，故许多卫星仅仅是作了书面登记。因此，就目前已登记的情况看，地球静止轨道上C频段通信卫星已近饱和，KU频段通信卫星也很拥挤。

除了静止轨道通信卫星，现在又兴起低轨道通信卫星的热潮。为什么呢?

这是因为地球静止轨道通信卫星虽然具有覆盖面大等一系列优越性，但是也存在不足，一是地球静止轨道只有一条，在这一轨道上不可能放置太多的卫星，也就是说，这条轨道所能承载的卫星数量是有限的，否则，它们相互之间将产生无线电干扰，甚至会发生碰撞，因而，现在静止轨道上已经十分拥挤，资源非常紧张。二是这种卫星在距离地面约35786千米的高度飞行，而它的发射功率只有几瓦到几十瓦，经过长距离传输的损耗，到达地面的信号已经很微弱，如果加大卫星的发射功率，又会使卫星的质量增加，技术更加复杂，进而又需要带来需要火箭提高推力等一系列问题。为了克服这个困难，地面站就必须采取大功率发射机和高灵敏度的接收机以及庞大的地面天线，这又使地面设备的规模扩大，造价昂贵。三是由于卫星距离地面约35786千米，会产生信号的延迟和回声干扰现象。因此，为了克服上述的种种不足，现在兴起了低轨道通信的热潮。低轨道通信卫星星地之间传输路径短，能够弥补静止轨道通信卫星存在的种种缺陷。只是由于低轨道通信卫星覆盖面积小，为了覆盖全球，需要发射多颗卫星组网，才能进行全球通信。

中国长征二号E火箭发射澳星B3

三、我国通信卫星三级跳

到2011年4月8日，我国拥有自己的通信卫星已经整整27年了。以东方红二号通信卫星发射成功为标志，我国通信卫星研制不仅实现了由试验走向应用，还实现了东方红二号、东方红三号到东方红四号的"三级跳"。随着东方红四号通信卫星平台的研制，我国通信卫星走出国门，正在向着世界先进水平不断攀登。

东方红二号，开辟中国卫星通信新时代

1984年4月8日，我国东方红二号试验通信卫星升上了太空，16日18时27分57秒，卫星定点在东经125度赤道上空。广袤的太空，中国终于有了第一颗静止轨道通信卫星。东方红二号试验通信卫星的发射成功，实现了我国卫星通信事业划时代的革命，使我国成为世界上第五个能够研制发射静止轨道通信卫星的国家之一。

东方红二号试验通信卫星运行周期为24小时，轨道倾角为零度，在工作寿命期内，保持经度偏差和纬度偏差均不超过正负1度，卫星可转发电视、广播、电话、电报、数传、传真等各种模拟和数字通信信息；卫星选择双自旋稳定方式，选用全球覆盖通信天线，转发器采用中频转发式，以实现高增益放大，采用微波统一载波体制和综合利用的无线电系统方案，以减少星上设备功耗、重量、体积和载波频率，避免无线电干扰，采用备份设计，以提高可靠性和保证寿命。卫星设计寿命2年。值得一提的是，东方红二号试验通信卫星，实际工作寿命大大超过了设计要求。

1986年，我国成功发射东方红二号实用通信卫星。东方红二号实用通信卫星与试验通信卫星相比，技术上有了适当的改进，其传输质量超过了当时我国租用的"国际通信卫星"。

1988年3月后，我国连续成功发射3颗东方红二号甲实用通信卫星，这些卫星采用了新的设计方案，性能不断增强，寿命不断延长，卫星转发器由2个增加到4个，使电视转播能力由2个频道增加到4个，电话传输能力由1000路增加到3000路，设计寿命由3年增加到4年半，使中国卫星通信事业进入了一个新的阶段。在一段时间里，我国的卫星通信转发器的国产化程度达到了三分之二，占领了国内卫星通信的半壁江山。

东方红二号实用通信卫星的发射成功和可靠稳定运行，开辟了我国卫星通信事业的新时代，为改革开放中的我国经济建设和国防事业作出了巨大的贡献。

东方红三号，打响"太空保卫战"

20世纪80年代，随着卫星通信浪潮的冲击和我国改革开放的需要，引发了国内对通信卫星转发器的更高需求。面临这种情况，我国科技人员在研制东方红二号通信卫星的同时，就着手开展中容量通信卫星东方红三号的方案论证和技术攻关工作，旨在尽快缩短与世界通信卫星研制技术的差距。

1997年5月12日，我国自行研制的新一代中容量通信卫星东方红三号在西昌发射成功，中国通信卫星事业终于迈出了坚实的第二步。

东方红三号卫星携带24个通信转发器，能同时转播6路彩色电视和8000门双工电

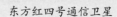
东方红四号通信卫星

话。东方红三号通信广播卫星的发射成功，对于我国空间事业的发展是一个历史性的胜利，对于中国通信卫星产业来讲更是意义非凡，不仅解了我国通信卫星市场的燃眉之急，极大地缓解了国内通信卫星市场转发器短缺的矛盾，使我国在日益激烈的通信卫星市场竞争中，夺回了部分市场，展现了我国卫星研制者的雄厚技术实力和信心。同时，还带动了我国电子、材料、机械、计算机和加工工艺水平的提高，给我国高科技领域以极大的牵引。

十多年来，我国利用东方红三号卫星公用平台研制了数颗卫星，比如，先后发射成功了中星20号、22号通信卫星、北斗导航卫星、数据与中继卫星等。

东方红三号通信卫星在厂房测试

东方红四号，再攀太空新高峰

为适应国内外通信卫星市场快速发展的需要，振兴我国的通信卫星民族工业，"九五"期间，我国开始进行东方红四号大型静止轨道通信广播卫星技术的研制开发工作。

为抢占通信卫星市场，我国进行东方红四号卫星研制的同时，还采用成熟技术，实现技术创新，形成了我国新一代大容量、长寿命通信广播卫星公用平台。该平台在设计思想上，坚持通用性、继承性、扩展性、及时性和先进性的原则，平台功能与目前国际上同类卫星先进平台水平相当，适用于大容量通信广播卫星、第二代直播卫星、移动通信卫星等地球静止轨道卫星通信任务，可以在短期内形成小批量生产能力。

开展东方红四号卫星的研制和大型通信广播卫星公用平台的建立，不仅大大提高我国卫星通信、广播电视、信息传播的水平，加速我国信息化进程，还大大缩短了我国在通信广播卫星领域与国外的差距，使我国成为世界上少数几个能研制大型通信广播卫星及其平台的国家。东方红四号通信卫星的研制，其灵活便捷的运作方式和优越的性能价格比，使该卫星具有很强的国际竞争能力。2008年10月30日，我国利用东方红四号卫星平台研制的委内瑞拉一号通信卫星发射成功，2009年1月交付使用，实现了我国通信卫星出口零的突破。此举标志着我国通信卫星研制技术实现了重大跨越。

东方红四号通信卫星平台以其优越的性能，引起了许多国家的关注。到2010年底，我国已与四个国家签订了东方红四号卫星整星出口合同。

四、通信卫星正在改变我们的生活

1972年，当中美两国实现了高层领导人会晤的时候，随尼克松总统一同跨进国门的不仅仅是他的幕僚，还有几十名装备精良的美国记者。这些记者在机场、在故宫、在长城上布满了摄像点，通过太平洋上的通信卫星把他们总统的中国之行，同步传送给了大洋彼岸的美国观众。这种速度使中国同行们目瞪口呆，心里感到很不是滋味。

很多国人大概至今还没有忘记那令人沮丧的一幕：1981年正当处于鼎盛时期的我国女排在日本世界锦标赛上的比赛难分伯仲的时候，解说员却突然宣布说，因租用国际通信卫星的时间到了，转播到此结束。这种情况给急于想知道比赛结果的观众，留下了深深的遗憾。"我们为什么没有自己的通信卫星？"一时成为国人心中大大的问号。

1984年4月8日，令国人扬眉吐气的时刻终于来到了：我国实验通信卫星发射成功，我国从此有了自己的通信卫星！

当在北京的张爱萍将军手持电话，通过东方红二号卫星与新疆维吾尔自治区党委书记王恩茂通电话的画面出现在电视机里的时候，无疑向世界宣告：经过艰难的跋涉，中国卫星通信事业终于实现了历史性的跨越，中国迎来了卫星通信的新时代！

东方红二号通信卫星的发射成功，广泛用于电视、广播、长途电话、电视教育、金融、电力等部门，承担了30路对外广播、中央电视台一、二套节目和8000多部卫星电话的传输任务，使我国收看电视的人口覆盖率由30%增加到83%~84%，基本上改变了新疆、青海、西藏、云南、贵州、四川等边远地区及海边防收视难、通信难的状况；通过通信卫星，为全国500多个大中城市开通了长途自动拨号电话。我军通信兵部队通过通信卫星开通了北京至乌鲁木齐、拉萨、昆明三个方向的数字电话话路。利用卫

东方红二号甲通信卫星

星向各地传送报纸整版版面，实现全球性数据通信和计算机通信。水利、电力、石油、煤炭、地震、交通、银行、新闻等行业，也陆续建成一批卫星通信专用网，大大提高了工作效率，促进了有关行业的发展，其中，仅中国人民银行建立的金融卫星通信网，每日汇划或结算的资金就达20亿美元以上。据有关部门估算，我国发射的通信卫星所创造的直接效益达20多亿元，其社会效益是无法估量的。

东方红二号甲通信卫星在太空运行

　　利用卫星进行远距离教育，是一些国家提高国民文化素质的明智之举，而世界上最大的"没有围墙的大学"在中国。

　　北京市复兴门立交桥的东南角，耸立着一座乳白色的大楼，这便是中国最大的大学——中国教育电视台。1986年10月16日，中国教育电视台（CETV）正式成立。利用通信卫星，我国已建成全球最大的教育电视传输网络，全国70%以上的有线电视台完整转播CETV的节目，收视CETV的人超过2亿，中国教育台已播出电视课程和各类教育节目9万多小时，每年可节约培训费几十亿元，累计已培养电大毕业生137万多人。同

东方红二号试验通信卫星在天空

时，使近130万未受过正规师范教育的中小学教师，系统学习了中、高等师范课程，培训了数十万中小学校长，近百万农民达到中专毕业或单科结业。在"农村党员干部现代远程教育工程"中，利用卫星远程教育手段对广大农村党员进行了培训。我国在2003年启动了全国农村中小学现代远程教育工程，用5年时间投资100亿元，将卫星远程教育教学

东方红三号通信卫星

覆盖到全国53万余所农村中小学，可基本上满足了农村中小学对优质教育资源的需求。卫星教育改变了远距离教育的面貌，推动了"普九"和扫盲工作，优化了教育资源的合理配置，其社会效益更是无法估量的。

1997年我国东方红三号通信卫星发射成功，从而，实现了我国通信卫星事业的新跨越。

东方红三号卫星的主服务区覆盖我国全境，台湾省、海南省，以及东沙群岛、中沙群岛、南沙群岛及附近岛屿在内的东海、南海诸岛都能囊括在内。这颗卫星既用于公众卫星通信和广播电视传输，还为用户提供电视会议、电话、传真、数据通信等多种服务。

东方红三号电测

东方红三号卫星上的24个通信转发器全部正常工作，其中22个用于电信部门的公众通信业务，2台用于包括转播甲A足球比赛、每年的"两会"期间各电视台的新闻传送、重要体育节目传播、重大展会转播等临时性电视节目传送，公众业务通信中，包括3.5万条单向话路，主要用于23个省会的一级干线通信网，还用于新疆、内蒙古等边远地区及个别重要城市的干线网。据有关部门估算，仅东方红三号通信卫星公众通信一项，每年就可为国家节省数千万美元。此外，通信卫星技术的发展和应用，还带动了我国卫星应用产业的发展，目前，我国与卫星应用相关的设备配套产品的企业、研究机构已达一百多家。

经过30年的发展，我国卫星通信广播已覆盖全国，亚洲地区和欧洲地区也已基本

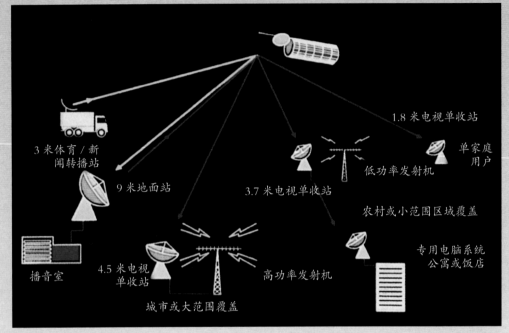

通过卫星进行电视转播

覆盖，应用范围和领域不断扩大，业务已覆盖上百个行业。卫星固定通信业务已步入产业化轨道，达到了一定的市场规模。截至2006年底，已建成使用的广播电视上行站34座，收转站超过1500万个，使用了10颗卫星上的53个转发器，传输242套电视和199套音频广播节目。其中，4颗卫星上的6个转发器向全球传送广播业务。卫星通信成为社会经济发展、重大事件和应用通信的重要保障。

卫星通信在村村通广播电视和村通电话工程中发挥了不可替代的作用。有关电信企业在四川、甘肃、青海、新疆、内蒙古、广西、山西、安徽、宁夏、陕西等省区的2200多个行政村安装了卫星电话，解决了用其他电信手段无法解决的问题。

中国卫星通信集团公司采用卫星通信技术实现了青海省玉树、果洛两个州所属186个行政村的村通电话，使青海省提前3年实现了100%行政村通电话目标。在西藏、四川等省份的偏远山区和环境条件恶劣地区的电视、电话村通工程中，卫星通信发挥了重要作用。

卫星通信超越了空间的限制，它不需铺设线路，不需中继接力，即使是远隔万水千山，只要有"维赛特"的站点，就可以与远处进行信息交换。这对于像我国这样地域广阔、地形复杂、区域经济发展不平衡的国家，十分适宜。茫茫沙漠中的石油勘探队、丛山峻岭中的矿山企业、广阔草原上的牧民，正通过"维赛特"，与北京、上海等大城市联系，交换科学、经济、生活等信息。

"VAST"(维赛特)是卫星通信中"甚小口径终端"的英文缩写。凭借着这一技术，我们可以坐在电视机前，观看大洋彼岸的比赛；在北京，在深圳，可以实时掌握上海证交所的行情变化……

卫星通信天线

有了"维赛特"，银行可加快资金流转，使一笔资金发挥几倍的效用，还可以在某一时刻，同时掌握几十个、几百个处于网络点上银行的现金流量，以提高整个银行系统的工作效率；用于超市，可实时地控制物流、资金流和货源状况，使资金利用、货源调配处于最佳状态，尽量减少不必要的流动资金积压。这样，用同样的资金就可以多办几家连锁店；用于高速公路收费，可将信号通过卫星传到处理中心，完成收费过程，加快车辆的流通速度；用于报纸传版，可将报纸的版面在几十分钟内同时传送到全国的几十个印点，使全国各印点地区能在同一天看到日报和晚报。

一个最简单的终端站，其设备只不过一台录像机般大小，天线直径可在0.8米以下。这样，对于经济相对落后的边远地区，只要用不多的投资，就可以进入空中高速公路网，在信息化进程中获得与发达地区同步的机会。

北京气象卫星地面站大楼

现代通信 大写天空 107

电视

电话/传真

电视覆盖面
1～5千米

3米地面站

低功率电视转播

卫星电视接收机
传真机

电脑终端
室内单元

电话

农村用户的综合利用

通信卫星地面站

有一位病人在当地被诊断为肝癌，利用上海浦东"维赛特"系统，华山医院的专家对卫星传送来的病人的各种资料进行分析，确诊为血管瘤，这一电视会诊，使病人得到了正确的治疗，化险为夷。

随着VSAT卫星通信领域的不断扩大，远程应用、应急通信、数据广播、宽带数据传送、专用服务等符合VSAT卫星通信技术特点和优势的新业务不断涌现，给VSAT卫星通信业务经营企业提供了市场发展的良好机遇。

近年来，我国VSAT卫星通信市场需求十分旺盛，连续保持平稳发展的态势。到2007年底，全国已投入运营的33家VSAT运营企业，拥有VSAT小站用户总数为54816个，比上一年增长了18%;国内VSAT话音小站达到了4435个，这其中绝大部分是为了解决偏远贫困地区通电话而启用的VSAT话音小站，VSAT卫星通信推动了"村村通"工程的开展，为建设社会主义新农村发挥了重要作用。

卫星通信是解决突发事件通信问题的有效手段，在应对自然灾害中，显示出其他通信手段无法比拟的作用。在所有的通信、交通、电力等均已遭到破坏的情况下，卫星电话不仅可以在第一时间了解准确信息，增强抢救的针对性，而且还可以统一调度资源，有序进行物资投放，大大提高救灾的效率，极大地减少了死亡和经济损失。专家认为，在全国各地自然灾害频发的乡村都配备卫星移动通信终端，平时用于解决电话村村通的问题，灾害时解决救灾问题，一旦灾害来临，支持手持终端的卫星移动通信系统将是解决抗灾、减灾、保护人民生命安全最快捷有效的甚至在一段时期内是唯一的应急通信手段。

　　在前些年发生的"9·11"、"SARS"及印度洋海啸、伦敦地铁恐怖爆炸等突发事件中，卫星通信发挥了极其重要的作用，为此，世界各国均对建立社会应急系统给予了高度的重视，特别是借助卫星通信技术建立的专用通信系统，配置卫星通信车、机动VSAT、卫星移动电话、卫星导航和地理信息服务等专用系统设备，应对和保障自然灾害、恐怖主义袭击等突发事件信息通信的顺畅。

　　2008年初，我国南方地区的雪灾与冰冻灾害发生后，我国卫星通信企业立即为受灾地区各行业的抗冻救灾工作提供了应急通信服务，先后为有关部门提供了50多部卫星电话，及时解决了由于常规通信手段中断所造成的应急通信问题，确保了政府、气象、供电等部门通信畅通，为及时组织抢险救灾，最大限度地减少灾害造成的损失提供了保障。

　　根据工业和信息化部统计的数据，在2008年5月12日汶川特大地震最初的半个月里，地震灾区共投入卫星移动电话1879部、应急通信车及其他应急通信装备1093台/套、IDR卫星基站80套、VSAT设备100套。卫星电话累计通话

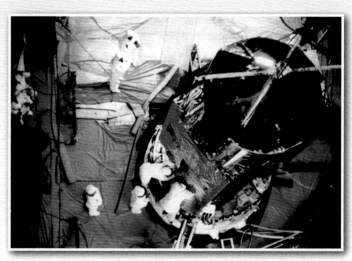

"东方红三号"通信卫星整流罩合拢前检查

16.5万余次，累计通话时长28.2万余分钟。

在汶川特大地震中，卫星通信创造了地震灾区通信抢险的"三个第一"

　　（1）实现了汶川映秀镇灾后的第一次通话。2008年5月12日，地震发生后，灾区通信设施遭到了毁灭性破坏，震中汶川映秀镇与外界联系完全中断。5月13日21时，通过救灾人员经过艰难跋涉送去的10部卫星电话，映秀镇打出了通向外界的第一个电话，

指挥中心知道了当地的灾情。映秀镇各搜索小组使用卫星电话，实时和指挥部取得了联系，为救援物资投放、天气及地形情况通报提供了及时准确的信息，为及时进行救灾抢救发挥了重要作用。

（2）保障了汶川灾后第一个移动通信基站的开通。由于灾区地面移动通信基站受到严重损坏，地面移动通信只能采用通过通信卫星实现基站覆盖。5月16日，使用中卫1号通信卫星提供的卫星通信传输链路，中国移动开通了汶川地震后的第一个移动基站，抢险救灾的指挥系统终于畅通，灾区人民终于可以使用手机同家人取得联系。

（3）搭建了映秀镇灾后第一个实时视频传送平台。随时掌握灾区现场情况，是指挥抗震救灾的重要依据，现场视频将成为连接救灾人员、受灾群众及全国人民的桥梁。5月15日，有关部门通过紧急安装卫星宽带视频系统，搭建了映秀镇与外界唯一的实时视频传送平台，及时将映秀镇现场灾情的视频、语音实时传回了指挥中心，为映秀前沿指挥中心和后方指挥中心提供了稳定的全方位的通信保障，给抢险救援提供了宝贵的时间和强有力的支持。卫星宽带视频传输站还为广大灾民、搜救人员和新闻媒体提供了卫星IP电话、卫星宽带上网、双向视频语音通信、传输新闻稿件和图片等通信服务，成为抗震救灾的至关重要的窗口和媒介。

长征二号E火箭发射亚洲二通信卫星

五、通信卫星市场竞争激烈

享受了20世纪通信卫星馈赠的人类，正行进在通向21世纪的大道上。各类通信卫星发射升空，大小卫星交相辉映，卫星通信使信息高速公路四通八达；高新技术的大量运用使卫星功能更强，寿命更长，用途更广，这就是未来卫星通信事业展现在人们面前的壮丽画卷。

通信卫星研制技术快速发展。通信卫星的广阔市场，丰厚的回报，深深地吸引了卫星经营者。未来，人类卫星通信事业将快速发展，大功率、宽频带、小卫星组网和长寿命，将是主要发展方向。据有关资料显示，欧美的卫星制造商将推出当今最大的通信卫星平台，他们是洛克希德—马丁公司的A-2100、休斯公司的HS-702、劳拉空间系统公司的FS-1300、法国宇航公司和德国宇航公司的空间客车-4000等，这些通信卫星大都携带80个以上的通信转发器，寿命都在15年以上，生产周期只需要24~30个月。特别值得一提的是，劳拉空间系统公司还公布了LS-2020公用平台研制计划，该卫星是一种模块化卫星星体，可容纳150个转发器，这是目前所知的最大的通信卫星平台，国际通信卫星-9的通信转发器数已经增至96个，寿命达到15年。

商用通信卫星进入新一轮更新换代。目前，地球同步轨道通信卫星市场已进入一个新的更新换代时期，之前的四个高峰分别在1978年、1984年和1996年。目前已进入第四个更新换代周期。据有关专家估计，全世界每年有20~30颗卫星的订单，在2010年

中国教育电视台北京上行站

将达到高峰。为了更新全球星星座和轨道通信星座，全球星公司已于2006年12月4日就其第二代卫星系统与法国阿而卡特公司签下总共48颗卫星的订单，第二代平台设计寿命延长到15年。

在发展大型通信卫星系统的同时，中、低轨道的通信卫星也将快速发展。其趋势是小型化、轻型化，卫星设计是模块化、集成化，研制生产是规模化、流水线化。用于话音和数据通信的低轨道卫星，将随着卫星功能密度的提高向现代小卫星方向发展。据预测，未来由中、低轨道全球覆盖的卫星移动通信系统将迅速崛起。

静止轨道位置争夺将更加残酷。占据了轨道位置，就占尽了市场先机，这是一些卫星经营者的共识。据预测，在21世纪，争夺静止轨道位置的"太空大战"，将愈演愈烈。采用各种方法占领轨道位置，已经成为当今国际通信卫星市场中一个不容忽视的动向，在各种新招中，"纸面卫星"便是其一。

据欧洲咨询公司的一项调查表明，由于宣布签订卫星合同可以作为法律依据提供给权威机构国际电联，以确保预定的轨道位置和所登记的频率，因此，为取得理想的轨道位置，通过国际电联的审查和吸引资金，许多公司在获得合同所需的足够的资金前，就抢先宣布已与卫星制造商和发射方签订了合同，以提前获得国际电联的位置许可。但是，合同签订多年了，卫星的制造却迟迟没有开始。为此，国际电联作出规定，要求登记了轨道位置的国家，必须在一年之内启动卫星的研制工作，否则，卫星经营者保留的轨道位置将被收回，试图以此减少"纸面卫星"的数量。由于公共资本市场在卫星系统融资方面所起的作用日益增强，所以，预计这种趋势将会继续。

随着美国、欧洲的许多卫星公司纷纷跻身亚太地区通信卫星市场，中国、日本、印度、韩国在内的亚太地区的一些国家，纷纷自行或联合制造通信卫星，亚太地区上空通信卫星轨道将"星满为患"。

新技术为通信卫星插上双翅。今天的卫星制造者再也不能像20世纪那样，30个月或40个月制造一颗通信卫星了，卫星的采购者将对卫星制造商提出更加苛刻的要求，为在卫星寿命期内获得最大的经济效益，希望制造商在12~18个月内拿出一颗新式卫星，寿命要在10~15年，甚至更长，并且对卫星通用化的程度不断提出新的要求。

廉价的用户终端设备将是未来通信的趋势。据有关专家认为，未来理想的用户设备是由微小的全向天线组成，这种装置抗干扰性极强，它可以放在窗户附近，并可以用细而轻的电缆或无线方式接到用户室内，而用户只需要将此装置放置于一个有标准接口、含计算机芯片的设备中去，每月付很少的款，就可以非常方便地使用。多年以后，固定通信地面天线将减小到手提包大小或更小，且功能更强，更完备，价格也很便宜。据专家估计，未来，一台售价几百美元手提包大小的卫星终端，有可能将目前的电话、电视和电脑三网合一。

能够承受来自其他系统的干扰，是未来卫星的一个特点。为此，军事卫星的抗干扰技术将在民用通信卫星中得到广泛应用。未来设计的通信卫星系统将可以在有噪声和干扰的情况下以弱信号工作。此外，各种误差校正和视频隐蔽编码方法将不断出现，并得到广泛应用。

卫星寿命，取决于所携带的用于维持轨道位置的肼燃料的多少，随着推进技术的发展和推进剂的改进，卫星寿命将大大延长。经过几十年的研究，电推进技术已用于轨道控制，未来静止轨道通信卫星可以只携带很少的肼燃料。此外，卫星有效载荷将朝着更高频段、多波束天线等方向发展。

卫星平台将采用高度模块化、集成化和系列化技术，先进的推进系统、能源系统和新材料、新工艺的运用，将使卫星研制技术更加完美。卫星直接广播业务与卫星固定通信业务之间的区别也将减小，各种卫星通信网与多种地面业务传输网将进一步融为一体，一个全球无缝隙覆盖的海陆空立体通信网将出现。

直播卫星将风靡全球。1994年4月，美国在世界上首次推出多频道数字卫视直播业务，开创了人类直播电视的新时代。卫星直播业务一开通就迅速受到了人们的青睐，同时在全球也得到了快速发展，已经成为一个新的经济增长点。在休斯公司开拓这一市场后，日本和欧洲的许多大公司也竞相跻身这一领域，试图在全球通信卫星市场上占有一席之地，以共同瓜分卫星数字电视直播市场这块大蛋糕。因此，风起云涌的卫星电视和声音直播业务，将给生活在今天的人类带来极大的享受。

我国卫星通信将步入"快车道"。我国卫星通信业务虽然已步入

东方红二号通信卫星在测试中

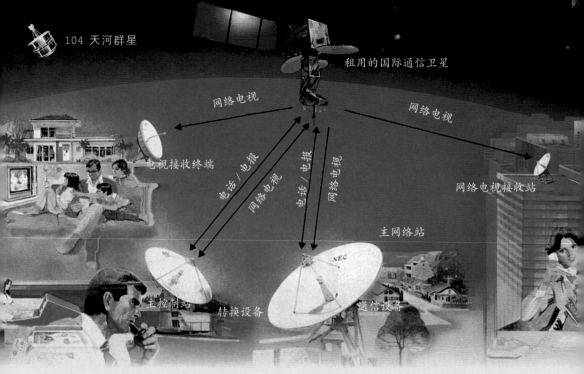

家用卫星通信系统

产业化发展轨道，达到了一定的市场规模，相应的国内卫星公用通信网、专用通信网得到了较好的发展，通过宽带多媒体卫星传送的卫星互联网接入已经开始投入使用，但是由于受制于通信卫星功能和能力的制约，我国卫星通信业务的发展落后于市场对卫星通信的需求，尚不能与全球卫星通信市场相抗衡。

面对全球卫星通信发展的浪潮，以及我国电视直播、卫星多媒体广播等领域不断增长的需求，我国将进一步加强通信卫星研制技术的开发和市场的开拓，进一步扩大通信广播卫星系统，加快发展大容量、高功率、多波束、长寿命的通信广播卫星，逐步建成国民经济急需的、长期稳定运行的通信卫星系统，使通信卫星在轨道上始终保持一定数量，以满足电视教育、固定与移动通信及各种专业数据传输、话音和电视广播等的需要；将进一步扩大公众网，建立和完善金融、水利、能源、交通、教育、灾害监测等专用网；在宽带多媒体卫星通信领域，针对集团用户或高端个人用户，提供高速数据、视频点播、IP广播等应用，将研制发射专用Ka频段宽带卫星；针对卫星移动广播通信等方面的需求，发射我国的移动广播通信卫星，为车、船载用户，城市中的高端用户及地面网覆盖范围外的边远山区提供数据传输、高保真音频广播和视频服务；针对卫星电视直播的需求，我国将研制发射新一代大容量、长寿命直播卫星，致力于满足内地和港澳台地区广播电视、数字电影、直播电视和数字宽带多媒体系统等用户需求。同时，为我国正在实施的广播电视村村通工程和电话村村通工程，提供丰富的空间资源，为实现广播电视人口覆盖率100%、通电的行政村100%通电话的目标奠定坚实的基础，给广大群众带来更高的文化享受，更好地满足广大群众日益增长的文化需求，实现远程教育、远程医疗。

九天上的"气象台"

　　气象卫星是用来观测气象的人造卫星。气象卫星的诞生，使人类可以站在地球以外的宇宙空间观测地球，从新的层面上启迪了人类战胜天气灾害的思维，增强了从高远的位置和全新的视角了解和观测地球的能力，提供了用常规观测手段无法获得的天气信息，大大增强了人类了解地球环境，抵御自然灾害侵袭，保障生命安全，减轻灾害损失的能力。

　　气象卫星的最大特点是可以利用卫星所处的高远位置观测地球。气象卫星依靠携带的遥感器，从太空向下观测大气层中发生的各种天气现象，特别是云层的变化和大气温度的垂直分布情况，具有观测面积大，速度快、准确性高、不受国界、地区和地形的限制、能观测全球范围内天气变化的优势。

　　迄今为止，已有130多颗气象卫星在太空驻足，全球由此建立起了气象卫星观测网，为人类提供了用常规方法无法获得的信息。今天，气象预报、自然灾害预测在很大程度上依靠气象卫星技术，一个正在形成的飓风会在哪里登陆？大气臭氧层的状态如何？海平面上升了多少？没有哪一种观测方式能像气象卫星那样为这些地球科学问题提供答案。

　　应用气象卫星，使人类对灾害性天气预报的准确度大大提高。据统计，气象卫星发射成功以来，从未漏报过太平洋上台风的发生与发展，由于卫星准确地预报台风经过的路线，使沿线地区得以提前采取预防措施，从而极大地减少了因台风造成的损失。

　　随着卫星气象的发展及其获取的气象信息不断丰富，气象产品的应用除天气预报，防灾减灾外，还在海运、航空、水文地质、能源交通、环境监测、海洋捕捞等国民经济领域得到了广泛的应用。

　　古往今来，人类观测和预报天气变化的方法，随着对自然的认识和科学技术的发展不断翻新，是气象卫星的出现，给人类战胜天气灾害带来了划时代意义的革命。

风云卫星监测到的森拉克台风

一、驾驭大自然 人类亘古的主题

与天气灾害的斗争从人类诞生之日便开始了。

在古代欧洲，一些国家让士兵在夜晚用高声喊叫来通报当时的天气。在我国远古时期，部落之间为了打仗获得胜利，为了生存、繁衍与发展，也非常重视预测天气变化，所采用的方法大致有请巫师观天象、卦师卜卦，或者观察动、植物的异常变化。我国劳动人民在长期的生活积累中，总结出许多观察天气的经验。

人们在实践中发现，越深入高空和海洋，越能了解到气象变化的信息。随着科学技术的发展，18世纪80年代有了气球后，人们将携带仪器的气球放到高空，去搜集气象变化资料；1928年，在第一次国际航空安全保障会议上，提出了建立配备飞机的气象组织，用飞机携带仪器搜集气象资料；20世纪40年代后，人们制造了专门的气象火箭，将仪器送入更高的空中，探测气象变化资料，预报天气走向；人们还在高山和海洋上建立起气象观测站，或者用船舶搜集气象资料。但是，无论采用什么方法，都没有离开地球，都是站在地球上观测天气，因而都有很大的局限性。

自1960年4月1日，"山姆大叔"把人类第一颗极轨气象卫星泰罗斯1号送上太空后，人类征服自然的臂膀便由陆地伸向了空中。到1965年7月，美国共发射了10颗这种卫星。

泰罗斯1号气象卫星呈18面柱体，质量为122~138千克，采用自旋稳定方式。星上的主要遥感设备是电视摄像机，该摄像机拍摄到了清晰的台风云图。

美国第二代试验气象卫星为"雨云"系列，自1964年8月至1978年10月，共发射了8颗该系列卫星。

美国最先进的极轨气象卫星系列是"诺阿"系列，现在已发

气象卫星工作原理图

气象卫星研制现场

展到第三代。第一颗"诺阿"1号卫星是1970年12月11日发射的，从1970年12月至1976年7月，共发射5颗这种卫星；第二代从1978年10月至1994年12月，共发射了10颗这种卫星；第三代首颗卫星"诺阿"16号于1998年5月13日发射，现已发射了3颗。

在研制发射极轨气象卫星的同时，美国也是发射静止轨道气象卫星最早的国家，并且一直处于世界领先地位。美国第一颗静止轨道气象卫星"戈斯"号于1975年10月16日发射，到2001年7月23日，该系列卫星已发射12颗，发展到第三代，其中后5颗为第三代。

用卫星搜集气象资料，比以往任何手段的效率和准确性都高得多。地面气象站，受沙漠、海洋、极地等地理环境的限制。用飞机、船舶搜集气象资料，它本身就受气象的限制。气球和火箭，探测的空域有限。这些手段搜集的资料都有局限性，甚至是片面的，无法与卫星相媲美。卫星绕地球一周获得的气象资料是所有地面气象站一昼夜搜集资料的100多倍。

气象卫星系统是由气象卫星和地面接收站所组成的。气象卫星装载各种仪器设备，拍摄地表和云图照片，包括可见光云图、红外云图、云顶高度图、增强显示和彩色显示云图等，并探测高层大气的温度、湿度、气压、风向、风速以及大气层纵向温度、湿度、风向、风速的分布情况等，并将这些资料发送到地面站。

地面接收站将收到的气象资料进行一次处理，包括给云图定位、投影变换、拼图、几何畸变校正、辐射畸变校正等。还要用高速、大容量、全功能计算机进行大量的计算，获得等级不同的黑白灰度云图，供气象的定性分析用，然后，进行二次处理，最后进行定量分析，作出天气预报。

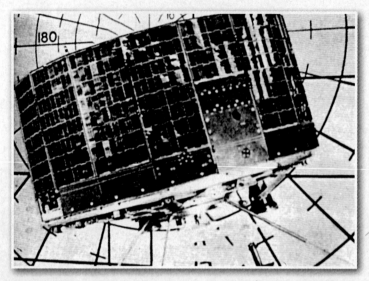

美国泰罗斯1号气象卫星

气象卫星除了将"看到"的气象信息传到地面站外，还可以转发地面气象站搜集到的气象资料。

气象卫星从它诞生之日起，就显示出无与伦比的魅力。据统计，每年有近100次热带气旋光临地球，大约有50个国家深受其苦，每年有60~70亿美元被一阵风刮走，自从有了气象卫星，特别是静止轨道气象卫星，全世界每年的台风无一漏报，从而，为减轻损失赢得了时间。据有关报道，1970年孟加拉湾的一次风暴及其引发的风暴潮和洪

欧洲气象卫星在测试

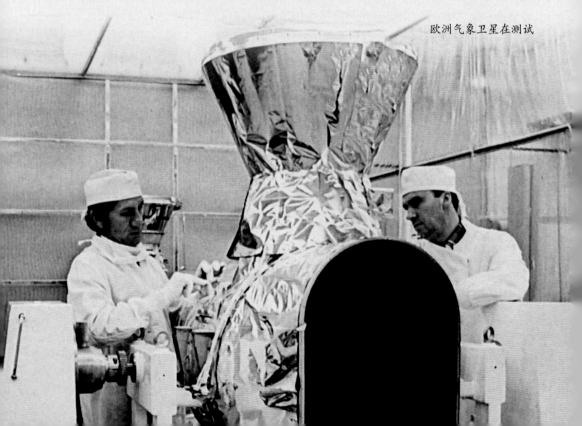

美国艾托斯气象卫星

水，就造成了45万人伤亡，其经济损失无法统计。1985年5月25日类似的风暴潮再次袭击孟加拉，由于依靠卫星观测系统预警，提前做好防备工作，结果仅造成2.5万人伤亡，并大大减少了损失。据报道，美国利用气象卫星，每年减少农业损失约50亿美元。

气象卫星的应用，在促进人类对地球气候系统的进一步了解的同时，带来多项科学进步。现今，人类对气候的了解已发展到通过卫星观测研究海面温度，冰层漂流，地球碳循环及能量波动等现象，其中冰盖漂流的研究就是一个例子。在卫星技术被应用之前，人类认为分布在南极洲和格林兰岛上的冰盖是由于冰层集聚和溶化的速度不同形成的，而冰层溶化汇入海洋的速率是一个常量。但通过卫星获取的图像表明：冰层溶化的速率是动态可变的，冰层溶化汇入海洋的路径是一个复杂的网状路线，而且，其流速与气候相关，会导致海平面大幅升高。2002年，卫星通过多次扫描观测到了发生在南极洲的拉森B号冰架崩塌事件，生动说明了在短时间内发生如此大规模崩塌事件的动力学原理。

在今天的世界上，美国、苏联/俄罗斯、欧洲空间局、日本、中国和印度等都研制和发射了气象卫星。美国是气象卫星的先驱，发射的气象卫星最多。

二、两种轨道气象卫星各有用途

细心的人一定会发现，在谈到气象卫星的时候，总是不免要谈到极轨气象卫星和地球静止轨道气象卫星，那么，为什么要发射两种轨道的气象卫星？这两种气象卫星到底有什么不同呢？

气象卫星按运行和工作状态可分为两类，即极轨气象卫星和地球静止轨道气象卫星。由于两种卫星轨道所具有的作用不同，因此，两种轨道的气象卫星各有各的用处。

极轨气象卫星沿着子午线南北运动，观测高度在1000千米以下，对同一地区的观测间隔为12小时，也就是说，极轨气象卫星每天对同一地区观测两次。其优点是不仅可以获得全球中长期天气预报所需要的数据资料，整个地球都能看到，而且由于其轨道高度低，所能观测到的信息比地球静止轨道气象卫星丰富，探测精度和分辨率也远远高于静止轨道气象卫星。缺点是不能连续观测同一地区，不能观测时间短的灾害天气，不适于短期气象预报。

地球静止轨道气象卫星运行在距地球35786千米的赤道上空，这种卫星由于运行的速度与地球自转的速度相等，卫星天线始终对着地球某一地区，每半小时可产生一幅近一亿平方千米的地球天气图，因此，可以连续、不间断地观测同一地区，适时提供该地区的气象资料，对区域性、突发性天气灾害进行连续监测十分有利。缺点是一颗卫星只能观测地球三分之一以上的地区，3颗这样的卫星才可以覆盖整个地球，同时，对高纬度地区尤其是两极地区观测较差。

通过上述分析，我们可以看到两种气象卫星各有用途，功能不同，相互补充，由这两种气象卫星共同工作则可组成一个纵横太空的气象卫星观测网。

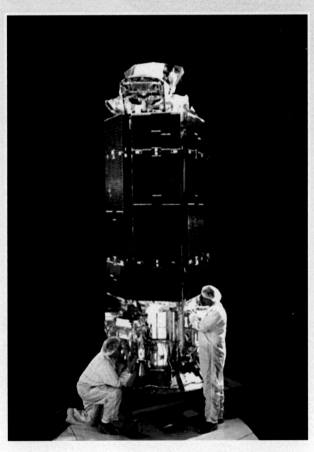

装配中的美国"国防气象卫星-II"

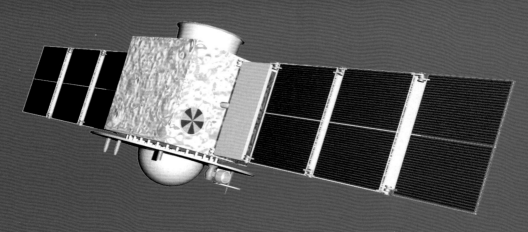

三、中国气象卫星的辉煌

我国气象卫星事业的发展可以追溯到1969年。经过40多年的发展，完成了从引进接收设备、利用国外卫星资料、到自主研制发射气象卫星与研制自主知识产权的地面应用系统的历程。

我国是继美国和苏联之后，世界上第三个自行研制发射极轨道和地球静止轨道气象卫星的国家。

风云一号极轨气象卫星

我国风云一号极轨气象卫星的研制工作始于20世纪70年代末。卫星采用三轴稳定姿态控制方式，采用了大量的新技术，卫星有效载荷为5通道扫描辐射计。到目前，风云一号气象卫星已发展到第二代。

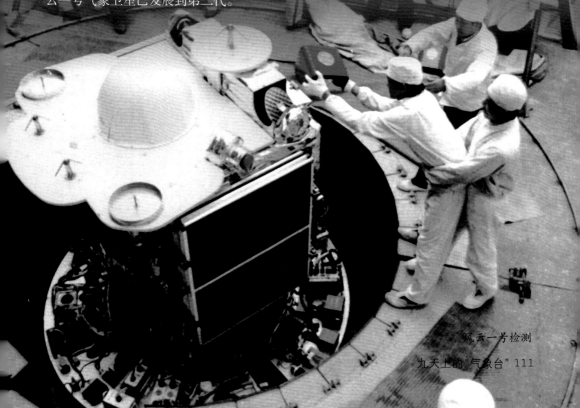

风云一号检测

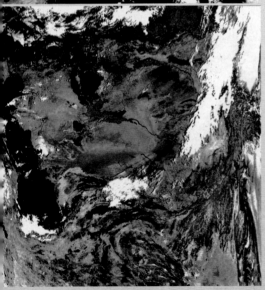

第一代风云一号极轨气象卫星A、B、C、D卫星，分别于1988年9月、1990年9月、1999年5月和2002年5月发射。风云一号C、D星对姿控系统的备份方案作了重大的改进，设计了容错、纠错功能很强的软件，同时把扫描辐射计改进为10个观测通道，扩展了卫星的应用范围。

1988年9月7日，是中国气象卫星的生日。在长征火箭的托举下，风云一号试验型极轨气象卫星从太原卫星发射场升空。这颗卫星的发射成功和应用，填补了我国应用气象卫星的空白，标志着我国空间技术与气象现代化建设向前迈出了新的一步。

当天4时30分，风云一号卫星顺利进入预定轨道，约14分钟后，广州气象卫星地面站就收到了卫星发回的信息，卫星于7时9分完成了第一圈环球运行，回到我国乌鲁木齐气象卫星地面站接收范围。此时，卫星拍摄到一幅太阳刚刚从地平线升起的云图照片，照片上地球表面的暗影和云层清晰可见。

1990年9月3日，我国成功发射风云一号B星，发送的卫星云图资料在气象业务中得到了应用，并为气候研究积累了大量的珍贵历史资料。

1999年5月10日和2002年5月15日，我国成功发射的风云一号C星和风云一号D星，这两颗卫星的成功发射，真正开辟了我国业务气象卫星的新时代。这两颗卫星被国际气象组织纳入全球业务应用气象卫星序列之中，在森林草原火灾、水灾、大雾、雪灾、沙尘暴等灾害和环境监测方面发挥了重要作用。

我国第二代极轨气象卫星风云三号，于2008年5月27日发射成功。

（上）风云一号C星云图
（中）风云一号D星云图
（下）风云一号B星云图

风云二号交付仪式

风云二号静止轨道气象卫星

我国于1986年开始立项研制风云二号地球静止轨道气象卫星。1997年6月10日，风云二号A地球静止轨道气象卫星发射成功；2002年6月25日，风云二号B星发射成功；2004年10月19日，我国第一颗业务型静止轨道卫星风云二号C星发射成功；2006年12月8日，我国第二颗业务型静止轨道卫星风云二号D星发射成功。随着这些卫星相继发射成功，我国气象卫星研制技术不断成熟，实现了由应用型向业务服务型的转变。

风云二号是自旋稳定的静止轨道气象卫星，A、B星的有效载荷为三通道扫描辐射计，C、D星的有效载荷改进为五通道扫描辐射计，卫星发射重量：1389千克，设计寿命大于3年。卫星可以提供4类图像产品、21种定量产品，做到数据共享。

风云二号C星实现了长期、稳定、

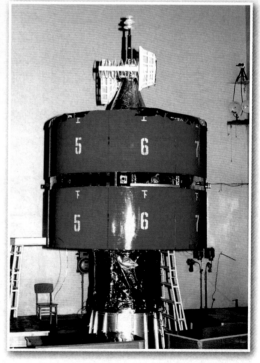

风云二号气象卫星

风云二号在太空

　　连续的运行，在气象、防灾减灾及国民经济各领域和国防建设中得到了广泛应用，取得了巨大的社会和经济效益，在天气预报和灾害监测中，起到了不可或缺的重要作用。根据国家卫星气象中心的气象效益分析，我国近年来气象卫星的投入与效益比约为1:15，其中还不包括发展气象卫星带动制造业发展所带来的间接效益与影响。

　　风云二号C、D卫星发射后，我国实现了业务星的在轨备份和双星组网运行。截至目前，我国已建立了自己的气象卫星观测体系及气象卫星业务运行、管理和应用服务系统。

风云二号气象卫星地面站

风云二号光照试验

风云三号极轨气象卫星

　　我国新一代极轨气象卫星风云三号是接替风云一号的新一代极轨气象卫星。该卫星发射质量为2353千克；其作用是获取地球大气环境的三维全球、全天候、定量、高精度资料。其主要功能是为天气预报特别是中期数值天气预报，提供全球的温、湿、云、辐射等气象参数；监测大范围自然灾害和生态环境；研究全球环境变化，探索全球气候变化规律，并为气候诊断和预测提供所需的地球物理参数；为航空、航海等专业气象服务，提供全球及地区的气象信息。

　　风云三号卫星携带有中分辨率光谱成像仪、微波成像仪、微波温度计、微波湿度计、红外分光计、可见光红外扫描辐射计、紫外臭氧垂直探测仪、紫外臭氧总量探测仪、地球辐射探测仪、太阳辐射监测仪、空间环境监测器等11个共计90多个通道的探测仪器。创造了星载有效载荷数量第一、气象观测功能第一等多个第一。主要功能是获取可见光、红外云图；地表温度和洋面温度；水陆边界、泥沙、冰雪、植被、土壤水份、作物状态等；云状态，包括云量、云顶温度、云的相态和类型；低层水汽含量、海洋水色等；森林火灾、洪水、干旱和大范围病虫害等自然灾害的监测。

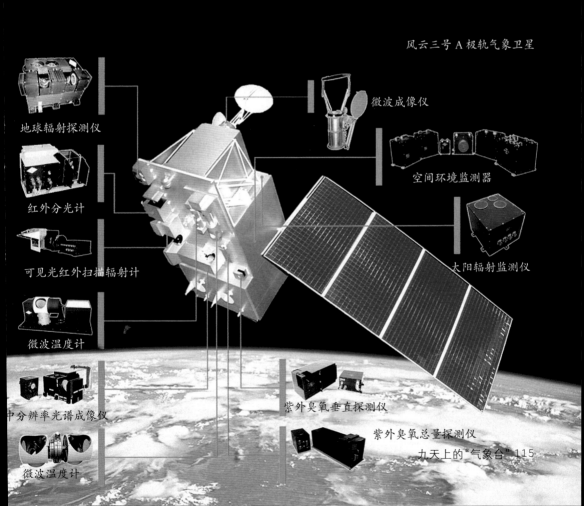

风云三号 A 极轨气象卫星

地球辐射探测仪

红外分光计

可见光红外扫描辐射计

微波温度计

中分辨率光谱成像仪

微波温度计

微波成像仪

空间环境监测器

太阳辐射监测仪

紫外臭氧垂直探测仪

紫外臭氧总量探测仪

　　与风云一号相比，风云三号在功能和技术上向前跨了一大步。卫星新增加了微波辐射计、红外分光计和紫外垂直探测器等功能，观测精度和功能大幅度提高。可实现全球、全天候探测。其最大特点是能把全球的气候变化都监测到，达到了国际先进水平。

　　红外分光计主要功能是探测大气温湿度廓线、臭氧总含量、云参数、气溶胶等，为数值天气预报、气候变化研究和环境监测提供重要参数。

　　中分辨率成像光谱仪的功能是对地球的海洋、陆地、大气进行全球动态监测，并加强对云特性、气溶胶、陆地表面特性、海表特性、低层水汽的监测。

　　微波成像仪可完成探测全球降水，特别是我国夏季暴雨；探测全球云的液态水含量和云水相态；探测全球植被和土壤温度；探测海冰的覆盖。

　　微波辐射计由微波温度计和微波湿度计两台仪器组成，分别用于全天候探测大气温度垂直分布，为数值天气预报提供探测数据；全天候探测大气湿度垂直分布、水汽含量、云中液态水含量、降水等。

　　紫外臭氧探测仪由紫外臭氧垂直探测仪和紫外臭氧总量探测仪两台仪器组成，主要是测量臭氧总量的垂直分布，探测地球大气太阳紫外辐射的后向散射，以反演地球大气臭氧总量全球分布，为环境监测、气候预报和全球气候变化研究提供重要参数。

　　地球辐射收支仪由太阳辐射监测仪和地球辐射仪两台仪器组成，主要功能分别是通过监测太阳辐照度变化，为研究太阳对大气、地球辐射收支、全球气候和环境变化，提供精确的太阳辐射资料；通过探测地气系统的长波辐射以及地气系统反射的太阳辐射，为气候变化研究提供精确的地球辐射资料。

　　空间环境监测器用于监测高能离子、高能电子、辐射计量仪、表面电位、单粒子事件等。

　　风云三号卫星的观测能力和技术水平与美国新一代极轨气象卫星"国家极轨环境卫星系统"（NPOESS）及欧洲的"气象业务卫星"（METOP）接近或相当。

　　风云三号卫星具有遥感仪器数量多，品种多，首次实现了对大气的三维、定量化、全天候观测；遥感仪器的观测谱段宽，波长从紫外光一直覆盖到微波的厘米波段，星上电磁环境复杂；观测灵敏度高，观测视场大，地面分辨率高；星上活动部件多，转动方式多等特点。

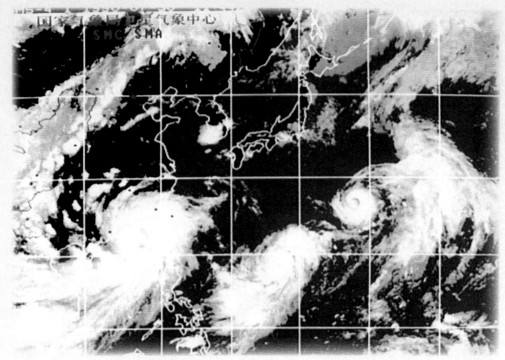

天气预报

四、风云卫星翻开太空观天新一页

我国是世界上受气象灾害影响最严重的国家之一，每年受台风、暴雨、暴雪、干旱、沙尘暴、雷电、冰雹、霜冻、大风、大雾、高温、低温冷害、龙卷风等气象灾害，以及暴雨引发的洪涝、山洪、滑坡、泥石流等衍生灾害影响的人口达4亿人次，造成的经济损失相当于国内生产总值1%~3%。

作为最早使用气象卫星资料的国家之一，在提高天气预报质量方面，我国走的是一条利用国外气象卫星资料的同时，积极研制自己的气象卫星及应用体系的道路。

多年来，我国空间科学工作者和气象科学工作者共同努力，在利用气象卫星资料，预报灾害性天气方面，写下了光辉篇章，得到了国外同行的认同和赞许。遍布全国各地的卫星信息接收台站在日夜不停地忙碌着，气象卫星已成为华夏儿女抵御天气灾害的"保护神"。

我国利用气象卫星资料监视预报台风取得了很大成效。例如，1986年8607号强台风袭击广东汕头地区，由于气象部门从该台风形成初期开始，就通过气象卫星等资料对其进行连续监视、追踪，并在其登陆前72小时就发布警报，当地各级政府采取了积极有效措施，令3000多艘渔船及时安全回港，300万亩农作物提前抢收，35座大中型水

风云一号气象卫星拍摄的台风云图

库采取了安全措施，据估计减少损失近10亿元。

我国是季风气候国家，每年都有遭受突发性或连续性洪水灾害的可能，有些年份暴雨洪水灾害还十分严重。如1975年8月5～7日，河南驻马店地区，连续三天特大暴雨，因为当时未能及时利用气象卫星资料，所以对其全貌和全过程未能作到有效的监测和预报，29个县市的1700万亩农田被淹、1100万人受灾、死亡3万多人、40多座水库失事。而1981年7月中旬，长江干流出现近百年来的特大洪水。正是利用卫星云图分析了天气走势，国务院和有关省市作出了荆江不分洪的决定，才使40万人免离家园，60万亩良田免遭水淹，减少损失6亿多元。

目前，气象卫星资料的应用范围已大大超出了通常理解下的气象领域，它在地球环境和自然灾害的监测中，显示出具有许多独特的功能。其监测面积大、时效高、真实客观，特别是具有生态环境的动态监测功能，因而近几年来，这方面的应用在我国发展十分迅速。应用较为广泛的有森林火灾、洪水、植被、海温、河口泥沙、海水、积雪、城市热岛的监测以及小麦等农作物的估产等。

"风云一号"和"风云二号"卫星已被世界气象卫星组织纳入国际业务应用气象卫星序列，成为全球天基综合观测系统的重要组成部分，为世界各国用户提供服务。

风云一号极轨气象卫星和风云二号地球静止轨道气象卫星投入业务化应用后，在天气预报、气候预测、气象研究、自然灾害和生态环境监测等方面提供了大量的公益性和专业性服务，特别是显著提高了对灾害性天气预报的时效性和准确性，大大减少了气象灾害造成的损失。

风云一号气象卫星捕捉到的锋面云系、冷涡云系、温带气旋、暴雨云团、赤道辐合带、热带云团以及台风等天气系统的图像，从中可以清楚地揭示出系统的特征。在卫星图像中，清楚地看到印度洋南部海域的温带气旋云系以及东太平洋的台风云型。另外，风云一号气象卫星还揭示了地型地貌特征、河口泥沙、海雾、海表温度、植被、洪水、积雪等地表情况，如腾格里沙漠中波状沙丘，天山和西藏高原上的植被、积雪和河流、湖泊分布等，图像十分清晰。

风云一号卫星在轨运行工作期间，获得了高质量的云图照片，在每天的中央电视台天气预报节目中进行气象预报，在亚运会期间向国家气象中心和北京市气象局提供云图资料服务，为亚运会的顺利召开作出了巨大贡献。先后多次为中科院兰州冰川冻土研究所提供积雪照片，其中天山和藏北高原的积雪图参加了亚洲遥感会议展览；我国发送的高质量的云图，在美国、英国、意大利、澳大利亚以及台湾、香港和澳门地区产生了良好的影响，普遍认为其图像清晰，可与美国的"诺阿"气象卫星相媲美，可见光云图甚至略高一筹。

风云一号卫星轨道高度低，辐射计的通道多，空间分辨率高，探测精度高，因而可更细致地显示出中小尺度对流云系的结构。例如，我国西部特别是青藏高原大气的动力和热力作用，对北半球以至全球大气环流都会产生重大影响，而这一地区的常规气象观测资料却十分稀少，风云一号卫星的资料可以有效地监测这一地区天气系统的活动，用其研究青藏高原天气系统活动的规律及其影响，可大大丰富对高原天气系统的认识。

在航空、航海和军事气象保障中，低云和雾、垂直发展旺盛的积雨云等天气现象，可以在风云一号卫星云图上显示或分析出来。远洋运输、捕捞以及军事试验活动，也需要准确及时的对海洋和特定地区作出天气预报，在风云一号卫星资料的帮助下，可以较好地完成这些工作。

利用风云一号卫星的可见光和红外通道配合可以识别海雾和海水，这对于保障海上航运的安全可以发挥重大作用。海上流冰对海上石油钻井平台构成严重的威胁，利用风云一号对海冰的消长和流冰状况进行监测，可为采取预防措施提供宝贵的资料；风云一号还能显示河口泥沙扩散的走向、范围和变化规律，为沿海河口附近的港口建设和滩涂开发提供依据。

风云一号的通道2是近红外波段，植物的叶绿素在该波段有很高的反射率，而通道1处于可见光红外波段，植物的反射率较

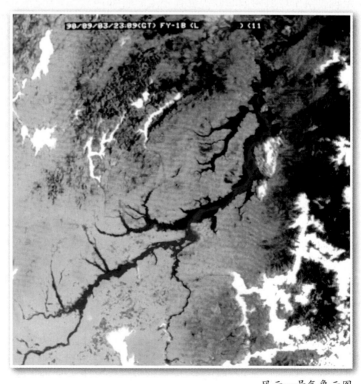

风云一号气象云图

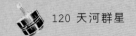

低，二者的差异可以反映植物的生长情况。

风云一号卫星的通道3、4是海洋水色通道，可用以探测海洋中叶绿素的含量，这对于研究海洋生物繁殖状况具有重要意义。

风云一号卫星的通道3、4对陆地表面特性和探测也有作用。积雪、高山冰雪、雪暴的监测对交通和工农业生产都是很重要的，特别是在我国西部地区，水源在很大程度上要靠高山冰雪的溶化获得，而雪暴又会对人畜造成极大的危害。风云一号卫星可以给出大范围积雪和高山冰雪的清晰图像，为工农业和牧业生产以及救灾提供依据。

风云一号卫星的通道5是热红外通道，用其晴空时对海洋进行测值可以反映出海面的温度。海面温度在气象和海洋领域中都是一个十分重要的参数，通过海面温度可以分析出海洋中的洋流和冷暖涡旋；利用洋流位置对海洋运输导航，可以提高航速和节省燃料；海洋中冷暖水交汇处是鱼类密集处，因而可以根据海面温度资料来确定渔场位置，以缩短寻找鱼群的时间和增加捕鱼量。

城市的特殊气候环境，影响着城市中的生产和生活。风云一号卫星可以给出城市中不同区域的表面温度，从而对城市热岛效应作出全面的显示，这对城市建设规划和生产、生活的安排是很有价值的资料。

利用气象卫星资料制作大范围的多光谱合成图像，能够反映出大范围地质构造的全貌，对于地质构造的分析也有一定的作用。

国家卫星气象中心生成的各类云图产品，通过线路快速传送给各地气象台站，同时，还选制部分产品在中央电视台电视新闻联播"天气预报"和"气象信息"节目中播出。这些播出的可见光和红外云图能较精确地反映台风位置、强度和云系结构，播出的多轨拼图能够使预报员在一张云图中看到台风云系与锋面云带相互交接，以及低纬度热带云系与台风云系的相互关联等图像。这些产品是对常规天气图像资料和预报工作的一个重要补充，许多地方气象台站用其预报台风等灾害性天气取得成功。例如，1990年9月9日和18日台风在福建登陆后已深入粤北，但其云系的非对称结构在风云一号卫星云图上仍清晰可见，而且与位于黄淮地区的锋面云带相互作用，在卫星云图上比天气图所显示的系统更为直观，这有助于较准确地预报出非对称分布的雨强和风强，由于及时作出了准确预报，这次台风所造成的损失大为减轻。

风云二号卫星能提供以我国为中心三分之一以上地球范围内的卫星气象资料，填补了我国西部、西亚和印度洋区域大范围内的资料空白，对监测来自青藏高原、孟加拉湾和阿拉伯湾，并对我国产生重要影响的天气有着重要作用。随着风云二号卫星的发射，我国成为继美国和苏联/俄罗斯之后，同时成功地建立了静止轨道气象卫星系统和极轨气象卫星系统的国家，使我国的气象卫星事业和对卫星资料的应用进入一个新阶段。

风云二号A星主要用于获取东经45°~165°、南北纬60°范围内的气象要素资料、广播卫星云图和天气图，与1987年升空的风云一号卫星相比，在技术性能、可靠性、稳定性等方面，均有新的改进和提高。卫星投入业务运行后，在自然灾害监测和全世界日益关注的气候变化的研究和监测中发挥了重要作用，使我国和周边国家利用气象卫星减灾工作达到了新的水平。

风云二号A星的主要任务是获取白天可见光云图，昼夜红外和水气云图；获取气象、海洋、水文观测数据；播发展宽数字图像广播、低分辨率云图广播和S波段天气图广播资料；收集空间环境监测数据；将所获得的数据发至地面。

利用风云二号A星可以观测地面和海洋温度，预测地球气候变化，可预报森林火灾，了解沿海大陆架的分布

风云一号 A 星第一幅图像

情况，决定海港的分布是否恰当，预报海洋污染，保护海洋资源，进行石油勘测，调查矿产资源分布。卫星的图像资料进行二次处理，能得到应用范围极广的多种数值产品，这些产品除气象应用外，海面温度资料对于海洋运输的导航、海洋渔场的预报、海洋的分析和监测等，都具有十分重要的应用价值。卫星还可探测太阳活动和卫星所处轨道的空间环境，为科学家研究卫星工程和空间环境科学提供数据。如果出海捕鱼人急着想了解鱼群分布，知道哪些地方可以捕鱼，风云二号卫星可以轻而易举的告诉他。

与风云二号B星相比，风云二号C星性能得到很大改进，达到国际上新一代同类卫星的水平。其中，卫星上扫描辐射计通道可获取白天可见光云图、昼夜红外云图和水气分布图，收集气象、海洋、水文等观测数据，播发展宽数字图像和低数率云图资料，监测空间环境等；卫星定量观测能力进一步增强，可对台风、降水、海温、云层、太阳辐射、空间粒子辐射等进行定量监测；星上的蓄电池容量增大，提高了供电能力。该卫星还增加了对森林火灾、草原火灾、大雾天气和沙尘暴的观测能力，每天向地面发送48张气象云图。

与风云二号B星相比最大的改进是，风云二号C星在风云二号B星3个通道的基础上，新增加了两个红外观测通道，以改进监测水气和半透明冰云的能力，提高海温测量精度，获得较精确的表面温度，并有助于区别低云和冰雪。

新增加的通道相当于卫星新增加了两只"眼睛"，扩大了卫星遥感器的光谱范围

和精度。这不仅能加强对海面温度变化的观察，还可以专门对地上高温热源进行观察，使中国气象卫星具备了在静止轨道上连续不断地监测云层顶部水滴大小的能力，并提高了海表水温的探测精度，对降水的预报更为准确。

该卫星还有较强的数据获取与转发能力，能24小时进行观察，白天获取可见光云图，昼夜获取红外云图和水气分布图；在用户云图覆盖区实时转发数字展宽云图和低分辨率云图，以及其他气象、海洋和水文等观测数据；同时还可以收集覆盖区内地面数据，收集平台采集的环境监测数据，监测太阳活动和卫星所处轨道的空间环境。

据中国气象局科学工作者介绍，风云二号C星通道的增加，可以更好地监测大雾、沙尘、火灾等，可以对我国大雾、沙尘分布的气候学规律研究提供更多的资料。风云二号C星所获取的地表和大气物理参数，对于开展气象研究、监测气候变化、改进数值天气预报模式和预报效果等具有重要意义。

目前，全国有3000多个台站接收、使用风云二号C星的云图信息，全世界有20多个国家接收使用该卫星的资料。

风云二号D星是我国第二颗业务服务型静止气象卫星。D星与C星实现东西轨道位置布局，既扩大了观测范围，实现了在轨备份，也极大地提高了应急观测能力，对于保障风云二号静止气象卫星的在轨连续、稳定、可靠运行，提供了强有力的支撑；目

气象卫星监测海洋表面温度分布图

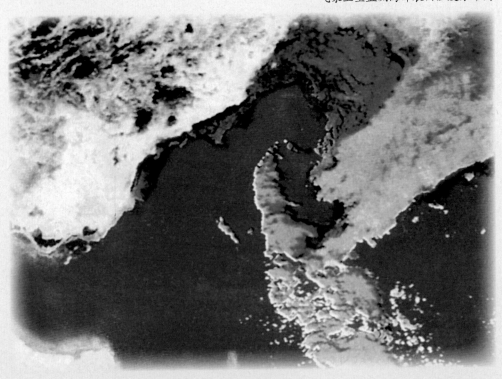

前双星已通过卫星直接广播、DVB广播系统、网络服务系统向全国用户及国际用户分发，用户超过1000家以上，应用广度前所未有。

风云二号D星具有双重使命，既可以作为风云二号C星的在轨备份星，也能根据需要与其配合进行双星同步立体业务观测，实现中国静止轨道气象卫星双星业务观测系统建设的目标，增强卫星在轨连续、稳定运行的可靠性，为

风云二号卫星传回的第一张云图

中国及周边国家天气观测、气象预报和减灾、防灾发挥重要作用。

实行双星观测，不仅大大提高了风云二号卫星的可靠性，而且观测模式也有了多种选择。首先，它拓展了观测范围，使观测范围向西扩展了近20个经度，可以观测到非洲东部、印度洋地区和整个亚洲乃至西太平洋地区。其次，双星同时观测可形成立体图像，获取更多的信息。此外，双星还可以同时工作，轻松实现正常工作状态下的加密观察，实现重大灾害天气的短时间、高频次监测，提高沙尘暴、极地强降雨等气象的预报准确率和及时性。

中国处于中纬度西风带，天气系统大多数从西边来，从西伯利亚南下的冷空气，从青藏高原上东移的天气系统，以及从印度洋上北上的暖湿气流都对中国天气有十分重要的影响。风云二号双星能对这一地域的气象情况进行观测，也就是说观测气象的视野更宽广了。从而弥补了西亚、印度洋大范围图像资料的不足。

风云三号卫星的目标是实现全球、全天候、多光谱、三维、定量探测。卫星的主要任务是：为天气预报，特别是中期数值天气预报提供全球的温、湿、云、辐射等气象参数；监测大范围自然灾害和生态环境；研究全球环境变化，探索全球气候变化规律，并为气候诊断和预测提供所需的地球物理参数；为军事气象和航空、航海等专业气象服务，提供全球及地区的气象信息。

我国成功发射的各类气象卫星在进行天气监测预报，防灾减灾中发挥了重要作用。2006年5月下旬，内蒙古、黑龙江相继发生森林火灾，风云气象卫星在火灾监测和扑救

过程中得到了充分应用，特别是风云二号C星每半小时就为灭火指挥部提供一次最新火情信息。在2006年汛期，风云二号C星每天进行48次观测，为台风暴雨监测预报提供了更加详细的信息。在2007年7月淮河流域性的大洪水中，利用风云气象卫星等卫星获取了多种遥感数据，开展持续灾害情况跟踪观测，为国家减灾中心等救灾决策部门对灾区总体情况的把握，作出灾害紧急救援和转移安置提供重要依据。在2008年初我国南方的冰雪灾害中，气象卫星为天气预报部门、决策服务部门提供了大量有关降雪天气预报、受灾区积雪覆盖范围等方面的遥感监测信息。2颗风云静止气象卫星提供30分钟间隔的连续观测，预报灾害性天气系统所需的风场、降水（雪）估计等情况；1颗风云极轨气象卫星提供雪覆盖、雪深、雪水等信息，在抗击冰雪灾害中发挥了重要作用。在汶川地震发生后，风云一号、二号3颗气象卫星加强对灾区的观测频次，对灾区的天气状况及时作出了分析和预报，对降水的位置和强度提供了大量的预报素材和观测资料，成为决策部门制定抢险救灾计划的重要依据。我国东南沿海频发台风，在2007年就有"圣帕"、"韦帕"和"罗莎"等强台风登陆，对东南沿海地区的人民生命财产安全造成极大威胁，由于风云系列卫星为防台风工作提供了准确及时的预报信息，有力地减少了人员伤亡和财产损失。

给北京奥运会提供气象服务，是我国气象卫星的重要使命。在奥运会期间，我国气象卫星家族的风云二号C星和D星两颗姊妹星，形成"双星探测，互为备份"的格局观测天气变化；而风云一号D星和风云三号A星则对天气进行全球、全天候、三维和定量化探测。一静一动的配合，使奥运会期间的的风云变化全部落入卫星敏捷的监视范围内。这些卫星担负着全面预报奥运会期间天气，特别是奥运会开闭幕式等大型活动及重要赛事的天气变化情况的任务，从而，为北京奥运会提供准确、及时的气象保障服务，保证了奥运会的成功举办。

今天，我国气象卫星已经跨过了传统发展阶段，进入系列化发展和业务运行阶段，不仅拥有极轨气象卫星，而且拥有静止轨道气象卫星和现代化的地面指令与数据接收系统，地面系统既能接收处理我国气象卫星资料，又能接收处理国外的气象卫星资料。一个以各类气象卫星为平台，国家卫星气象中心为龙头，遍布全国的地面接收与应用系统为网络的卫星气象观测与应用系统正在形成，我国卫星气象事业正奔跑在现代化的大道上。

我国气象和卫星应用科技工作者还利用气象卫星云图数据进行地震预报研究，并取得了积极的成果。

中科院院士、我国地震学泰斗傅承义教授早在1971年就撰文指出，在一个较大地震(MS > 4.5)发生之前，地壳上层在很大的地区内部已经起了变化，并不局限于岩层断裂的地区，断层不过是最后的爆发点而已。地震过程就像人身上长疮一样，在一大片红肿的地方，疮口的面积只占一个很小的比例。在地震过程中，地面上的"红肿"区是很大的，远远超过余震所限制的震源区。在这个"红肿"区上，随处都可能发出地震的前兆。他进而指出，地震不是一个孤立的事件，震源区也不是一个封闭的系统，它与区外的介质随时都有能量或物质的

长征四号丙火箭托举风云三号气象卫星入轨

交换。在一个较大的地震(MS > 4.5)发生之前，地壳上层在几百千米的范围内部处于异常状态。岩层断裂，释放大量的应变能，发生地震只不过是这种异常状态所导致的一个突变。这种异常状态可能是由于地下某局部地区发生物质迁移所引起的。迁移快的地方将使附近的应力减低，因而造成地面的暂时平静；然而迁移快的地方更容易使地壳脆弱的地方发生断裂，从而产生地震。傅承义教授的地震"红肿说"，不仅从理论上总结了我国地震预报工作取得的成就和经验，而且为我国积极开展地震研究、探索地震短临预报提供了一种全新的思维方法。

随着科学技术的发展，航天遥感在地貌调查、地质勘探等诸多领域得到了广泛的应用，并取得了丰硕的成果，这些成果给我国科学工作者利用航天遥感进行地震短临期预报以新的启示。

风云三号卫星转场

在国家各有关部门的积极支持下，1995年在中国航天工业总公司北京卫星通信工程研究所成立了以高级工程师李玲芝任组长的地震预报课题组，国家地震局强祖基教授被聘请为高级技术顾问和这个课题组的客座研究员。之后，中国航天工业总公司以该所为依托，又成立了中国航天工业总公司卫星预报自然灾害研究中心。

从1996年开始，课题组每天都安排专人负责卫星测震云图接收，连星期天、节假日也从未间断。对这些资料进行分析、整理成为他们的一项固定任务。强祖基教授每周都要来到课题组工作一至两次，与课题组同志一道分析各种相关信息。

仅1996年课题组就接收了340天的气象卫星图像，总结了国内外地震震例60个，其中接收的图像属范围观测不到的有6个，属受云带覆盖影响不能预报的有7个，由于异常现象不明显而不能预报的有14个，由于经验不足或其他原因没有预报的有20个。利用包括风云气象卫星在内的遥感卫星热红外图像预报了13个，其中比较好的有6个，一般的有4个，虚报2个，1个震情不清。按照地震短临预报评分表计算，70分以上的有3

个，60分以上的有3个，小于60分的有6个，成功率达50%。

课题组预报了发生在云南丽江、俄罗斯的堪察加半岛和南黄海的5.5级以上的地震，预报都很准确，得分都在70分以上。从填写的地震预报卡片中看，预测较好的是3个7级地震，2个6级地震，不好的是小地震。

课题组在1997年对日本列岛所作的7次预报中，除一次虚报外，其他6次预报都是比较准确的。国际第四纪地质联合会主席、中科院院士、国家科协党组原书记刘东生到该课题组察看后说："这是一项伟大的发明。"

"卫星热红外图像增温震兆"进一步验证了傅承义教授提出的地震前震区大范围内出现异常的"红肿说"。课题组只是将"红肿说"解释为"气热说"，即地震前发生范围岩层受力，地应力的不断增强导致岩层出现裂缝，使岩石释放出气体。地表磁场的异常变化会轰击这些气体，产生热红外异常，从而导致震区低空大气增温。这种增温现象，经过卫星红外扫描仪进行扫描和计算机地理信息系统处理，便可获取一系列连续热红外图像。再结合地形、地貌、应力场和其他气象情况进行分析判断，确定地震可能发生的地区、震级和时间。

实践证明，利用卫星遥感手段进行地震短临期预报，具有大范围空间连续观测、高空间分辨率、高精度等优势，将空间热红外遥感技术引入地震预报科学中，是一个极具潜力、极有希望突破地震短临期预报难题的重要手段。

我国科学工作者利用卫星遥感手段预报地震取得的成果，引起了有关方面的关注和高度肯定。国务院发展研究中心高级顾问马宾评价说，短临预报是地震预报中特

风云三号卫星在技术厂房中

别重要的一个方面，航天总公司在这方面的研究，为短临预报提供了一个新的途径，要多方面给予支持，把研究工作深入开展下去。国家地震局副局长葛治州说，增加新的地震观察预报手段，一直是我们的愿望，利用遥感卫星热红外图像进行地震短临预报取得了50%的成功率，是相当大的成绩，在中国科技史上也是一件大事。

1997年11月，在美国召开的第12届国际地质遥感应用大会上，国家地震局地质研究所教授、航天总公司特邀顾问强祖基，代表北京卫星通信研究所及高级工程师李玲芝为组长的地震预报课题组，宣读了《瞬时地壳运动与遥感短临预兆信息》论文，受到与会代表和世界各国广泛而热切的关注，一举被评为最佳论文。美国代表立即要求就这一全球性国际性的地震预报

风云二号 D 在厂房中

问题与我国进行国际合作，表示回去后要马上立题研究。美国权威地质学家在私下认为，这是一项可以得诺贝尔奖的研究成果。日本著名地震、地球物理学家上田诚也教授也希望得到全部研究资料。

我国利用航天遥感技术进行短临地震预报，虽然取得引人注目的成果，但是，这一工作仍处于起步探索阶段，卫星遥感预报地震研究，眼下还存在一些困难。

从组织上看，卫星遥感预报地震研究，目前还是依靠有关部门自发进行，由于卫星遥感预报地震不是主业，许多工作是科技人员利用业余时间来完成的。卫星预报地震，牵涉许多技术领域，仅仅靠一两个技术部门很难开展，需要多部门的联合工作。因此，利用卫星遥感技术地震预报研究，迫切需要政府部门牵头，提供相应支持，协调有关部门联合攻关。

从具体技术实现上看，还有许多技术需要攻克。如滞留在空中的过厚云层，会影响热红外图像收集，进而造成漏报等。地震是大区域世界性的灾害，而卫星观测到的地区又十分有限，仅靠我国一点观察有时很难准确确定位置。因此，需要国际范围内合作，才能使之更为科学等。

为使卫星应用在预报地震方面有更大的突破，中国航天卫星预报自然灾害研究中心，正在筹划开展以下几个方面的建设和研究：进行地面及水面上气体采样分析和低空电场观测；进行空中采样，做同位素分析，观测其成因机制；充实几个已有的遥感实验室，进行实时监测研究，并拓宽到世界其他地区，对典型震例进行研究等。

五、发展气象卫星，中国航天的重要使命

加速气象卫星的发展，是世界航天国家的重要使命，纵观今日的世界航天，都把气象卫星作为一个重要的领域优先发展。

根据世界气象卫星组织的规定，气象卫星所传输的资料没有国界，为人类无偿共享。作为一个对世界负责任的发展中国家，我国政府十分重视气象卫星的发展。为了让空间技术造福于全人类，让人类的家园更加祥和温馨，我国政府在公布的《中国21世纪议程》中明确指出，在未来中国将健全灾害调查、评估与统计的组织管理体系，筹建国家灾害信息管理中心，提高防灾体系管理水平。据有关资料，到2020年前，我国还要发射22颗气象卫星。它包括4颗风云二号系列卫星，12颗风云三号系列卫星和6颗风云四号系列卫星。在保证多星在轨同时工作，提高对地观测时间分辨率的同时，计划提高多通道红外可见光扫描辐射计通道数量。与此同时，有关部门还将对风云三号第二颗卫星进行大量的技术改进，主要是提高数值天气预报精度。

为加速气象卫星的发展，在充分利用已有的气象卫星资料的同时，我国正在研制新一代静止轨道气象卫星风云四号，以接替风云二号静止轨道气象卫星，用以满足我国日益增加的天气预报、气候预测和环境监测等方面的迫切需求。风云四号卫星将进一步提高对地观测的精度、观测频次及观测区域的灵活性，加强对中小天气系统的监测，进一步提高短时和短期天气预报的准确率，提高天气分析和地球环境变化动态监测能力，获取大气垂直探测资料，实现高频次三维探测，以及对雷电和空间天气的监测预警能力。星载主要仪器有：先进的可见光、红外扫描成像辐射计，超光谱大气垂直探测仪，闪电成像仪，太阳X射线极紫外成像仪，CCD高分辨率相机，地球辐射收支仪，毫米波、亚毫米波辐射计等。目前，卫星研制工作进展顺利。

长征三号甲火箭托举风云二号 D 星升空

造福人类的"百家星"

　　地球资源卫星是利用卫星上携带的遥感器来勘探和调查地球上的土地、海洋、农业、森林、水文和矿藏等资源的人造卫星。

　　地球资源卫星利用携带的可见光、红外、多光谱、紫外和微波5类遥感器对地球上陆地和海洋资源进行探测，获取地物目标辐射或反射的不同电磁波信息，然后，转发给地面接收站，地面站对这些信息进行处理后，就可以识别出资源的类型、分布和数量等信息。资源卫星投入应用后，从根本上改变了传统观测地球的方法，不仅使人类从新的高度——宇宙空间观测地球上的大千世界及其变化，而且把人的视觉从可见光范围扩展到紫外、红外以及微波辐射区，使人类对地球的观测进入一个全新的阶段。

　　资源卫星用途十分广泛，可以对地球资源进行宏观、综合、动态、快速的调查，同时，它还具有适时、不间断地传递信息的功能。卫星观测到的图像和数据可以广泛地用于农业、林业、渔业、牧业、海洋、地质、矿藏、土地、环保等众多国民经济部门，被誉为造福社会的"百家星"。

　　地球资源卫星居高临下，拍摄一幅图像可以覆盖数万平方千米，对我国陆地全部勘测一遍，只需拍摄大约500幅照片，花几天的时间，其效率之高是其他任何手段所无法比拟的。

　　经过几十年的发展，资源卫星技术得到很大提高，现在的资源卫星不仅可以不受黑夜和气象条件的限制，还可以透过一定厚度的地表和水面进行探测，大大提高了地球资源勘探和管理的效率。

　　环境与资源是人类发展的两大主题，在那些人迹罕至的深山老林、茫茫沙漠和浩瀚的大海，蕴藏着人类赖以生存的资源，由于受自然条件的限制，许多丰富的资源至今仍处于"待在深闺人不识"的局面，怎样去发现它们？人类居住的环境正在不断恶化，怎样以更加有效的手段进行环境的监测？在长期的生产和生活实践中，人们越来越感到用传统的方法，即便是航空遥感也无法满足对资源的调查和环境监测的需要。地球资源卫星给解决这些问题提供了手段。

一、人类观察地球的"千里眼"

1972年7月23日，美国在气象卫星的基础上，研制发射了世界上第一颗资源卫星"陆地卫星"一号，由于这颗卫星的杰出表现，一些航天国家纷纷投资研制地球资源卫星。几十年来，世界上地球资源卫星的发展大致经历了20世纪60年代奠基，70年代发展，80年代辉煌的阶段。

在群星灿烂的资源卫星家族中，美国"陆地卫星"和法国"斯波特"卫星最受推崇。十多年来，这两种资源卫星争奇斗艳，比翼齐飞，形成了两个靓丽的资源卫星品牌。

迄今为止，美国的资源卫星已经发展到第三代。在发射成功"陆地卫星"一号后的10年里，美国又相继发射了"陆地卫星"二号和三号，这3颗卫星属于美国第一代资源卫星。卫星携带性能先进的多光谱扫描仪，分别有3~4个谱段，分辨率80米，幅宽

美国陆地卫星

185千米。据有关部门估计，世界各国从这3颗资源卫星上共接收图像45万幅，投资收益比达1：14，这3颗卫星的成功应用，使资源卫星的实用价值得到了充分的展现。

1982年7月和1984年3月美国又分别发射了第二代资源卫星"陆地卫星"四号和五号，这2颗卫星属于实用型卫星，在技术上有了较大的改进，卫星平台采用了新设计的多任务模块结构，增加了主题绘图仪，可通过数据中继卫星传输遥感数据。

"陆地卫星"六号和1999年4月15日升空的"陆地卫星"七号，是美国第三代资源卫星。卫星造价8亿美元，设计寿命提高到5年，采用了增强的主题绘图仪，热红外波段探测器由第二代资源卫星的4个增加到8个，卫星能在8个不同谱段对来之地球的可见光、红外线和反射的全色光进行遥感。卫星图像分辨率达15米，幅宽达185千米。由于卫星存储能力强，传输速度快，因此，不必依靠跟踪与数据中继卫星系统，可以把数据存储在卫星上，然后利用X波段万向天线把数据直接发送给进入卫星视线的地面站。经过多年的发展，美国的地球资源卫星已经实现了由试验型到应用型的转变。

法国在1986年2月22日成功发射"斯波特"卫星一号以后，1990年和1993年又相继发射成功"斯波特"二号和三号卫星，卫星装有2台高清晰度可见光相机，拍摄的立体

法国斯波特卫星

照片可以显示出地球结构，分辨率达20米，幅宽60千米。

1998年3月23日升空的"斯波特"四号是前三颗卫星的改进型，它装有2台可侧视的高分辨率相机，用来估计植被的含水量和测绘积雪；还装有植被仪，用来对农作物、草场和森林等植被的生长变化情况进行全球监测，为估产和研究地球环境提供数据；卫星还可以观测海洋，为海洋生物学、沉淀学等科研及渔业生产等提供数据。卫星图像分辨率达10米，幅宽60千米。"斯波特"四号卫星分辨率比美国"陆地卫星"七号要高，遥感性能稳定，能拍立体图像，但幅宽和谱段都不如"陆地卫星"七号，因此，普遍认为非常适用于城市规划、军用制图等。

2002年5月4日，"斯波特"五号发射入轨。该星携带的主要仪器是2台高分辨率几何仪和1台高分辨率立体相机。与"斯波特"四号卫星相比，其主要改进是分辨率由10米提高到2.5米和5.0米两档；新增加的高分辨率几何仪，可实现同轨立体成像。所以，"斯波特"五号是目前世界上技术最先进的资源卫星。

1991年7月16日，欧洲地球资源卫星一号发射成功。这颗卫星可谓装备精良，它用合成孔径雷达、红外扫描辐射计、微波探测器、雷达高度计、激光反射器等先进设备进行地球资源探测。

1992年2月11日，日本成功发射地球资源卫星一号，该卫星装备了合成孔径雷达，用来进行国土、农业、林业、渔业调查和进行环境与火灾等监测。

苏联/俄罗斯资源–F系列卫星是以"东方"号卫星为基础的照相侦察卫星兼作资源

探测，这种卫星是胶片回收型，能提供5~8米高分辨率图像。其资源-0系列卫星是传输型遥感卫星，类似于美国的"陆地卫星"，携带两套高分辨率电扫描多光谱扫描仪和圆锥扫描中分辨率多光谱扫描仪。1991年俄罗斯发射了新型遥感卫星钻石-1，主要特点是装有合成孔径雷达。俄罗斯的专用资源卫星为"资源F"系列，商用资源卫星为"石榴石"系列。

印度的资源卫星发展也非常迅速，其图像以很高的分辨率和非常优惠的价格，受到发展中国家的青睐。

多年来，在世界新技术革命浪潮的推动下，随着一系列新技术成果的应用，资源卫星的遥感技术日趋成熟，水平也得到很大的提高，已从可见光发展到微波遥感，从被动遥感发展到主动遥感，并向高光谱分辨率、高空间分辨率和高时间分辨率方向发展。

自从有了资源卫星后，人类在资源探测中有了许多重大的发现。如美国用资源卫星在南非发现了世界上最大的镍矿，在撒哈拉大沙漠找到多处淡水资源，在巴基斯坦发现两个斑岩铜矿，还发现了日本大阪湾海面严重的污染等。苏联/俄罗斯用资源卫星找到3个金刚石矿，还发现了石油等。

欧洲第一颗地球资源卫星

二、福星高照"地球村"

　　就像脉搏的跳动可以传递人健康信息一样，地球上的许多信息都可以通过卫星传输的数字加以表现，这就是地球资源卫星给人类的馈赠。

　　30多年来，世界上许多国家应用以地球资源卫星为代表的遥感卫星的图像资料，进行资源调查、国土普查、环境监测等，取得了可喜的成果，大大加快了"数字地球"的进程。据报道，早在20世纪70~80年代，西方一些国家就利用地球资源卫星进行小麦、大豆、水稻、玉米和马铃薯等农作物的估产，以增加或减少某种农作物的种植面积或确定粮食政策。如今，全世界已有一百多个国家应用地球资源卫星的遥感数据，资源卫星在众多领域得到了成功的应用。

　　航天大国美国不仅最早发射资源卫星，而且还是应用地球资源卫星的行家。据报道，美国在用地球资源卫星遥感图像估测本国小麦产区的产量，制定粮食储藏、调运和食品加工计划的同时，还用来观测苏联/俄罗斯、澳大利亚、阿根廷、印度、加拿大、中国等世界主要小麦产区的产量，利用获得的信息，确定小麦对外贸易策略和价格政

美国陆地卫星拍摄的我国大瑶山隧道所在地址的图像

策，从而，保证了在进行国家间贸易谈判中处于主导地位。据报道，仅此美国每年就获利高达数亿美元。

具有在高科技领域中积极合作传统的欧盟国家，在地球资源卫星的应用上同样也不例外。他们利用法国"斯波特"卫星等资源卫星技术资源，在农作物的产量评估、长势监测和病虫害预报等方面，取得了令人注目的成果。早在数年前，欧盟国家就利用资源卫星建立了包括地理信息在内的数据库，该信息库已作为欧盟统计局数据库的重要补充，在农业和环境等方面发挥了重要作用。

多年来，马铃薯种植大国加拿大利用地球资源卫星图像并结合其他资料，对马铃薯栽种情况进行估产，不仅查出种植面积，而且还可以识别出马铃薯与牧草、玉米及耕地与森林的界限，估产可靠率为90%。

发展地球资源卫星，利用地球资源卫星数据解决实际问题，开发资源，带动经济的发展，已经成为印度航天政策的一大特点。目前，印度利用地球资源卫星图像资料已相当普遍，甚至有不少渔民在卫星图像数据的指导下出海打鱼。

我国是一个人口众多但自然资源十分匮乏的国家，资源的匮乏对于一个有13亿人口的大国生存与发展，并不是一个轻松的话题。怎样合理地开发和利用现有资源，是摆在我国政府面前的重要课题。然而，直至20世纪70年代末，我国对自己的资源家底还并不清楚。可耕土地面积有多少，是一个直接影响我国农业产量在21世纪能承载多少人口的问题，也影响每年农产品的进出口计划；城市化带来的与农业争地问题到底程度如何？可耕土地到底还有多少潜力？资源的供给情况能否满足经济发展的要求？以及经济的发展带来的环境与生态平衡问题，我国西部地区的环境情况和如何布局等，搞清上述问题已成为国家的急需。资源遥感卫星技术的发展和应用，为解决和回答这些问题提供了有效的手段，为国家级宏观决策提供了依据。

经过30多年的努力，我国卫星遥感应用已经由初创阶段发展到深入国民经济众多部门，逐步走向成熟，在我国国土资源普查、规划、环境调查监测与治理、洪水、林火等重大自然灾害的监测与评估中，发挥了重要的作用，取得了显著的科技进步效益、规划信息效益、环境效益和经济效益。

30年来，我国有关部门利用资源卫星进行了全国和区域性的土地利用调查、北方冬小麦估产、草场资源监测、森林、水利、海岸带滩涂及旅游资源调查，进行了部分

资源一号卫星拍摄的图像

地区环境污染、土地退化、河湖变迁、水土流失城市环境调查等，都取得了可喜的成果。如1987~1988年陕西省商洛地区用常规方法估产，预计小麦将大量减产，为此，当地政府有关部门提出了大量调入外地粮食的计划，而卫星遥感监测的数据表明，减产数字将远远小于常规方法估产。依据这一信息，当地政府减少了粮食的调入，两年少调进粮食16万吨，仅节省运费就达近600万元。

针对20世纪90年代以来由于种种原因造成的土地锐减，1993~1996年我国农业部连续4年开展了全国耕地变化遥感监测，获得了许多极有价值的数据，引起了中央领导的重视；1997~1998年农业部又利用美国"陆地卫星"的图像，对黑龙江、内蒙古、甘肃和新疆等省区的土地利用情况进行了监测和有关情况的评估。结果显示，1997年前的十年间，我国北方地区土地利用类型变化较大，结构不尽合理，草地退化严重，土地荒漠化情况加剧，农业生态环境日益恶化，耕地开垦有一定的盲目性，新开垦的土地基础设施不足。这些研究成果为政府提供了重要的决策依据。

我国科学工作者经过10多年的调查，利用资源卫星图像，终于查清了我国土地资源的家底，其中耕地面积为20亿亩（阶段性数据），占土地总面积14.1%，比1994年国家统计局公布的14.24亿亩多出40%。值得一提的是，这一成果为我国制定农业规划及农业政策起到了重要作用，农业部门依据这些信息，及时修改了农业税收政策，如对未上报的耕地在补报后，三年不缴农业税，不再提跨黄河、过长江、千斤省等口号，这些政策的修订，对推动我国农业生产持续稳定发展，具有特别重要的意义。

不仅如此，资源卫星图像还在其他领域发挥了重要的作用。卫星遥感技术被石油勘探部门视为一门新兴的技术手段。比如，利用卫星遥感技术廉价快速地提供石油管道选线方案，可以达到路径最短，经过地貌地形最简单，误差最小的目的，仅以新疆库米什—鄯善段380千米长的石油管线为例，卫星遥感比常规方法缩短了15千米，节省数千万元。

我国石油工作者利用卫星遥感技术，找到了十多个石油勘探靶区，有的已见到

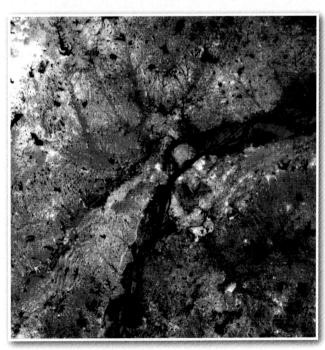

资源一号卫星拍摄的南京地区合成图像

亚洲最大的港口城市香港所在地区的卫星图像

工业油气流。科学工作者还利用卫星遥感图片，在塔里木盆地进行区域调查，通过区域构造的综合分析研究，摸清了沉积盆地的生成演变和发展规律，此举对进一步揭示油气生成等信息提供了可靠的地质资料。

黄河三角洲是世界上各大河三角洲中海陆变迁最活跃的地区，也是世界上土地资源自动扩张最快的地区。为了更好地探测开发黄河三角洲的油气资源，我国科学工作者利用卫星遥感图像动态地监测该地区的演变规律，13年的监测表明，黄河河口延伸33.5千米，净增造陆面积453平方千米，从而为胜利油田和黄河管理委员会对黄河下游及入海口的治理及黄河三角洲的开发利用，提供了重要依据。

1990年，一些领导和专家提出出于保证黄河入海口地区的安全的考虑，黄河在这一地区要迅速改道，且工程要立即上马。遥感部门利用对多年来该地区卫星图像资料的分析，以充足理由提出了黄河不需要改道的建议，正是这一建议起到了重要作用，才使有关部门终止了黄河改道计划，这一决定不仅节省了改道经费，还为当地的油田产生了数十亿元的经济效益。

2007年7月1日，利用卫星遥感技术，我国开始了第二次全国土地普查。调查的主要内容包括：①农村土地调查，查清每块土地的地类、位置、范围、面积分布和权属等情况；②城镇土地调查，掌握每宗土地的界址、范围、界线、数量和用途；③基本农田调查，将基本农田保护地块（区块）落实到土地使用现状图上，并登记上证、造册；④建立土地使用数据库和地籍信息系统，实现调查信息的互连共享。

经过多年的应用和实践，卫星遥感技术已经成为我国工农业生产和其他领域不可缺少的重要手段。同时，与其他传统的方法相比，卫星遥感具有节约经费、时效性强、节约人工、提高成果质量等优势，这一新兴技术正在逐渐转化为生产力。有数据显示，我国利用"陆地卫星"资料进行全国土地利用情况调查工作，购买1000多景卫星合成照片，资料费只用了50万元，如用航空摄影方法，约需3000多万元，卫星遥感方法的投入只是常规方法的六分之一；在资源、环境监测方面，卫星遥感应用的费用是常规方法的三分之一至十三分之一，而在从未用同类常规方法进行资源、环境调查的地方，其比例可达几百分之一；高寒无人荒漠地区的环境调查人工无法进行，而用卫星图片只需几张即可完成。

据有关部门估计，30多年来，我国利用卫星遥感手段进行资源环境等遥感调查上投入了20多亿元，若按上述1:6的比例计算，节约经费100多亿元，而遥感成果本身所产生的效益则是无法估量的。

三、中国和巴西，大洋两岸的握手

在我国没有发射资源卫星前，需要资源卫星的图像资料都是向外国购买的。为了早日拥有自己的资源卫星，20世纪70年代末期，我国航天科技工作者就开始了资源卫星的研究工作，当时的卫星叫实践三号卫星。但是，我国资源卫星的发展却历经风雨，道路并不平坦。

20世纪80年代初，当时的航天工业部对实践三号卫星方案进行了调整和重组，并更名为资源一号卫星，还提出了要在技术上赶超美国"陆地卫星"四号、五号和法国"斯波特"卫星一号和二号的目标。然而，由于没有一定的经费支持，几年过去了，卫星的研制工作仍无大的进展，直到1986年3月31日，国务院批转了航天工业部关于加速发展航天技术的报告，曾一度搁浅了的资源一号卫星计划才正式启动。

1986年12月，在国务院的组织下，由几十个省、市、自治区和农业、林业、水利、环保等20多个有关部委代表参加的资源卫星用户座谈会在北京召开。改革开放的中国不能没有资源卫星，尽快研制属于我们自己的资源卫星，用航天高科技服务国民经济建设，成为与会人员一致的呼声和期盼。

巴西客人参观北京卫星制造厂

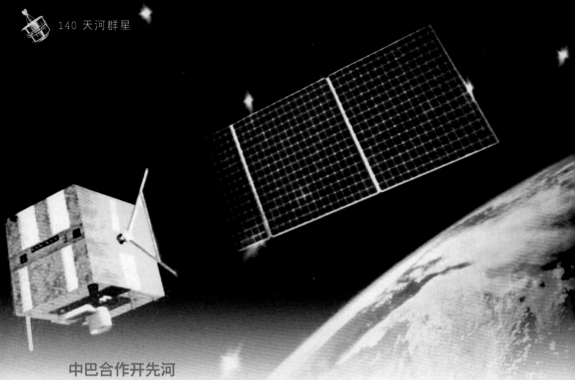

中巴合作开先河

由于我国当时的家底还不富余，在改革春风的沐浴下，中国航天专家把目光投向了国外。于是，一个由航天专家组成的小型代表团开始了欧洲之行，他们此行的目的是试图探求在资源卫星研制领域开展国际合作的可能性。然而，傲慢的欧洲人却根本未把中国同行放在眼里，中国专家抛出的橄榄枝，迟迟未得到积极的回应。

而非常巧合的是，此时，巴西也在考虑研制资源卫星。巴西具有良好的自然环境，丰富的资源，日夜流淌的亚马逊流域生长着大面积热带雨林，影响着整个地球的环境，被誉为"世界之肺"。进入20世纪70年代以来，随着经济的发展和移民的大量进入，使亚马逊流域的原始森林遭到破坏，环境污染也非常严重，这种状况引起了巴西政府、社会各界以及国际社会的广泛关注。

梦想早日拥有属于自己的资源卫星的巴西人，正在寻求地球资源卫星研制的合作伙伴。起初，巴西人把目光投向了航天"大哥大"美国，但是，美国人却不屑一顾。中国和巴西两个第三世界兄弟就这样走到了一起。

1987年，中国航天工业部领导和专家访问了巴西，向巴西介绍了中国资源卫星研制的进展情况，巴西政府和有关部门对此抱以极大的兴趣。通过访问加强了中巴两国的沟通，两国专家一致认为，共同研制资源卫星符合两国的利益和需要。

接着，巴西空间研究院代表来到中国访问。代表团参观考察了中国空间技术研究院，在与中国空间技术研究院领导会谈中，双方一拍即合，表示愿意共同研制地球资源卫星。不同的制度，不同的民族，不同的肤色，共同的利益，把中国和巴西两个第三世界发展中国家连在了一起。

1988年注定是中国资源一号卫星发展具有特殊纪念意义的年份。3月4日，中国空间技术研究院（CAST）与巴西空间研究院（INPE）在北京签署了中巴联合研制地球资源卫星的工作报告。7月6日，在巴西总统萨尔内访华期间，两国政府在北京签署了《中华人民共和国政府和巴西联邦共和国政府关于核准研制地球资源卫星的协议书》，8月22日，中巴两国外交部长在北京签署了《CAST和INPE关于联合研制中巴地球资源卫星的协议书》。至此，这颗被命名为中巴地球资源卫星（CBERS），我国称资源一号卫星的合作拉开了序幕。中巴联合研制地球资源卫星，不仅对于中国和巴西两个资源大国具有巨大的经济效益，而且开创了第三世界国家间在航天高科技领域技术合作的先例，具有巨大的国际影响。

资源一号卫星由中国航天科技集团公司所属的中国空间技术研究院（CAST）和巴西空间技术研究院(INPE)联合研制，整个研制工作以中方为主，占70%的份额。资源一号卫星有效载荷包括一台5谱段CCD线阵推扫式相机，一台4谱段红外多光谱扫描仪，1台2谱段宽视场CCD相机，一套传输上述遥感器遥感数据的X波段数传系统以及环境监测仪、数据采集平台和高密度磁带机等。卫星总重1540公斤，可展开式单翼太阳电池阵输出功率为1100瓦。卫星轨道为距地面778千米高的太阳同步轨道，卫星姿态为三轴稳定控制，设计寿命2年。其目标瞄准的是国际上当时最先进的地球资源卫星。

自1988年起，频繁来往于大洋上空的中巴两国专家，圆满进行了多次联合工作，从共同评审卫星和分系统方案，到确定接口关系和技术指标，从制定工程实施的管理办法，到按照分工进行了技术攻关和设备的研制。资源一号卫星发展的每一步，都凝聚着中巴两国航天专家的心血。

签订卫星研制合同

资源一号写辉煌

1999年10月14日，随着太原卫星发射中心一声巨响，长征四号火箭将资源一号01星送上了太空。

资源一号卫星是我国第一代传输型陆地遥感卫星，具有遥感数据宏观、准确、快速、直观和动态等特性，卫星通过不同的遥感器可获得可见光、近红外、热红外等多谱段的遥感图像，这些图像被地球地面站接收后，经过处理可以直接使用，也可以相互比较分析。如可见光谱段图像可用于绘制地图，水系、

中巴两国技术人员在工作

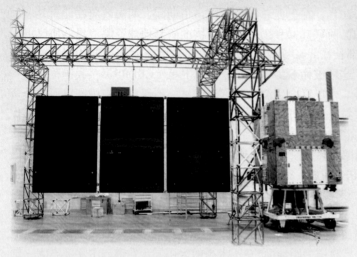

资源一号卫星

交通和城市规划图，测量耕地面积、森林覆盖面积和积蓄量调查，地面植被情况分析；近红外谱段图像可用于土壤和植被水分测量，环境污染监测，农作物长势情况调查和估产；还可用于地质调查、矿产资源的勘查和规划；热红外图像可用于植被和环境监测；资源一号卫星还可用于预报和监测自然、人为的灾害，比如，可快速查清洪涝、林火、地震风沙等破坏情况及其变化，估计损失，提出对策；对沿海经济开发、滩涂利用、水产养殖，环境污染等提供动态情报。

资源一号卫星又是我国空间事业对外合作的一个窗口，通过这个窗口，可以吸收引进国外先进技术及科学的管理经验，提高我国卫星研制水平，进一步推动我国空间技术与国际上的交流与合作。

资源一号卫星与国际上已经发射入轨的地球资源卫星的区别是，它携有不同空间分辨率的三种成像仪载荷，即广角成像仪、高分辨率CCD相机和红外多光谱扫描仪。CCD相机和红外扫描仪可以在广角成像仪覆盖的区域内提供更为详尽的信息，CCD相机还具有侧视点观测能力，将广角成像仪监测到的现象进行放大观测，这种多传感器数据对需要高频次观测信息的生态系统监测最为有用。

资源一号卫星光谱范围广，最高分辨率可达20米，虽然卫星观测一遍地球需要26天，但由于其携带的CCD相机有侧视功能，同一地区观测周期为3天，广角相机5天就可以覆盖我国国土一遍。卫星除主要为中国和巴西的用户提供遥感数据服务外，还携带空间环境监视器等星载科学技术试验仪器，科学家可以通过该仪器取得的数据，为以后改进同类航天器的设计服务。

作为我国第一带传输型对地观测卫星，资源一号卫星是地地道道的国产货，卫星的CCD相机、红外扫描仪、高密度磁记录器、X波段高码数传系统、动量轮、帆板驱动装置、陀螺、红外地平仪、帆板展开机构等主要技术和设备，都是我国空间科技工作者研制开发的。这颗卫星的发射成功和投入运行，不仅为我国提供了一颗新型应用卫星，使我国应用卫星研制技术又向前跨进了一大步，还使我国卫星大家族里又多了一个新的应用卫星品种，同时，还为我国其他卫星型号的研制积累了经验。通过资源卫星的研制，还带动和促进了我国电子、光学遥感、机械、材料等行业和部门的发展。

在国内外的航天发展史上，一般都是先发射试验卫星，再发射实用性卫星，而资源一号卫星没有经过试验卫星阶段，首次发射就直接进入了应用。国内外专家一致认为，资源一号卫星的研制成功，标志着我国传输型遥感卫星研制技术达到了国际先进水平。资源一号卫星的首发成功被两院院士评为1999年"中国十大科技进展"之一，国家领导人曾高度评价资源一号卫星项目是"南南合作"的典范。

资源一号 CCD 相机图像

自1999年10月，资源一号卫星首飞成功并获得广泛应用后，2003年10月，资源一号02星发射成功，2007年9月，资源一号02B星发射成功，至今已成功发射了3颗。

资源一号卫星的技术发展可以分为两个阶段。第一个阶段是以资源一号01星和02星为代表，卫星具有多光谱、红外扫描仪以及中等分辨率，体现了20世纪80年代国际先进水平。第二个阶段是以02B星和03星为代表，卫星具有多光谱和高、中、低不同分辨率的综合遥感信息获取能力，体现了21世纪初国际先进水平。

资源一号

资源一号卫星进行试验

资源一号02B星首次采用国土资源部作为主用户机制，是我国目前民用遥感领域里分辨率最高，具备高、中、低分辨率和多谱段的地球资源卫星。该卫星在保留原有20米分辨率的CCD多光谱相机和250米分辨率的宽视场成像仪（WFI）的基础上，增加了分辨率更高的全色高分辨率相机（HR）及相应的数传系统。卫星通过全色和多光谱的数据融合可为用户提供更多的信息，其遥感谱段配置与空间分辨率均有自身特点。该卫星新增加了整星侧摆、偏流角修正、GPS和国产中等精度星敏感器辅助定轨、定姿等功能，使平台指向精度和姿态测量精度都得到了很大的提高，在不进行精校正的情况下，图像几何定位精度由2.5千米提高到1千米左右，平台性能有较大提升。

资源一号02B星研制时间短、技术状态复杂，从任务启动到发射仅用了两年半的时间，实现了"快、好、省"。

2008年1月14日，国防科工委组织的资源一号02B星数据应用评审会上，专家一致认为：该卫星是我国第一颗能为众多行业提供高空间分辨率图像数据的卫星，也是第

资源一号卫星光照试验

一颗同时具有高、中、低三种空间分辨率载荷的资源卫星；其图像清晰、质量较好，与国外同类卫星数据相当，可为我国资源、环境等领域调查与监测提供新的数据源；卫星辐射特性基本稳定，可以用于定量评价，实现了我国资源卫星研制技术的新突破。

资源一号02B星遥感数据对于居民地、道路、森林、山地、河流等地物地貌的识别和判读非常准确，在城市建设、农业、林业、水利、大气、海洋、环境监测等领域具有十分广阔的应用前景。

在资源一号3颗卫星发射成功的同时，我国还连续发射成功3颗中国资源二号卫星，中国资源二号卫星不仅提供了大量的遥感数据资料，还首次成功实现了我国资源卫星在太空中3星组网运行，这大大增加了卫星提供数据的连续性。

卫星与火箭对接

"独臂将军"行天下

资源一号卫星是目前我国在轨运行的应用卫星中，结构最复杂、技术难度最大、携带有效载荷最多，遥感水平最高的卫星，在感叹它的成功来之不易的同时，细心的人一定会问，我们看到的卫星一般都有两个翅膀（太阳帆板），为什么资源一号卫星只有一个翅膀呢？这要从资源一号卫星携带的有效载荷说起。

资源一号卫星上安装的红外相机，在太空中工作需要 –170℃的环境，红外扫描仪在这个环境里才能正常的工作。提供这样的环境，就需要对相机的元器件进行制冷。而创造这样的环境只有三种方法，一是在卫星上携带制冷剂。由于受火箭运载能力的限制，卫星一次不可能携带大量的制冷剂，又由于对制冷剂进行密封处理等工艺非常复杂，因此，这种方法既不利于确保卫星长寿命，又影响可靠性。二是电制冷。该方法的缺点同样是影响卫星的寿命。三是靠空间本身的辐射制冷。空间温度很低，据估算空间环境非常寒冷，大约是 –200℃，只要卫星不对准太阳和地球等物体，就能把红

资源一号卫星总装现场

外扫描仪内部的温度不断辐射出去，保持红外扫描仪的工作环境。因此，专家认为，保证红外扫描仪正常的工作环境，目前最好的方法是用辐射制冷器把卫星内部的热量辐射出去。

辐射制冷器工作需要非常大的视场空间，在这个视场空间内要三不见，即不见太阳、不见地球和不见卫星本体。否则，就将感知它们反射的温度，红外扫描仪内部温度无法辐射出去，其工作环境的温度就高了。所以，在资源一号卫星的设计中，专家只能考虑在卫星的一侧设计单个太阳帆板，而在另一侧安装辐射制冷器。资源一号在太空飞行过程中，有太阳帆板的一边始终对着太阳，另一侧的辐射制冷器始终背对太阳，面向广阔的宇宙空间，将红外扫描仪内部的温度及时辐射到空间。

传输型对地遥感卫星对控制精度的要求相当高，稍有抖动，就会给卫星图片的清晰度带来影响，可见，这种单太阳帆板的设计，给卫星总体和控制技术等增加了难度，其中最明显的就是如何解决卫星在太空中飞行的稳定性问题。我国科技工作者克服了重重困难，首创性地解决了许多难题，终于实现了具有世界先进水平的卫星总体设计和精度控制，使资源一号卫星获得了高水平的卫星图像，成为丈量地球的"独臂将军"。

应用体系遍全国

为应用好资源一号卫星，以造福全人类，我国已经建成包括中国资源卫星应用中心、北京、广州、乌鲁木齐3个地面站在内的资源卫星应用系统。我国资源卫星的产品分为数字产品和光学产品，即磁带、软盘、光盘、胶片和反转片等，每11小时可以生产不同级别的产品200多景，产品生产周期一般为3~7天，必要是可随时安排。

经过多年来的努力，中国资源卫星应用中心联合全国各系统、各方面的遥感力量，经过必要的配套、改造、建设和优化组合，建立起一个我国长期稳定运行的资源卫星应用体系。该体系由数据接收、数据预处理、应用示范及分析模型、数据模拟和评价、资料分发及用户服务等五大分系统组成。在北京设总站，下设华南、新疆两个分站。资源卫星一号发送的数据，经过这三个地面站跟踪、接收、记录，向全国用户提供适合各专业部门不同需要的卫星图像；对卫星图像进行综合分析，修订国土资源地图和局部地区专业地图；对卫星数据、图像进行生产、分发、存储、检索，在全国范围内按层次组成服务网络。

中国资源卫星应用中心不断提高数据产品生产能力，持续改进数据产品质量，深入拓展应用领域和完善用户服务体系，为资源卫星数据的大量分发与应用奠定了坚实的基础。

2005年，该中心研发了具有自主知识产权和计算机软件著作权的数据处理实验系统，2006年该系统投入生产，大大提高了数据产品生产能力和效率。中心通过自行研发应用软件，实现了色差的自动消除，大大提高了数据产品的质量和生产效率。同时，采用了大量的技术手段使数据产品的质量有了显著提高和改进。

（上）资源一号卫星吊装
（中）资源一号卫星从厂房驶出
（下）资源一号垂直运输发射场

四、资源一号造福人类社会

资源一号卫星交付用户使用

资源一号卫星的发射成功和投入使用，结束了我国长期依赖外国卫星图像资料的历史，使我国对卫星遥感图像资料的利用，进入一个全新的天地，加速了"数字中国"的进程。在我国新疆，原来人们以为已经干枯的艾丁湖，实际上却仍然拥有100多平方千米的水面，原来人们以为完全没有植被的塔克拉玛干沙漠，实际上却拥有大量的红柳和芦苇，这就是在资源一号卫星眼中所看到的新疆一景。无怪乎2000年5月北京科技活动周期间，一位来自新疆喀什市的领导看到资源一号卫星拍摄的自己家乡的图像照片时，竟情不自禁地跳起了新疆舞。

资源一号卫星应用领域十分广泛，其用户涉及到国务院农业部、国家林业局、水利部、国土资源部等20多个部委、40多个省市自治区及计划单列市。卫星图像数据产品已广泛应用于国家农业、林业、水利、矿产资源、环境保护、城市规划、灾害监测等领域，在土地、矿产和海洋资源调查，农作物估产、绘制地图、水系、城市交通图、测量耕地面积和城市规划、森林蓄积量调查、地面植被情况分析、环境监测、预报和监测自然和人为灾害以及对沿海经济开发、滩涂利用、水产养殖、环境污染动态预报等诸多方面发挥了作用，为国家经济建设和社会发展提供重要保障，取得了显著的社会效益和经济效益。

仅以资源一号02B星为例，到2008年底，在不到一年的时间里，该卫星就获取了15万景图像。北京、上海、天津、重庆、新疆、甘肃、内蒙古、陕西、河南、江苏、黑龙江、福建、山西、四川、山东、贵州、云南、浙江、广东、宁夏、河

资源一号卫星应用成果展

北、广西、安徽、西藏、湖南、湖北、海南、香港等31个省市与特别行政区，以及国土资源部、水利部、国家林业局、国家环保总局、国家海洋局、中国气象局、国家地震局、国家减灾委、中国科学院、中国测绘院、大学和专业公司及全国地方遥感等多家单位都下载使用了卫星图像，主要应用于农业、林业、水资源调查、环境监测、城市规划、灾害调查、地质填图、测绘、煤炭、石油天然气及矿藏资源调查、西部生态环境调查、铁路、高速公路、石油天然气管道、高压线路选线、区域性工程地质勘察、库区建设和动态监测以及全国资源环境数据库更新和公路交通数据库的建设与更新等领域

岳阳市周围地区

本图长江以北为湖北，以南为湖南，长江古道为典型曲流区。洞庭湖湖增长明显，滩地上的芦苇草地呈平坦红色调。陆路、铁路明显。

比例尺 1：25万 接收日期 2003.4.15

资源一号图像

和行业。其中环保、国土、科研、城市建设、灾害监测等领域分别占分发量的25.1%、21.4%、16.3%、11.1%和7.3%。

中国资源卫星应用中心以资源一号卫星为主要信息，首次完成了贵阳市1：10万森林资源调查、国产卫星遥感数据1：250万全国影像镶嵌图制作、青藏铁路数据镶嵌、南水北调中线引水线路影像图、上海及长江三角洲地区资源卫星数据镶嵌以及北京市密云水库蓄水面积和绿地面积动态变化监测等。

国家林业局规划院及荒漠化监测中心，已将资源一号卫星的遥感数据作为系统运行的主要信息源；中科院正在以该卫星的遥感数据为信息源，更新国家资源环境数据库，建立全国公路交通数据库。为此，中科院地理所和中科院科技投资公司向中国资源卫星应用中心定购了1300景图像数据。

资源一号卫星在防灾减灾方面发挥了重大作用。2000年4月9日在西藏波密县易贡湖发生罕见的山体滑坡，造成河流堵塞，湖水猛长，淹没了大量农田和房屋。在紧急抢险救灾中，中国资源卫星应用中心提供了1月26日、4月13日和5月9日滑坡地区的多幅遥感图像，反映了滑坡发生前和发生后几天以及发生后一个月的情况。随后，又获取了6月27日雅鲁藏布江下游的图像，这是专门为抢险救灾工作通过卫星CCD相机侧摆镜进行侧摆观测所获得的该地区云层较少时候的图像，这些图像不仅为抢险救灾提供

了科学依据，专家还根据卫星
提供的资料建议在雨季到来前，
采用炸坝释放湖水的紧急措施，
收到了很好的减灾效果。

　　资源一号图像资料在黄河
三角洲可持续发展中发挥了作
用。1999年12月22日，资源一
号拍摄了黄河口地区的图像，
通过分析发现，图像对植被反
映明显，从图片上，研究人员
能分别出各种不同的植被分布
情况。图像还能反映出不同水
深、水质、沙洲和水下地形，
清晰地反映出城镇结构，公路

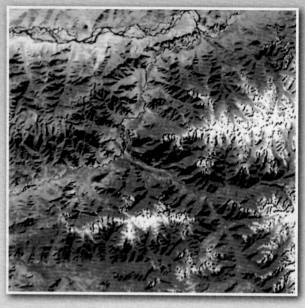

西藏遥感图像

交通、盐场和鱼塘、滩涂的分
布情况，区分出不同长势的冬小麦、农田的不同情况，黄河口淤积物堆积、扩散和小
清河污染的严重情况等。

　　中国资源卫星应用中心负责人曾经拿着资源一号卫星图像资料，走进了全国人大
环境委员会的会场，向与会代表汇报黄河下游水污染情况。从卫星图像上清晰地看到，
黄河水在经过黄河入海口地区小清河的时候，受到严重污染，变得乌黑，入海污水在
潮汐的作用下，直接威胁到沿海养虾场和盐场。黄河下游水严重污染，引起了中央领
导的高度重视，指示有关部门通报并采取措施加以解决。

　　我国科学工作者利用资源一号卫星图像资料对辽东区域环境监测发现，资源一号
图像资料在环境领域具有广阔的应用潜力，卫星数据为空气烟尘污染监测与空气污染
带分布的划分、海洋和内陆水体污染、海域和河段划分与监测管理等提供了科学依据，
为流域生态环境监控、开发和综合利用提供了科学依据，还为近海海域和内陆环境灾
害的监控提供了有效的手段。

　　资源一号卫星为我国林业建设提供了重要的数据源，它克服了国外卫星数据难以
覆盖全国的缺陷，在我国森林资源监测和生态环境建设中具有广阔的应用前景。

　　资源一号卫星还在西部大开发中发挥了作用。解决西部地区荒漠化是改变生态环
境不断恶化的重要基础，为此，我国科学工作者利用该卫星图像资料设置了新疆阜康
沙漠绿洲生态环境与生态建设应用示范，青海湖及共和盆地生态环境与生态建设应用
示范，都兰土地荒漠化与防治中的应用示范，甘肃古浪生态保护与生态建设中的应用
示范，甘肃金塔沙漠绿洲生态环境与生态建设应用示范，内蒙古浑善达克沙地生态环
境与生态建设应用示范等6个专题进行研究。

　　在西藏自治区森林资源调查的应用示范中，资源一号发挥了重要的作用。卫星图

像资料显示，西藏南部地区森林资源十分丰富，又因地形高差很大，植被类型垂直分布变化，生态类型复杂，生物多样性异常丰富，是我国最为丰富的物种基因库之一，但由于该区域交通极端困难，地面调查费用昂贵，过去无法获取此地区的测量数据，因此，近十年来，对西藏的森林资源没有进行全面的调查和监测。资源一号卫星数据在西藏林区的应用，彻底改变了该地区森林资源调查严重滞后的局面，为森林资源的保护和科学利用提供了决策支持。

资源一号卫星在印度洋海啸灾情监测、淮河流域水灾监测、太湖"水华"监测、香港火灾监测、南方雪灾监测等灾害监测中，均充分发挥了重要监测作用，得到了国家有关部门的高度认可。

特别值得一提的是，资源一号卫星在汶川特大地震的监测中也有上佳的表现。汶川地震发生后，中国资源卫星应用中心立即启动了重大自然灾害监测预案，密切关注灾情的发展。当日15点多就开始安排已经超期的资源一号02星成像计划，与02B星一起实现双星协同运行，争取每天有1颗资源卫星经过震区并成像。该中心每天及时把遥感监测的地震灾情上报给国家发改委、国家减灾中心、国土资源部、国家地震局等相关部门。

资源一号卫星获取的CCD遥感影像数据，覆盖了四川省汶川县、平武县、黑水县、茂县、北川县、安县、什邡县、理县、绵竹县、绵阳市、德阳市、都江堰市、青川县、广元市、江油市、松潘县、彭州市、广汉市、成都市和甘肃省文县等地震灾区，并获取了覆盖四川省北川县、平武县、青川县、江油市和甘肃省文县等地震灾区的红外遥感影像。据不完全统计，在地震后的半个月内，中国资源卫星应用中心先后及时向四川省人民政府、陕西省人民政府、甘肃省人民政府、国土资源部、国家发展和改革委、教育部、交通运输部、铁道部、环境保护部、民政部、国家减灾中心、国家林业局、中国地震局、中国气象局及省市有关遥感机构用户，提供了了震前和震后卫星接收的图像数据690景。其中震前504景，覆盖地震全部区域；震后186景数据。由于卫星CCD

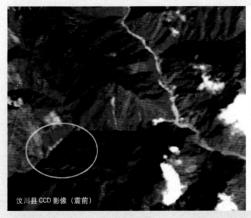

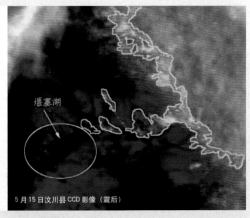

汶川县杂谷脑河流域震前与震后 CCD 影像对比

相机具有较高的空间分辨率，且能进行大角度侧摆，较好地满足了地震灾害监测的需求；红外遥感数据的空间分辨率高，能反映城市中如道路、桥梁、房屋遭受破坏情况等细节部分。利用卫星图像，指挥部清晰地看到了地震灾区房屋及公路桥梁损毁、山体滑坡和居民安置情况。在抢险救灾最初的半个月内，通过资源一号卫星共解译出灾区内86处滑坡、14处堰塞湖和1处桥梁断开。用户普遍反映卫星数据、灾情监测报告提供及时，对于相关部门分析、了解灾情实际情况提供了很大帮助。

资源一号卫星数据在巴西和拉美地区也得到了广泛的应用，到2008年初，巴西已向本国用户分发了30万景，向拉美地区的其他国家分发了5万景，这些图像为亚马逊河流域环境监测、资源开发和拉美国家的经济建设作出了贡献。资源一号卫星图像数据不仅惠及中国和巴西两个发展中国家，同时，世界上许多国家都在使用资源一号卫星的数据，可以说，资源一号卫星惠及全人类。

2007年5月24日，中国国家航天局局长孙来燕在位于法国巴黎的欧洲航天局总部签署了《空间及重大灾害国际宪章》，这标志着我国成为国际减灾合作机制的正式成员。成为该机制的正式成员后，我国发生重大灾害期间，可无偿获得其他成员国提供的数据，及时监测和评估灾害情况；同时，我国也将向受到灾害的其他成员国无偿提供利用资源一号卫星的数据支持。《空间及重大灾害国际宪章》的签署，在满足我国部分重大灾害管理实际需要的同时，将进一步扩大我国在国际空间合作的领域，提高我国在亚太地区和国际社会的影响。

2008年10月，中国和巴西政府宣布向非洲大陆免费分发资源一号02B星20米中等分辨率的数据，在非洲引起巨大反响。目前，许多国家正在积极申请使用资源一号02B星的数据。

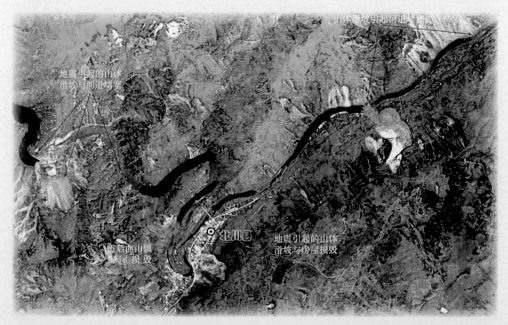

四川省北川县唐家山堰塞湖解译结果

五、未来星空更璀璨

21世纪是信息时代，以农业为例，未来的农业生产将走向新的综合和联合，农业信息学、农业遥感学、太空农学等学科将出现。专家认为，要准确掌握来自地球各方面不断变化的信息，必须使用卫星遥感、GPS等各种高科技技术。

为掀起利用地球资源卫星及其应用的新高潮，美国发起的"地球使命计划"，这项大规模的遥感卫星观测计划，核心是"地球观测系统"（EOS），其目的是建立一个持续运行、综合性的全球规模的地球观测系统。该系统的建立，将通

过开展有重点的探索性研究，提高对影响全球气候变化的物理、化学、生物和社会等诸因素的认识，观测温室效应、海洋、生态、火山等，通过卫星获得的各种数据信息，为人类社会的发展服务。随着一系列卫星的升空，将有更多双眼睛在注视着我们生活的地球村，而计算机技术等现代技术的发展，又将大大促进对地遥感卫星技术成果的应用。

据专家预测，未来资源卫星将沿着大型综合系统、小卫星星座系统、多种卫星系统协作、由光学遥感向微波遥感、单一遥感向多功能遥感等方向发展。卫星的空间分辨率、光谱分辨率和时间分辨率都将大大提高，CCD像机分辨率可达1米，特殊用途的甚至可达10厘米。目前，一些航天国家正在研制能够克服遥感周期长等不足的资源卫星，资源卫星将朝着有高分辨率图像、宽观测带、高时间频率、多光谱遥感器和全天候全天时的雷达卫星的方向发展。可以想象，未来的资源卫星将不受天气的限制，对地球的监测将更准确、更及时，真正做到风雨无阻。

资源一号卫星项目是目前国际上唯一承诺保证数据连续至2015年的陆地光学遥感项目，中国和巴西两国还将联合研制第二代中巴地球资源卫星即资源一号03、04星，因此，中国和巴西在资源卫星方面的合作将进一步发展。

中巴第二代地球资源卫星将继续使用资源一号卫星平台，与第一代资源卫星相比，要求高，难度大，其中最主要的是遥感水平将有较大幅度的提高。资源一号03、04星将保持遥感数据的连续性，满足农业、林业、地质矿产、环境保护、国土普查与规划的需求；将进一步提高图像分辨率，以适应精细农业、城市规划、灾害预警等方面对分辨率的更高要求；进一步提升平台和载荷的性能，打造陆地资源卫星中的精品。

"太空明灯"指航向

卫星导航定位系统是一种利用卫星播发的无线电信号进行导航定位的卫星系统。该系统常常由数十颗卫星在太空组成星座，覆盖全球，以便人们在地球上任何地方、任何时间都可以利用卫星进行导航定位。

卫星导航定位系统好比是设在太空中的无线电导航台，居高临下，不仅可以为信号覆盖的范围内的飞机、舰船、地面部队、车辆、导弹和低轨道航天器等移动体提供全天候、连续、实时、高精度的三维位置、三维速度以及时间数据，还可以为登山、探险和考古队员或个人指引方向。

根据信号覆盖范围，卫星导航定位系统可以分为区域卫星定位导航系统和全球卫星定位导航系统。美国的全球卫星导航定位系统（GPS）系统、俄罗斯的全球卫星导航系统和欧洲的伽利略卫星导航系统以及我国的北斗卫星导航系统是当今世界卫星导航系统中的代表。

目前，卫星导航定位系统已经发展到第二代，第一代采用多普勒测速定位，即用户根据接收到的导航卫星发送信号的多普勒曲线和轨道参数，推算出用户位置。第二代采用时间测速导航定位，即用户首先要测量来自天上至少4颗导航卫星发送信号的传播时间，然后完成数学运算，得到用户的三维坐标和速度。

卫星导航定位技术是指利用导航卫星对地面、海洋和空间用户进行导航定位的一种新兴技术。与传统的导航定位技术相比，卫星导航定位技术具有全时空、全天候、高精度、连续实时地提供导航、定位和授时的特点，已成为人类活动中普遍采用的导航定位技术，并迅速发展成为一个新兴的产业——卫星导航定位产业。

太空中飞行的飞机，大海中航行的船舶，行进在浩瀚沙漠、崇山峻岭中的探险队员，必须借助导航手段以保持正确的方向，如果迷失了方向，后果将不堪设想。导航卫星的出现，克服了其他导航方法的局限，给人类的导航定位带来了划时代的革命。业内专家认为，在美国实施的"阿波罗"登月、航天飞机和全球导航定位卫星系统（GPS）三大航天工程中，就其用途而言，GPS当属首位。

一、人类无线电导航划时代革命

古往今来，人们在生产和生活实践中，发明了多种导航方法。

在古代，船舶在茫茫大海中航行，是用指北针和看星星来识别方向的。后来人们又根据指北针的原理发明了罗盘。到了近代，随着科学技术的发展，人们发明了光学六分仪，利用它测定天体高度，再借助天文钟、航海天文历和数字用表等，算出船舶的位置。这种利用天上的月亮、星星，通过观测天体的位置，来确定自身所处位置和航向的方法被科学界称为天文导航。天文导航的方法使用起来比指北针、罗盘等导航方法简单，准确度较高，但是，容易受到气象条件的限制，一旦遇到阴雨天或者大雾天就无法使用了。

无线电技术发明后，人们便利用无线电来导航。无线电导航是舰船通过接收来自设在海岸的无线电台发出的无线电波来确定位置的，这种方法虽然克服了天文导航受气象限制的弱点，但是由于无线电波的传播距离是有限的，舰船如果在超出无线电波传输距离的深海里航行就无法使用了，因而，如果用于对远航舰船导航就有困难。

人类第一颗人造卫星升空后，美国霍普金斯大学应用物

美国子午仪一号

理研究所的研究人员，在对卫星电波进行遥测时偶然发现：如果对已知轨道上的卫星所发出电波的多普勒效应进行测定，那么，就能精确地知道接收这种电波的地点的位置。这一发现立即引起了有关方面的重视，最早对其产生浓厚兴趣的是美国海军。众所周知，在进行导弹攻击中，往往是差之毫厘，失之千里。尽管早在20世纪50年代初，美国海军就装备了性能先进的导弹核潜艇，但是，美国专家仍在为提高导弹攻击精度而苦恼。因为他们十分清楚，如果仅仅知道攻击目标的位置，而不能正确确定发射导弹时核潜艇的位置，那么，即使导弹制导装置的精度再高，也不能准确地命中目标。因此，必须借助更为先进的导航系统，以更好地发挥导弹的威力，而利用卫星定位无疑将是解决这一难题的有效方法。

1958年，美国海军开始研制被命名为"子午仪"的导航卫星系统，它又叫海军卫星导航系统。1960年4月13日，美国成功发射人类第一颗导航卫星"子午仪"一号，开始了人类利用卫星导航的新时代。1964年，美国建成了"子午仪"导航卫星系统，系

统由5~6颗卫星组成了导航卫星网。

到20世纪80年代初，美国共发射了30多颗"子午仪"导航卫星，这些卫星以4~6颗组成导航卫星网，为核潜艇和各种水面舰艇提供了很强的辅助导航能力。

"子午仪"导航卫星系统由三部分组成：导航卫星、地面观测和数据注入站及导航数据接收设备。

虽然该系统成功运行了20多年，为舰船的导航提供了前所未有的手段，然而，在使用中也明显地暴露出其弱点：这种导航卫星绕地球两极飞行，不能随时定位，而必须等卫星飞到头顶上才能定位，并且一次定位需要十多分钟，这样长的定位时间，等相关数据传回地面，目标的位置早已发生了变化，显然，将其用于对导弹、飞机等高速移动物体进行导航定位，差距就太大了。还有一个问题是"子午仪"导航卫星不能确定位置的高度。这些致命的弱点，大大限制了导航卫星在军方的使用，尤其是在空军和导弹部队的使用。

20世纪70年代后期，特别是进入80年代以来，美国调集陆、海、空三军力量，加大了能定时定位，可以在飞机、导弹等各类超高速移动物体上使用的三维定位系统研

美国子午仪一号

制的力度，旨在建立一个在世界上任何地点都能进行三维定位的第二代卫星导航系统，该系统被称为时距导航系统，或称全球导航定位卫星系统，简称GPS。该系统是美国继"阿波罗"登月、航天飞机研制后，不惜花费130亿美元建设的第三项十分庞大的航天工程，其目的就是要把发展GPS作为促进整个无线电导航现代化的核心，成为进一步控制外层空间，完善"星球大战"计划和战略导弹防御体系的一个重要组成部分。

GPS导航定位卫星系统由空间部分、地面控制部分和用户接收设备三大部分组成。

GPS导航定位卫星系统的空间部分由21颗中高度圆轨道（MEO）卫星和3颗备份星组成星座，卫星高度20182千米，分布在6个倾角为55°的轨道平面内，运行周期为11小时58分。每颗卫星会不间断地发出自己所处的位置及时间等信号，地球上任何一个地方至少能同时看到4颗GPS卫星，因此，在地球上的任何地点、任何时间都可以通过接收机同时收到来自4颗卫星的信号。这些卫星上都装有30万年内误差不超过一秒的原子钟。

地面控制部分用来控制GPS卫星在轨道上的运行状态。除了在美国科罗拉多州设有控制中心外，在南太平洋、南大西洋、印度洋和夏威夷等处，还分别设立5个监测站，用来跟踪、监测每颗卫星的轨道运行情况，并将有关信息发回到控制中心进行处理，以确保卫星能按正确的轨道运行。

用户接收部分即全球导航定位卫星系统接收机（GPS接收器），它用来接收卫星发出的位置、时间等信号。

GPS所以能进行定位，是通过测定由3颗卫星发出的信号至测定点接收到信号所需要的时间，计算出测定点到3颗卫星的距离，再根据各卫星当时所处的位置信息，计算出测定点的经纬度。对于地面运行的物体，知道了这两个信息，就知道了其所处的位置。而对于在天上飞行的物体，还需要知道所处的高度，第四颗卫星发来的信号，便是用来确定其高度的。

卫星导航的方法有两种，一种是多普勒测速导航，另一种是时间距离导航。

多普勒测速导航。导航卫星上发出的无线电波的频率是不变的，但由于导航卫星在高速运动相对地面的观测者来说，频率会发生变化（频移）。由远而近时，频率会增高，由近而远时，频率会降低，这叫多普勒效应。这与在铁路旁听火车的汽笛声一样，由远而近时，声音越来越尖锐，由近远去时，声音越来越低沉，其实火车汽笛声的频率是不变的，飞机、轮船、车辆等用户，通过测量导航卫星无线电波的多普勒频移，就可以推算自己与导航卫星之间的距离变化率。导航卫星一般由多颗卫星组成导航卫星网，只要用户测出与3颗导航卫星之间的距离变化率，并根据导航卫星发出电波的时间、轨道参数，就可以确定自己瞬时所在经纬度位置和速度方向。

时间测距导航。用户通过测量从导航卫星发出的导航信号的传播时间，推算自己与导航卫星之间的距离，从而确定自己的瞬时所在位置。

不需要用户发射信号，叫主动式导航卫星。需要用户发射信号的，叫被动式导航卫星。

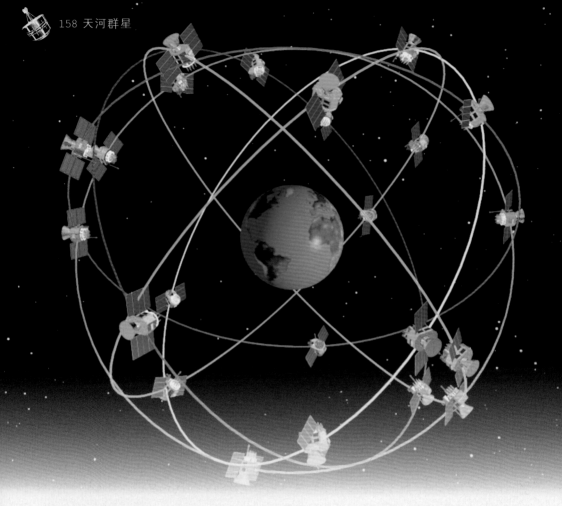

美国 GPS 卫星导航系统示意图

二、导航定位卫星发展迅速

最近几年，越来越多的国家为摆脱对美国GPS系统的依赖，正在加速发展本国独立的导航卫星系统，新一轮导航卫星发展热潮正在全球和亚洲展开。

美国全球导航定位卫星系统（GPS）

1978年美国第二代导航卫星系统的第一颗卫星发射升空后，历时16年、耗资130亿美元，终于在1994年建成星座系统，并正式投入使用。10多年来，GPS经过了多次改进，改进后的卫星寿命由7.5年增加到10年，抗核辐射和抗激光干扰能力都有所提高。由于GPS系统具有重要的军事应用价值，因此，GPS由美国国防部直接负责管理。

GPS是一个军民两用系统，分别以粗码和精码连续不断地向地球发送时间和位置信息，其中，粗码供民用，精码供军方使用。粗码位置精度为100米，授时精度为340纳秒；精码一次定位精度为15米，授时精度为100纳秒，经过多次定位，其精度可达1米以内。

GPS具有全球性、全天候、连续性、实时性导航定位和定时功能，定位精度比传统的方法提高10倍以上，且可提供三维空间定位。可为陆地上的部队、装甲车和火炮提供精确的位置，为舰艇和飞机导航，还可为太空中的航天器和导弹提供精确的位置。

在GPS建立以前的导弹多采用无线电指令制导、地形匹配修正制导等方式，这些制导方式都有其明显的不足。无线电制导易受干扰，制导距离十分有限；地形匹配制导则要求地形特征十分明显，且需掌握十分充足的地形资料。而使用GPS，则可以避免这两者的缺点，大大提高了导弹的准确性、突防能力和隐蔽性。

俄罗斯GLONASS全球导航定位卫星系统

俄罗斯已于1995年完成了由24颗中高度圆轨道卫星加上1颗备份星组成的GLONASS导航定位卫星星座系统，耗资30多亿美元，该系统由俄罗斯国防部控制。

为避免与GPS处于同一高程，而造成两个星座间相互影响，GLONASS卫星选择了高度为19130千米的轨道，卫星位于3个倾角为64.8°的轨道平面内，运行周期为11小时15分，3个轨道面内的所有卫星都在同一条多圈衔接的星下点轨迹上顺序运动。

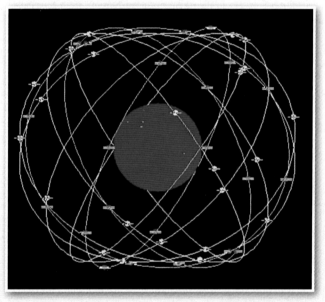

美国GPS卫星导航系统示意图

由于20世纪90年代以来俄罗斯一直处于经济困难时期，无力迅速发射补网卫星，早些时候发射入轨的GLONASS卫星已相继退役，无法独立组网，目前的GLONASS已是一个残缺不全的星座系统，截至2008年初，GLONASS系统在轨卫星数量为18颗，只能与GPS联合使用。

欧洲"伽利略"导航卫星系统

为了打破导航定位卫星市场被美国一家独揽的态势，获得巨大的市场利益，增加就业机会和在地区事务中拥有更多的发言权，欧洲一直在实施一个旨在建立全球导航卫星系统的庞大计划，这就是欧洲著名的"全球导航卫星系统"计划。该计划分两步实施，第一步是建立一个与美国GPS、俄罗斯的GLONASS系统相容的第一代全球导航卫星系统（GNSS–1），第二步是建立一个完全独立的第二代全球导航卫星系统（GNSS–2）。

为建立一个独立的第二代全球卫星导航系统（GNSS–2），几年来，欧洲投入了大量的经费进行方案论证和相关技术的开发。1999年欧洲空间局公布了有关第二代导航卫星计划的报告，提出将开展研制部署欧洲下一代全球导航卫星系统——"伽利略"

系统。该计划的提出，使GNSS-2系统又有了新的进展。

2002年3月26日，欧盟15国交通部长会议一致决定，正式启动"伽利略"导航卫星计划，这标志着欧洲将拥有自己的卫星导航定位系统，结束美国GPS系统独占鳌头的局面。该系统由欧洲空间局成员国和欧洲工业界联合投资，经费预算为32~36亿欧元。"伽利略"系统是一个完全独立的系统，由30颗卫星组成，运行于中高度圆轨道，公布的卫星高度为24000千米，卫星位于3个倾角为55°的轨道平面内，工作寿命在20年以上。据悉，按照欧洲目前的设想，"伽利略"系统定位精度可达厘米级，通过"伽利略"，汽车和火车可以在没有司机的情况下自动行驶；飞机能在任何机场降落；即使在大雾中轮船也可以安全航行……有人称，如果说通过GPS只能找到街道，而利用"伽利略"则能找到车库的门。"伽利略"除能提供精确的定位信号外，还可以提供移动电话业务服务，用于救生行动，如接收失事飞机的求救信号后，快速通知附近的救援部门。据称，这些是GPS所无法实现的。

"伽利略"计划分为四个阶段逐步实施。第一阶段是系统可行性评估；第二阶段是开发测试阶段；第三阶段是系统部署阶段；第四阶段为商业运行阶段，"伽利略"系统计划于2008年完成系统商业运行。"伽利略"系统在提供民用信号的同时，还可用于欧洲的防务体系，在军事上具有非常重要的意义。

"伽利略"系统在2005年底发射了首颗试验卫星。在卫星运行2年取得许多重要成果的情况下，2007年"伽利略"计划处于停滞不前的困境中，首先是开发的GIOVE-B星遇到了一些技术和管理协调上的难题，预算也再次超资，导致卫星推迟发射，欧盟已与英国萨瑞卫星公司订购一颗GIOVE-A2星，作为GIOVE-B卫星的备份星。其次是特许经营权谈判破裂，政治纷争导致"伽利略"计划停滞不前。目前，导致该计划进展不顺利的还不是经费问题，而是欧洲某些国家政府不愿意为这个欧洲利益而舍弃本国工业的利益；更严重的是各主要国家内部和各国政府之间仍存在不同的主张。相信欧盟各国将会求同存异，使伽利略计划从困境中走出来。

伽利略导航卫星

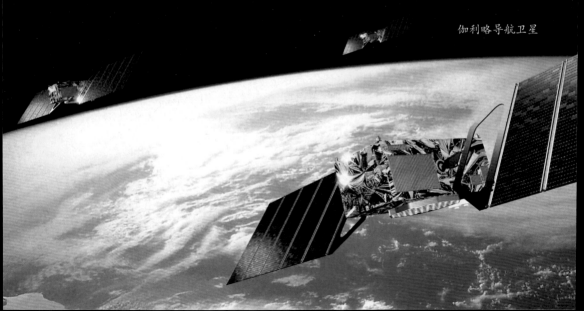

三、导航定位卫星神话

在今天世界的每一个角落，遨游于太空的GPS导航定位卫星系统，在为军事提供服务的同时，还在日夜不停地为陆地、海洋、近地空间用户提供全球范围、连续、实时的三维位置、三维速度及授时服务。GPS在工业交通、商用航空、海洋导航、地质勘测，科学研究等诸多领域的成功运行，巨大的商业价值，极大地引起了民用部门的普遍关注，引发了一场大规模开发挖掘GPS应用潜力的竞赛。

美国 GPS 导航卫星

汽车导行是GPS最为广泛的民用用途。自1990年，GPS汽车导行仪问世后，就在美、德、日等国家得到了广泛的推广，驾驶员能从随车安装的GPS接收机上得知自己在地图上的位置、车辆行驶方向等信息，有了这一装置，即使对行车地区的地理状况不熟悉，周围没有明显的识别物体，也能选择最佳路线，更不会迷识方向。

依靠GPS可以实现对车辆的合理调度。只要在出租车、货车、急救车等各种公用车辆上安装上GPS接收天线和GPS接收器，并配有小型无线电联系装置，车辆调度中心就可以随时掌握车辆的位置、方向、车况和速度等信息，从而可以完成多车辆的合理调度，以节省能源又提高效率。日本的交通拥挤状况十分严重，驾驶员希望随时了解各处道路堵塞情况和自己所处的精确位置，以选择最佳路线，所以对GPS导行仪的需求日益剧增。运钞车、押接犯人等执行特殊任务的车辆安装上GPS，监控中心可以随时掌握车辆的行动情况，一旦遇到险情，司机可以立即向监控中心报警，监控中心立即就可以确定出事车辆的位置，从而采取果断措施。

GPS可以用于精密测量。据报道，美国在地震多发地区洛杉矶附近，已安装了50个GPS测控点，这些测控点提供的数据，对于预报地震，起到了十分重要的作用。在修建堤坝、道路等重大工程中，精密测量是必不可少的，它比传统的测量快捷节省。以交通基础设施建设为例，应用GPS定位技术可以使道路、桥梁的建设精度达到毫米级。

常规的大地测量，需要两个测点内视线不被遮挡，而用GPS进行测量则不需要，又不受天气的限制。这些优势在地形变化剧烈的山地和人迹罕至的荒原尤为重要，因为它可以快速进行大面积的精密测量，又不必因保证视线而砍伐森林，既有利于保护生

美国第三代全球卫星定位系统卫星

态平衡，又减少了误差，保证了测量质量。

导航定位卫星系统作为可以向各类用户和运动平台适时提供准确、连续的位置、速度和时间信息的系统，目前已基本取代了无线电导航、天文测量、传统大地测量技术，且在精度、实时性、全天候等方面在上述领域产生了革命性影响。

卫星导航还广泛应用于空间站和低轨道卫星等航天器的定位与导航，大大提高了定位精度，并简化了相应的测控设备，有力地推动了航天技术的发展。

卫星导航在民用领域的广泛应用，带来了巨大的经济效益，已成为经济发展的"加速器"。目前，卫星导航已渗透到人类社会的许多经济部门，广泛应用于舰船海上航行、陆地交通、空中飞行、工农业生产、林业开发、城市规划、矿产勘察、地图测绘、医疗救护、地震预报、气象预报、电信、旅游、搜索与营救、时间传递等众多领域，取得了巨大经济和社会效益。

国际上，以GPS为代表的卫星导航应用产业已逐步发展成为全球性的高新技术产业，卫星导航接收机的生产和增值服务，已经形成了一个新兴产业和新的经济增长点。2007年GPS接收机的产量已经突破一亿台，全球GPS市场总产值超过330亿美元，从而，为卫星导航产品制造商创造了丰厚的利润，并出现高速发展的态势，卫星导航应用产业已经成为全球发展最快的三大信息产业之一。目前，卫星导航应用产业正在经历前所未有的转变：由单一的GPS系统时代向多星座并存兼容的全球卫星导航系统时代转变，由以车辆应用为主体向个人消费应用转变，由经销应用产品为主向运行服务为主的转变。

据美国市场调查机构ABI调查公司预测，到2011年全球导航硬件产品的销售额将会从现在的330亿美元再增加210亿美元，达到540亿美元；据美国工业发展研究机构预测表明：2010~2015年，约有50%的汽车在出厂时就已经装备了GPS导航系统。据欧洲导航卫星市场估计，在2025年间用户设备收入为880亿欧元，服务收益为1120亿欧元，由

"伽利略"引起的欧洲设备工业出口为700亿欧元，总和为2700亿欧元。"伽利略"计划投资35亿欧元，预计2005~2025年，民用效益为900亿欧元，返回政府的直接和间接的税收为450亿欧元，可提供10万个高技术就业机会。据预测，到2011年，在全球范围内具备GPS定位功能的手机将翻两番，由2006年的1.096亿部增长到2011年4.44亿部；具备定位功能的手机在全部出货手机中所占比例由2006年的11.1%增加到2011年的29.6%。

可以预见，随着GPS接收机进一步小型化，价格进一步降低，对其需求将会进一步增加。

当今世界GPS是唯一满星座运行的全球导航卫星系统。随着俄罗斯、欧洲和中国卫星导航系统投入运行，预计全球将会有越来越多的大众用户使用卫星导航产品，导航产品越多越兼容，就会吸引更多的人去开发和利用。届时，终端用户将不会关心所用的卫星导航信息来自何方，所用的系统属于谁，反而是拥有卫星导航系统的国家会做许多推销工作，以扩大本国卫星导航产品的市场份额。随着市场规模的扩大，规模经济将会使卫星导航芯片做得比现在更小更便宜。

有人预测说，卫星导航产品可能应用的深度和广度就像如今的互联网一样只会受到人们想象的限制。未来的商业模式甚至可能会插入广告元素：当你上街购物时，你的手机电话也许就会告诉你，你已走到麦当劳附近，请你去取优惠券。

毋容置疑，导航定位卫星系统已经成为人类社会重要基础设施，随着历史的发展其影响将会更加深远。

导航卫星工作示意图

登山运动员手里有了 GPS 再也不会迷路了

昔日大海航行靠星座，今日全凭导航卫星

导航定位是高级汽车的常用装备

四、我国的导航定位卫星系统

　　为了建立独立自主的中国卫星导航系统，1994年国家批准北斗卫星导航系统研制建设任务。2000年10月31日，北斗导航卫星01星发射，11月6日成功定点于140E；2000年12月21日，北斗导航卫星02星发射，12月26日成功定点于80E。两颗卫星顺利完成在轨性能测试，性能参数满足研制任务要求。随着这两颗卫星的发射成功，我国已经建立了第一代区域性双星导航定位卫星系统——北斗导航系统。它的建立标志着我国卫星导航技术取得突破性进展，我国成为世界上第三个拥有自主卫星导航系统的国家。

　　2003年5月25日，作为北斗双星导航定位卫星系统的备份星，北斗导航卫星03星发射成功，6月3日定点于110.5E；2007年2月3日，北斗导航卫星04星发射升空。

　　北斗导航卫星选用我国东方红三号卫星平台，总重约2300千克，卫星寿命8年；卫星采用三轴稳定方式，由有效载荷、电源、测控、姿态和轨道控制、推进、热控、结构等分系统组成。

　　北斗卫星双星导航定位系统是全天候、全天时、高精度、快速、实时的有源区域性卫星导航定位系统。该系统将导航定位、双向通信和精密授时结合在一起，为公路

导航卫星应用示意图

交通、铁路运输、海上作业、森林消防、灾害预报以及其他特殊行业提供高精度定位、授时和短报文通信等服务，其基本任务是在我国及周边部分地区，为我国中低动态及静态用户提供快速定位、简短数字报文通信和授时服务。服务区域为中国及周边国家和地区，它可以在服务区内任何时间、任何地点，为用户提供快速实时定位、双向短报文通信、精密授时三大服务。具有定位通信相结合、无通信盲区、适合大规模集团用户的移动目标监控和数据采集传输应用、自主控制、安全稳定、保密性好、适合关键部门应用等特点，非常适合于灾害预警、灾害救助应急指挥领域的应用。

北斗卫星双星导航定位系统的建立，"快、好、省"地迈出了我国卫星导航系统建设的重要一步，对于推动国民经济建设起到了重要的作用。专家介绍，北斗卫星双星导航定位系统是一个成功的、实用的、投资很少的初级起步系统，该系统的建立必将对我国国民经济建设起到积极的推动作用。

北斗卫星导航系统的成功运行和广泛应用，不仅在我国经济建设中发挥了重要作用，对于充分利用交通资源，实现交通资源效益的最大化，满足交通行业服务与国民经济建设和社会发展全局、服务于社会主义新农村建设和服务于广大群众的安全便捷的出行具有重要意义，在保障生命安全，促进交通战备等方面作出了积极贡献，还将进一步促进我国导航应用市场的快速发展，刺激大批量用户机的迫切需求，创造新的就业机会，提供新的经济增长点。

经过多年的发展，我国卫星导航应用产业化水平得到不断提升和扩大，卫星导航应用技术已应用到交通运输、基础测绘、工程勘测、资源调查、地震监测、公共安全与应急管理等国民经济众多领域。

据统计，早在2006年的时候，我国卫星导航产业总产值就突破100亿元、用户终端年产销量超过100万台、个人导航终端数量已超过车载导航终端数量。据交通部不完全统计，截至2006年底，全国仅运营车辆安装的卫星导航设备就超过38.5万台，其中，全国所有的危险品运输车辆已经全部安装了卫星导航监测设备，交通公路运输秩序得到有效的整顿，事故发生率有了明显下降，运力不足和运力浪费等矛盾得到较好的缓解。以四川省为例，在全省范围内的客运车辆中安装卫星导航设备后，2005年与2004年相比，全省道路运输特大交通事故下降了71.43%；同时在解决运输行业中无序的运作、运力不足和运力浪费等矛盾中，卫星导航也发挥了重要作用，如陕西省在交通运输部门的统一部署下，货运公司对货车安装了卫星导航设备并加入数字物流港，9.2万辆货车的空驶率由平均49%下降到41%，每年直接减少损失亿元以上。

我国卫星导航应用产业正在进入产业化高速发展的关键转折期。到2010年，我国导航产业的总产值达到500亿元，并且随着中国移动通信市场和汽车市场的发展，到2020年，作为导航卫星应用的主流市场，中国这两大市场的规模将居世界首位。

卫星导航系统在我国国民经济建设中占有重要地位，是空间信息化建设的重要组成部分和推进力量，是国家信息体系的重要基础设施，是直接关系到国民经济发展和国防现代化建设的关键性技术，也是服务大众与造福人民的社会共享资源。

北斗卫星双星导航定位系统，在保障船舶安全航行、交通运输、海洋石油勘探、海洋资源调查、海上搜救打捞、海洋和关口工程建设施工等方面得到了广泛的应用，在应急救灾中也发挥了重要作用。海事搜救部门利用卫星导航卫星在老铁山、长江口、珠江口等海域及时搜索突发海难事故的沉船、沉物，并在大连"5.7"空难、包头"11.21"空难中成功扫测到黑匣子，为突发事故的应急处置和保障生命安全提供了技术保障。

2005年在珠穆朗玛峰高度测量中，测量队员携带了北斗用户机，沿途适时向中国卫星综合数据采集平台发送珠峰的各种气象参数，共获得了几十个不同高程位置的实测数据，为珠峰高度测量登山队获得了珠峰气象观测的第一手资料。

北斗导航系统在2008年初我国南方抗击冰雪灾害中发挥了巨大的作用。当时很多通信系统都瘫痪了，导致GPS系统的使用受到了限制，而由于北斗导航卫星系统具有导航定位、双向通信等功能，所以能及时把最新灾情通报给有关人员，为有关部门采取果断措施实施抢险救灾提供了依据。

在汶川"5.12"特大地震的抗震救灾中，北斗导航卫星系统又一次发挥了重要作用。"5.12"特大地震发生后，由于汶川原有的通信设备全部遭受破坏，前方和后方在抗震救灾中的联系就成为一个大问题，在抢险救灾中，为保障作战部队与前指中心的通信畅通，前线作战部队配备了北斗导航设备，具有定位、通信和授时功能的北斗导航卫星系统发挥了不可替代的作用。

北斗一号整星

2008年5月13日中午12时，有关单位监测到一支携带了北斗一号终端机的部队，开始沿着马尔康、黑水、理县到汶川的317国道一路急进，由此，正式拉开了北斗一号定位系统参与抗震救灾的序幕。途中，这支部队把侦测到的灾情及时用"北斗"用户机发回灾区指挥部。

由于灾区道路中断，通信中断，震中地区和外界失去了通信联系，在紧急情况下，有关单位紧急调拨了1000台"北斗"用户机，配备给一线救援部队，参与救灾的部队携带"北斗"用户机进入灾区，多次架起了救灾现场和后方指挥部之间的急救连线，陆续发回了相应的灾情和救援信息。

救灾人员通过北斗导航系统，成功为灾区一线和指挥部建立了实时通信，实现对救灾部队的看得见的救援指挥、救援部队实时的短报文通信、救灾部队灾区分布态势、灾情信息实时上报、指挥命令及时下达，架起了有效的信

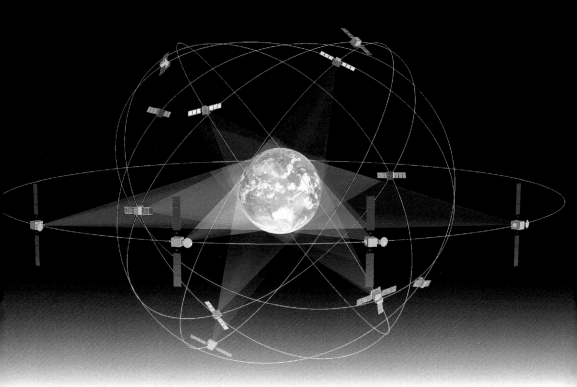

北斗导航卫星系统示意图

息桥梁，保证了整个救灾的指挥调度，在决策、搜救、医疗等工作中发挥了关键作用。

抗震救灾应急通信小分队携带"北斗"用户机到达绵竹市清平乡附近后，发现有数千名群众被困，在进一步核实情况后，及时通过"北斗"用户机把受灾情况和路况信息发回指挥部。指挥部根据小分队提供的信息，及时组织了救援。从而，成为地震发生后，从清平乡接出来的第一批受伤群众。

通过借助"北斗"用户机，成功为四川震区40个重灾乡镇405个村社建立了通信联系，保证了营救工作的顺利进行。

地震灾害发生后，某通讯社要求为灾区实地采访的车辆、人员配备北斗导航设备，以确保通信畅通及人员安全。

在通讯社的工作中，运营中心不断监控到记者小组与指挥中心的通信："我们是0000的000地震联合工作队。""由000调遣，谢谢！""刚刚通过一个危险隧道。""这里已无手机信号"、"前方已经滑坡"、"我们从南坝镇返回"……在这次抢险救援行动中，北斗导航系统发挥了其覆盖范围广、受地面影响小、定位准确及时等优势，成为抢险救灾工作中最有力的通信手段，被誉为汶川地震灾区救援中一条摧不垮的生命线。

在抢险救灾工作中，搜救人员在利用北斗导航卫星报告灾区情况的同时，还使用由我国自主研发的"基于北斗的救灾应急指挥调度系统"为搜救工作提供帮助。

四川汶川地震发生后，国家民政部门先后向川、甘、陕三省灾区派出了四个工作组，每个工作组都携带了北斗手持或车载型用户机。救灾工作人员每到一个受灾地点，

北斗导航卫星在厂房

首先利用北斗手持机进行定位，这时，远在千里之外的国家民政部减灾中心救灾应急指挥调度平台的屏幕上即可清晰地将救灾工作人员的实时位置标注在电子地图上，同时，救灾工作人员可以将受灾情况利用短信方式发回中心，中心的平台软件即可将此条信息与位置标注结合，形成一个灾情信息点，从而快速、准确、方便地实施灾情数据采集和上报。同时，救灾工作人员通过北斗手持机在行进过程中实时定位，中心可以随时知道救灾工作人员的准确位置，同时，还可以与救灾工作人员进行短信互通，发布指令，通报信息，实现远程指挥调度。国家民政部减灾中心对该系统的评价是："在灾区通信中断或通信线路拥堵的情况下，北斗卫星是最好的定位和通信工具。在地震灾害中，先是由于通信设施毁损造成通讯中断，后是因为灾区用户骤增造成无线和卫星通信线路拥堵，利用北斗卫星手持机，工作组很方便地将相关信息报送回中心，正是依靠北斗系统才在通信中断或条件不好的灾区，快速搭建起一个临时指挥网络。"

地震发生后，四川地区的三个国家级和多个省级气象数据采集站通信链路中断，无法上报气象数据，而灾区天气又是连日多雨，对受灾群众的安置和救灾工作极为不利，且易发生次生灾害，急需提供准确的天气预报，以便有关部门尽早采取相关应对措施。利用基于北斗的自动气象监测系统可较好地解决气象数据的远程测报问题。

汶川地震造成2000余座水库受到不同程度的损坏，存在大量的隐患，尤其是北川部分地区被堰塞湖水淹没，其中5处堵江形成的堰塞湖最为危险，伴随次生灾害的不断发生，堰塞湖的水位可能会迅速上升，随时可能发生重大洪灾，堰塞湖一旦决口，对下游形成的洪峰，其破坏力将不亚于地震灾害，因而急需对这些堰塞湖和水库进行实时监测和灾害预警。然而，当地余震不断，滚石乱飞，人工勘测十分危险，采用无人值守的北斗远程自动数据采集系统代替人工值班，便成为最佳的方式。

尽管北斗卫星导航系统得到了成功的应用，并取得了空前的成功，但是，由于功能完善的GPS系统已经捷足先登，已占领了我国几乎所有的导航市场，同时，北斗卫星导航系统作为一个投资很少的初级区域导航系统，其功能还无法满足今后我国对卫星导航系统进一步发展的需求，也无法参与市场竞争，在体制上还不能与国际上的GPS、GLONASS及欧洲未来的"伽利略"系统兼容，因此，为了迎接21世纪经济社会的挑战，全面满足我国国民经济建设和用户对导航定位的需要，我国有关部门明确提出了建设新一代性能更高、具有完全自主知识产权的导航卫星系统的战略目标。该目标的实施步骤是，通过对北斗导航试验系统进行完善，满足中国及周边地区用户对卫星导航系统的需求，并进行系统组网试验，逐步扩展为北斗全球卫星导航系统，该系统在广泛服务国民经济建设和广大用户的同时，还将在卫星导航产业中，从产业链的源头填补了空白，成为产业链中最具有创造性的一环，从而结束GPS在我国导航市场一统天下的局面，推动我国卫星导航产业化的发展。

我国正在研发与建设的新一代卫星导航系统的空间段由分布在不同轨道的多颗卫星组成，以构成由数十颗卫星组成的导航卫星星座系统。

2007年4月14日，我国新一代导航系统的首颗导航卫星发射成功，4月16日，卫星准确进入工作轨道，有效载荷开通，开始了在轨测试和新技术试验验证等工作，此举标志着我国新一代卫星导航系统正式进入部署实施阶段。

2009年4月15日0时16分，我国北斗卫星导航系统第一颗地球静止轨道卫星在新型长征三号丙运载火箭的托举下，扶摇直上，踏上了太空之旅。该卫星首次采用我国东方红三号改进型平台技术，卫星设计寿命为8年。

火箭升空大约25分钟后，西安卫星测控中心传来的数据表明，星箭分离，卫星准确进入近地点200千米，远地点35974千米，倾角20.5°的轨道。之后，卫星太阳翼和天线相继展开，发射任务取得圆满成功。该卫星的发射成功拉开了北斗导航星座组网部署的序幕。4月20日下午5时06分，经过5个日夜的奋战，我国北斗卫星导航系统第一颗地球静止轨道卫星成功进入地球静止轨道，准确定点于84.6°E赤道上空，并成功开通卫星上的有效载荷，我国新一代北斗导航卫星系统建设任务首战告捷。

导航卫星整流罩合拢

技术人员进行北斗导航卫星质心测量

五、茫茫太空竞自由

今天，以美国为龙头老大，俄罗斯、中国、欧洲、日本、印度等多个国家和地区都提出了新的导航卫星计划，新一轮发展全球导航卫星系统的竞争正在全球展开，茫茫太空里，将再次掀起一场发展导航卫星的大战。

据称，为适应2030年未来对导航系统的要求，美国于2000年5月开始了全改进型GPS-3的研究，该系统将添加额外的点波束，给正在工作或关注的特别地区输入更多的功率，系统不仅可以保证卫星定位精度有较大的提高，且抗干扰能力也将大大增强。目前，美国已经开始着手部署新的GPS卫星系统，计划用近20年时间完成系统部署，从而，取代目前的星座，计划总耗资190亿美元。GPS-3计划分为四个阶段：2000~2005年为系统概念研究和可行性论证阶段；2006~2008年为关键建设攻关与仿真试验阶段；2009~2012年为工程研制阶段；2013年以后，为新一代GPS-3系统发射部署和试验验证阶段。

虽然俄罗斯的导航卫星系统已经是一个残缺不全的系统，但是，俄罗斯政府并没有放弃对建立独立的GLONASS系统的努力，随着经济的复苏，在前总统普京的强力推动下，俄罗斯对GLONASS系统重建和升级活动正在全面展开。据来自有关方面的消息说，俄罗斯政府为发展GLONASS已经作出一个雄心勃勃的计划。为加快系统建设速度，

技术人员在给北斗一号安装天线

俄罗斯政府2007年给该系统的预算经费为3.8亿美元，同比增加了一倍，卫星发射数量也从往年的3颗增加到6颗，因此，很快就可以恢复到24颗卫星的满星座运行。到2011年，GLONASS的导航精度将达到1米，与GPS系统的水平相同，俄罗斯作为航天和军事大国的雄风将得到重新展示。

俄罗斯从2005年开始研制的GLONASS-K是新一代GLONASS卫星，能在L频段播发3个民用导航信号，提高GLONASS系统在全球民用导航市场的竞争力，它采用经改进的快车-1000平台，卫星质量比GLONASS-M减轻一半，工作寿命延长到10年，性能大有改善，预计并在未来10多年里采购27颗卫星，每年补网发射2颗，用于保持GLONASS系统的长期稳定运行。同时，俄罗斯政府近年来还加大了开发系统导航终端的用户设备

的投资力度，研发了一批专用接收设备。

尽管欧洲的"伽利略"导航卫星系统建设上遇到了一些困难，使研制和试验计划一度受阻，但欧盟已决心全面接管该计划，争取到2012年完成30颗卫星的组网并投入使用。

从上面的情况可以看出，美、俄、欧三大全球导航卫星系统都将在2012年前后完成升级改造或部署。据悉，随着俄罗斯GLONASS系统的恢复、欧洲"伽利略"系统的部署完成，到2014年，国外将有80颗导航卫星在轨提供导航定位服务。

据有关资料，日本旨在通过通信卫星上搭载导航载荷，来建立区域性导航卫星星座系统。该星座由1颗地球静止轨道通信卫星和3颗或8颗低轨道卫星组成。该计划于1996年提出后，曾因美国的反对而搁浅，但是，日本并未彻底放弃这一设想。目前，日本正在发展一种叫做"准天顶卫星系统"的区域导航星座系统，该系统由3颗大椭圆轨道卫星组网。目前，日本已经抓紧进行星载高精度氢原子钟和精密定轨技术及卫星轨道保持技术等导航卫星关键技术的研制开发工作，将于未来的几年内，建立自己的导航定位卫星系统。

在印度，航天官员在脑海中已有两个导航卫星计划。一个是GPS增强系统，打算发射一组静止轨道卫星来改善印度机场和航空空间所有的GPS信号的精度。另一个是印度自主建设的区域导航卫星系统。2006年，印度宣布在2011年建成由7颗卫星组网的这种区域系统。

到2010年底，我国新一代北斗导航卫星系统已完成了7颗卫星的组网发射，我国在未来几年里将陆续发射数颗北斗导航卫星，初步建立起我国无源卫星导航系统。届时，我国卫星导航系统将成为与美国的GPS、俄罗斯GLONASS系统以及欧洲的"伽利略"系统相匹敌的全球卫星导航系统，为我国和全球用户提供满足各种需求的导航、定位和授时服务，成为国防建设、国民经济建设、促进科技发展和技术创新的有力支撑，使我国对导航技术的需求摆脱对国外系统的依赖，极大地提高我国国家安全、经济安全和国土安全的保障能力。

通过我国新一代卫星导航系统的建设，我国将开拓大众化、专业类和安全性三大市场，营造完整的卫星导航产业链，形成国内外两大巨大市场，实现成为用户数量全球第一的卫星导航大国的愿望。同时，实现在技术水平和产品服务质量水准上，成为卫星导航强国的理想。有关部门预测，到2020年，我国卫星导航产业产值将超过4000亿元，总的用户数量将达到8亿个，约占全球数量的30%。

中国长征三号丙火箭发射北斗导航卫星

"蓝色经济"的助推器

　　海洋卫星是地球资源卫星中的一个分支，是专门用来探测海洋资源和海洋环境的卫星。海洋卫星可分为海洋水色卫星、海洋地形卫星、海洋动力环境卫星三类。

　　海洋卫星遥感具有大面积、连续、动态、实时的观测优势和高分辨率、高精确度、可重复观测、与计算机系统完全兼容等优势，微波遥感器还具有全天候的特点。在海洋卫星面前，浮标观测、船只观测等传统的海洋观测方法，就显得力不从心。

　　海洋卫星携带的有效载荷通常有水色仪、微波辐射计、散射计、雷达高度计和合成孔径雷达等遥感仪器，能够直接测量海色、海面温度、海面粗糙度和海平面高度等海洋环境参数。科学工作者利用这些参数，还可以计算出叶绿素、悬浮粒子浓度、海面风场、海流、潮汐、盐度、海冰、海底地形、海洋重力场以及海洋污染等许多其他海洋环境参数。从而，为海洋地质学、海洋化学、海洋工程学、海洋生物学等海洋科学研究和海洋捕捞业、海洋养殖业、海洋油气、海洋矿产业、海洋运输、海洋化工、海洋药业等海洋资源的开发和利用活动，提供动态、可靠的资料。

　　对占地球面积70.8%的海洋水体进行全面、及时的了解、探测，依靠设置在海面上的浮标和用测量船等传统的海洋观测方法，对海洋进行大范围、全方位的观测等是很难做到的，而海洋卫星却可以非常经济和方便地对大面积海洋实施实时、同步、连续的监测，毫无疑问，海洋卫星是揭开海洋活动奥秘的最佳手段。

　　由于海洋卫星可以提供大范围的海面瞬间信息，揭示海洋瞬间万变的空间特征，获取用其他方法无法获得的各种海洋要素，因此，它的出现和应用，不仅为海洋科学研究和海洋经济发展插上了翅膀，而且具有十分重要的军事意义。

　　碧波万顷的蓝色海洋，留给人类太多太多的秘密。

　　在今天的世界上由于人口的激增和无节制的掠夺性开发，资源和能源日益紧张。许多专家认为，21世纪是海洋的世纪，未来人类社会的可持续发展，将不得不更多地依赖于基本上未被开发的海洋。海洋，将成为世界经济新的增长点。

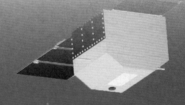

中国海洋一号卫星在太空飞行

一、"大洋神探"海洋卫星

海洋具有迄今为止无法估量的、可供人类社会生存与发展的大量资源。仅以食物为例，专家估计，海洋给人类提供食物的能力相当于世界所有耕地的1000倍，仅每年提供的水产品，就至少可以养活300亿人。因此，从20世纪70年代以来，许多发达国家就已经掀起了开发蓝色的海洋，向海洋要食物，要矿产资源，要能源的经济活动，且取得了显著的经济效益。

今天，世界海洋经济发展可谓一日千里。据有关部门的不完全统计，1969年世界海洋总产值仅为130亿美元，1977年为1100亿美元，1992年达到6700亿美元，到本世纪初，已超过1.5万亿美元。海洋经济在世界经济中的比重，20世纪70年代初为2％，90年代上升到5％，21世纪初达到10％。专家认为，海洋是21世纪确立国家地位和经济实力的决定性因素之一。

美国海神海洋卫星

海洋经济的迅猛发展，海洋资源的强烈诱惑，不能不使许多国家跃跃欲试。因此，自1994年11月16日《联合国海洋法公约》生效后，立即在国际上掀起了一个"蓝色圈地"运动。世界上各个海洋国家都为维护自己的海洋权益，开发海洋资源而奋斗，发展海洋事业已经成为世界性大趋势。

科技是经济发展的先导，人类开发和利用海洋资源，同样需要以高科技手段为依托，而海洋卫星在其中扮演了重要角色，被誉为"数字海洋"的"千里眼"。

海洋卫星的发展历史可以追溯到1962年。当时，在美国进行了载人飞船"水星"号（MERCURY）试验飞行的时候，就第一次从160千米高空观测海洋，拍摄了海洋照片，开创了从太空探测海洋的新纪元。

在海洋卫星的研制中，美国和苏联走在世界各国的前列。处于实施全球军事战略的考虑，从20世纪70年代初开始，美、苏先后发射了海洋资源调查卫星、海洋监测卫星等数颗海洋卫星。仅1978年，美国就连续发射了3颗专门用于海洋观测的海洋卫星，

Seasat-A，Tiros-N和Nimbus-7，形成了海洋卫星发展史上的第一次高潮。特别是进入20世纪90年代以来，以SeaWiFS，TOPEX/Poseidon，ERS-1、2和Radarsat等为代表的系列海洋卫星，无论在数量上还是在遥感器的综合遥感探测能力上，都有了飞速的发展，开始了海洋卫星由实验型向实用性的转变，掀起了海洋卫星发展的第二个高潮。

2008年6月20日，美国国家航空航天局将一颗新的海面地形测量卫星-Jason-2卫星发射升空。该卫星由美国海洋大气管理局、美国国家航空航天局、法国国家空间研究中心和欧洲气象组织研制。这颗卫星的使命是进行全球海面地形长期测量，以利于提高对飓风强度和全球海平面预报的准确率，加深对影响气候的大洋环流及其长期变化的了解。

该卫星将延续自1992年开始发射的类似卫星保持的全球海面高度测量长时序数据，与2001年发射的Jason-1卫星一起工作，使全球相关连续资料再延续10年。

Jason-2卫星搭载着双频雷达高度计、改进型微波辐射计等5种先进的仪器。其轨道高度与Jason-1卫星相同，为1336千米，每10天可以完成全球95%的无冰海域测量。两颗卫星将进行串连式测量，这种测量方法有助于改进近岸和浅海潮汐预报模式，科学家可以进一步了解和掌握海流和涡流的动态变化，而且Jason-2卫星高精度海岸线数据覆盖可达25千米范围内，比以前卫星海岸覆盖率提高近50%。Jason-2卫星设计寿命为3年，到时候可再延长2年。

迄今为止，国际上已先后发射了10多个系列的数十颗海洋观测卫星，在目前上天的海洋卫星中，尤以携带星载合成孔径雷达的海洋卫星技术最为先进。由于合成孔径雷达卫星可以全天候、全天时地对全球海洋进行高分辨率成像观测，因此，它的发射上天引起了世界海洋界的高度重视，许多国家的海洋部门纷纷使用星载合成孔径雷达图像资料，其应用领域不断扩展，并且取得显著的社会和经济效益。

目前世界上发射的海洋卫星大体上可分为三类：

海洋水色卫星

主要用于探测海洋水色要素，如叶绿素浓度、悬浮泥沙含量、有色可溶有机物等，此外也可获得浅海水下地形、海冰、海水污染以及海流等有价值的信息。美国于1997年8月发射的SeaStar卫星就属此例，此外，还有其他多颗这样的卫星。

海洋地形卫星

主要用于探测海平面高度的空间分布。此外，还可探测海冰、有效波高、海面风速和海流等。美法合作于1992年8月发射的TOPEX/Poseidon卫星和GFO卫星是目前最精确的海洋地形探测卫星。

海洋动力环境卫星

主要用于探测海洋动力环境要素，如海面风场、浪场、流场、海冰等，此外，还可获得海洋污染、浅水水下地形、海平面高度信息。欧洲空间局于1991年7月和1995年4月相继发射的ERS-1和ERS-2在这类卫星中最具代表性。

此外，除了海洋卫星以外，还有不少卫星搭载了海洋探测器，但功能不外乎海洋水色、海表地形和海洋动力环境等三类。

今天，发达国家对海洋卫星资料的应用，领域不断拓展，技术日趋提高，已经从定性向定量、试验性应用向业务应用方向发展，进入了对海洋卫星资料的全面应用阶段。海洋卫星在推动经济发展，维护海洋权益，海洋环境保护，保证军事行动等方面，发挥了十分重要的作用。

美国贾森-2海洋卫星

辽东湾海冰

二、"数字海洋"助推"蓝色经济"

　　蔚蓝色的海洋，烟波浩森，碧绿清澈，曾给人类无限的遐想和取之不尽的宝藏，同时，海洋又是影响全球气候变化的重要因素。随着航天技术的发展，海洋卫星在人类向海洋进军的征程中，扮演了十分重要的角色。

　　准确的海浪预报，不仅将为海洋渔业生产、钻探、海上作业等提供帮助，还将有力地避免和减少海上航行灾难性事故的发生。利用海洋卫星可以从太空中观测海洋表面的波浪，从中发现其波长、波向、波的折射和绕射等海洋信息，这种信息可以为海浪预报、海洋工程和物理海洋学研究等提供依据。据报道，美国等国家的科学家利用星载合成孔径雷达提供的大范围海浪场信息，对大洋长波浪的形成和传播以及波浪在近岸的折射和绕射进行研究，取得了积极的成果。西欧等国家将卫星观测到的信息用于海浪数值预报，从而，有效地改善了海浪预报的精度。

看似平静的海面，其深处却蕴藏着汹涌的波浪。目前，科学家利用海洋卫星资料，已经搞清大量的海区内波的时空分布特征，通过对波群空间间隔的测量，获得了有关波群速度、温跃层深度、海水密度差和内波产生的波源等信息，这些信息极大地丰富了人们对内波的认识，同时，为潜艇活动的指挥、海上石油平台的设计、海洋调查船现场作业的指导等提供了重要的依据。

对海冰的测量，向来是海上航行和生产的重要保证。长期以来，对南北两极和高纬度地区海冰的测量，一直是国际上开展海洋研究的难题。由于海洋卫星可以全天候、全天时地工作，因而，可为南北两极和高纬度海冰监测提供了用其他方法无法实现的手段。目前，国际上利用卫星图像资料对海冰的监测研究发展很快，已进入信息产品化的阶段。如挪威已将卫星图像资料制成海冰密集度、类型，冰、水边缘线和海冰漂移等产品，向海上石油平台、船舶和破冰船等提供海冰适时预报服务。目前，科学家正在利用卫星图像资料，进行海冰的动力和热力耦合过程、海冰与海洋之间的相互作用、海冰对全球气候变化的影响及厄尔尼诺现象的形成机制及其对全球气候的影响等课题的研究，许多方面已取得了阶段性成果。

利用星载合成孔径雷达进行浅海水深和水下地形探测，具有重要的经济和军事意义。在一定的海面风速和海况条件下，合成孔径雷达卫星能非常容易地发现海面船只，并确定其位置、大小、种类、航行方向和速度等信息，这种信息不仅可以进行航道监测和对遇难船只及时进行营救，在军事上也具有特别重要的应用价值，因此，引起了世界许多国家的广泛关注。自从1978年美国Seasat-A卫星发射以来，美、苏和西欧等国家都相继开展了星载合成孔径雷达浅海水深和水下地形探测研究，取得了很大的进展。据有关资料，在冷战阶段，美国、苏联和西方一些国家曾利用星载合成孔径雷达对水下航行的潜艇进行探测，确定其位置。荷兰已经开发了"水深测量系统"，该系统对大面积海区进行水深测绘，试验区的绝对精度已达到了30厘米。

利用海洋卫星图像资料还可以发现海洋油污染，估算污染的范围，监测污染的扩散，一些发达国家利用卫星资料已建立了卫星海洋污染监测系统。

据报道，美国和苏联发射的海洋监测卫星，能穿透数千米深的海水，不仅可用于海洋勘察、绘制详细海洋地质资料、矿藏和生物资源分布调查图，在海洋大陆架石油勘探和金属矿藏的开发中发挥了重要作用，还可以跟踪水下核潜艇。

海洋卫星对于海洋资源的合理开发利用、海洋环境的监测、国家的可持续发展和国防建设具有重要意义，比如，我国三大河口的泥沙是海洋卫星重点监测的对象。利用海洋卫星对沿海泥沙进行大面积的同步动态监测，可以为港口的规划以及治理提供可靠的科学依据。不仅如此，海洋卫星还与老百姓的生产和生活有着密切关系。比如，人们可以通过卫星水色遥感探测分辨出海洋赤潮是否发生，并进行跟踪监测，掌握其发展过程，这对于沿海群众进行水产养殖意义重大。台风的适时预报，对海洋渔业生产和沿海居民的及早预防有着重要意义。再如，海洋卫星虽然不能直接发现海洋中的鱼群，但能为渔场环境的预报提供关键信息，对这些信息进行分析，将为渔民在哪里下网、打鱼，提供有用的信息。同时，在高品质渔业资源日渐稀缺，近海渔业资源日渐枯竭的现状下，海洋卫星提供的数据也为到大洋深处捕鱼打下基础。

从1994年开始，我国就利用国外海洋卫星遥感图像资料，进行海洋研究和实际应用，在海洋研究上，取得了大量的成果。如在"八五"期间，我国有关部门完成了国家"863"课题《星载合成孔径雷达海洋应用研究》、《中加航天合成孔径雷达海冰应用试验研究》，还先后开展了《卫星资料在我国近岸海洋中的应用研究》和《海冰监测研究》等项目。我国和荷兰科学家利用卫星资料开展的海浪对海岸的侵蚀和对近岸

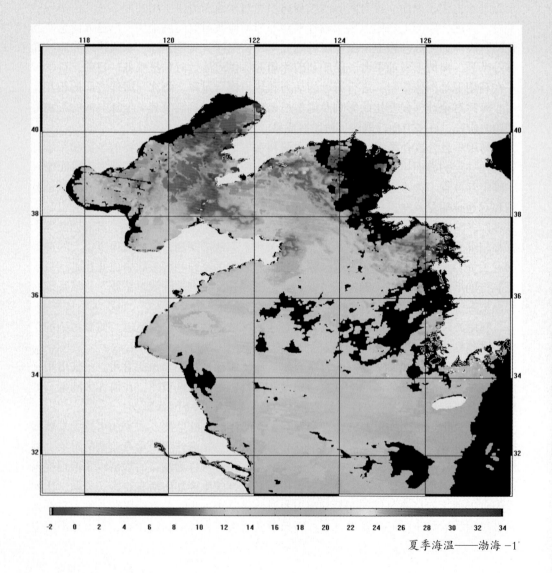

夏季海温——渤海 -1

工程的影响研究；利用卫星资料，探讨东沙群岛西北海区内波的空间特征及其产生机制的研究；我国有关单位与加拿大遥感中心合作，于1995年在辽东湾开展的利用星载合成孔径雷达进行海冰监测应用试验等，都取得了较好的成果。我国科学家成功地利用卫星图像资料探测山东蓬莱西北海区的水下地形，获得了登州浅滩的详细地形特征和山东蓬莱与烟台市海岸带地貌分类图。这些研究和成果，不仅缩小了我国海洋卫星图像资料应用与世界先进水平的差距，而且为卫星资料在我国的大范围应用打下了基础。

我国科学工作者利用海洋卫星资料，在海洋减灾方面取得了重要成果。1990年1月下旬，由于受一股来自西伯利亚的强寒潮袭击，我国北方开始大面积持续降温，辽宁省部分地区平均气温较常年偏

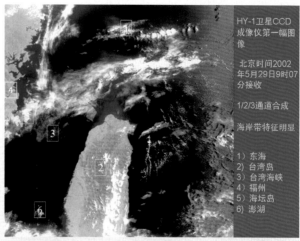

HY-1卫星CCD成像仪第一幅图像

北京时间2002年5月29日9时07分接收

1/2/3通道合成

海岸带特征明显

1）东海
2）台湾岛
3）台湾海峡
4）福州
5）海坛岛
6）澎湖

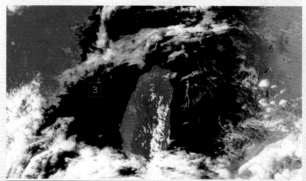

1）东海　2）台湾岛　3）台湾海峡
（北京时间2002年5月29日9时07分接收　8/6/2通道合成）

HY-1卫星海洋水色扫描仪第一幅图像

海洋卫星传回图像

低7℃~9℃，最低气温达零下30℃。一时间，辽东湾里海冰迅速发展，仅半个月时间，整个辽东海域几乎都被厚厚的海冰所覆盖。皑皑的海冰对在渤海上作业的钻井船造成了极大的威胁。钻井船如被大块海冰撞击，轻者可能造成船只报废，重者将造成钻井船翻船的严重事故。海冰到底还能否发展？如果还将继续发展，就要迅速将钻井船撤离到安全地带，如不再发展，一旦撤离钻井船将影响海上作业，造成不必要的经济损失，一时间，令决策者难下决心，这一情况立即引起我国有关部门的高度关注。为避免重大经济损失，确保作业人员的安全，有关部门立即利用海洋卫星图像资料进行海冰和气候监测，迅速及时地提供了流冰最新动态、流冰走势的分析报告和寒潮预报等相关信息，有关部门及时掌握分析了这些信息后，迅速作出海上钻井船于1月31日南撤的重要决策，2月2日钻井船安全到达新泊位。事后结果证明，如果钻井船不及时撤离，有可能发生翻船的重大事故，避免了重大损失。

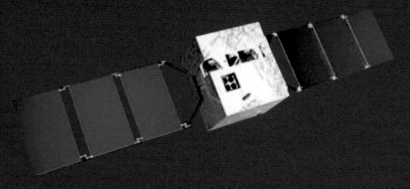

三、海洋大国呼唤海洋卫星

我国是一个海洋大国，有北起辽宁、南到广西18000多千米曲折绵延的海岸线，还有6500多座大小岛屿，像项链一样镶嵌在海岸线上。按照《联合国海洋法公约》中各国享有200海里专属经济区的规定，我国拥有38万平方千米的领海和近300万平方千米的可管辖海域，占我国国土面积的24%，相当于20个山东省或30个江苏省，在世界海洋大国中名列第九。此外，我国积极参与了国际海底管理局的有关谈判，作为世界上第五个国际海底资源开发的先驱投资者之一，在东太平洋公海海域中部，还拥有7.5万平方千米矿区的专属勘探权和优先开发权。

我国广阔的海域和漫长的海岸带蕴藏着丰富的海水资源、矿物资源、生物资源、化学资源、油气资源、动力资源、空间资源和旅游资源，这些资源是沿海地区乃至国家经济和社会发展的重要物质基础。比如，我国有近海渔场281万平方千米，近海鱼类资源可捕量约占世界海洋鱼类可捕的5%；海洋石油资源量超过240亿吨，天然气资源超过10万亿立方米，约占全国油气资源量的25%，占世界海洋油气总资源量的10%；海滨砂矿储藏丰富，累计探明矿种65种，储量达1.6亿多吨；海盐产量名列世界第一。

目前，我国有4亿多人口生活在沿海地区，沿海地区工农业总产值已占全国总产值的60%，且年增长速度均高于全国平均值。其中，出口贸易总额约占88%，进出口物资占90%。海洋和海岸带对整个沿海地区乃至内地的经济发展起着巨大的推动和支撑作用。有的专家认为，我国社会和经济的发展得益于海洋，同时，在某种程度上也将受制于海洋。

值得注意的是，我国人均陆地面积只有0.008平方千米，远低于世界0.3平方千米的平均水平；人均淡水资源只有世界平均水平的四分之一；人均陆地矿产资源不到世界平均水平的一半。随着人口的增长，陆地资源短缺的状况将更为严峻。我国海洋经济仅占世界海洋经济份额的3%。专家认为，作为世界人口大国，随着现代化建设的推进，我国的社会和经济发展将越来越多地依赖于海洋和海岸带，海洋资源的开发利用，将是解决我国人口、资源和环境等压力的出路之一。

虽然我国在利用海洋卫星图像资料开发海洋资源和海洋科学研究方面，取得了很大的成绩，但与世界发达国家相比，我国海洋开发中的科技含量仍然很低，效益也不高。目前我国海洋开发的综合指标不仅低于海洋经济发达国家，而且低于世界平均水平。许多专家认为，我国开发利用海洋资源，迫切需要海洋卫星等高科技手段的介入。

海洋控制着大气环流和自然界中水的循环，改变热量的地理分布格局，影响气候变化，造成灾害性天气，各种海洋灾害袭击沿海地区，造成严重的人员伤亡和经济损失。值得注意的是，我国一些地区在海洋开发的热潮中，由于对近海滩涂海洋植物对海岸的保护和在抵御台风等方面的巨大作用，缺乏研究和认识，加上缺乏有效的监测手段，因此，大规模围滩造田、围滩建场，致使我国珍贵的红树林惨遭厄运。据有关方面测算，我国海滩66%的红树林被砍，95%的珊瑚礁受到不同程度的破坏。海洋和海岸带的不合理开发，导致一系列的资源和环境问题。现实告诉我们，合理开发、有效保护海洋已经成为我国资源、环境和持续发展中不可分割的重要组成部分。

由于综合管理力度不够，我国的海洋渔业资源开发，缺乏宏观决策和统一规划，秩序亟待规范、盲目、过量掠夺性捕捞，已使我国近海渔业资源遭到严重的破坏，一些优质鱼类濒临灭绝。同时，渔业作业手段还比较落后，印度等一些国家已经利用卫星指导渔民打鱼，我国却仍然停留在靠经验判断，靠人海战术，靠掠夺性捕捞等原始的阶段，这种状况，不仅消耗了资源，污染了环境，而且严重制约了渔业产量的提高。

我国海洋开发正处于快速发展的新时期，海洋环境资料对海洋资源的开发、海上工程设计和海上现场作业有着重要意义。海洋污染是目前海洋环境面临的重大问题，进入20世纪90年代以来，我国近海海洋赤潮倍增，仅2000年，就发生了28次，面积累计超过10000平方千米，海洋赤潮造成渔业产量骤减，养殖的鱼类、贝类大量死亡，仅辽宁、浙江两次较大的赤潮就造成渔业损失近3亿元。另外，随着海上油气开发的蓬勃发展，井喷、泄油、船舶跑油事故不断发生，这些都成为对沿海海洋环境和生物多样性的严重威胁，直接影响沿海经济和社会的协调健康发展。而目前由于我国缺乏对海洋环境进行实时监测的手段，无法迅速及时地发现污染源，因此，无法及时进行行政干预，也无法及

中国海洋一号卫星光照试验

赤潮

赤潮

时区分责任，严肃实施惩罚。

加速海洋资源的合理开发利用，从海洋国土上获得更大的发展和生存空间，创造更多的财富，尽快使我国由海洋大国变成海洋强国，必须摸清我国海洋资源的情况，搞清科学的开发承受能力。几十年来，我国在中国海区域调查、海岸带和海岛调查上取得了一些基础性数据，积累了丰富的经验，但是，我国海洋资源的调查手段落后，缺乏动态连续的数据资料，且资料老化，精度不高，覆盖范围不广，满足不了海洋经济快速发展的需要。

据预测，在未来的一个时期里，我国直接海洋开发总产值的年增长速度将保持在11%~13%，海洋经济将占整个国民经济的10%，成为国民经济的重要组成部分。专家认为，保证上述目标的实现，在加强行政干预、依法治海和严格的管理，比如控制工业污水排放量的同时，一个很重要的方面，就是要依靠利用卫星遥感资料，及时掌握各种信息，指导海上生产，同时，为政府主管部门决策提供动态、及时、可靠的依据。

党中央、国务院高度重视我国海洋事业，在"十五"计划期间，明确要求"加大海洋资源调查、开发、保护和管理力度，加强海洋利用技术的研究开发，发展海洋产业，加强海域利用的管理，维护国家海洋权益"。我国是一个海洋大国，但不是海洋强国，与世界海洋国家相比，我国对海洋资源的开发利用还十分有限。让海洋为国人造福，圆海洋强国梦想，对于加速我国经济的发展，全面建设小康社会，具有重大而深远的意义。维护海洋权益、合理开发海洋资源、科学保护海洋环境、防止和减少海洋灾害，是我国本世纪的重要使命。

综上所述，加快发展我国海洋卫星事业，利用海洋卫星为建设我国的"数字海洋"服务，具有十分重要的意义，发展的中国呼唤海洋卫星。

四、蓝色国土的"守望者"

　　我国政府十分重视海洋卫星事业，将海洋卫星列为"我国长期稳定运行的卫星对地观测体系"组成部分之一。经过不懈的努力，我国的海洋卫星事业实现了从无到有，迅速发展的巨大进步，为我国经济建设、国防建设和社会发展作出了重要贡献。

长征二号丙火箭发射海洋一号 B 卫星

海洋一号 A 卫星开先河

20世纪80年代，我国有关部门组织了海洋卫星的论证工作。2000年11月22日，国务院公布的《中国的航天》白皮书中，描绘了新世纪中国航天事业发展的蓝图，将发展海洋卫星列入对地观测体系中的重要组成部分。以实现由海洋卫星、海监飞机、船舶、浮标和岸站一起，构成我国海域的立体动态监测系统。

2002年5月15日，我国第一颗海洋卫星"海洋一号"A星成功发射。5月29日，卫星在完成了7次变轨飞行后，成功地到达预定轨道，设在北京和三亚的我国海洋卫星地面站，成功地接收到海洋一号A星水色扫描仪与CCD相机拍摄的第一幅遥感图像，其图像十分清晰，海洋特征非常明显，作为一个海洋大国，终于有了海洋卫星。

海洋一号A星的发射成功，结束了我国没有海洋卫星的历史，实现了我国实时获取海洋水色遥感资料零的突破，表明中国海洋卫星遥感应用技术取得了重要突破，不仅对我国海洋资源的开发利用、海洋科学的研究、海洋污染的监测和防治等具有重大意义，而且对我国海洋卫星研制技术的发展具有巨大的推动作用，为我国海洋卫星系列化发展奠定了技术基础，标志着我国海洋卫星遥感与应用技术迈入了一个崭新阶段。

海洋一号A星是一颗三轴稳定的准太阳同步轨道试验型应用卫星，卫星重量约365千克，设计寿命两年。其用途是通过探测海洋的水色和水温，掌握我国近海海洋初级生产力分布、海洋渔业及养殖业资源状况和环境质量；了解我国重点河口港湾悬浮泥

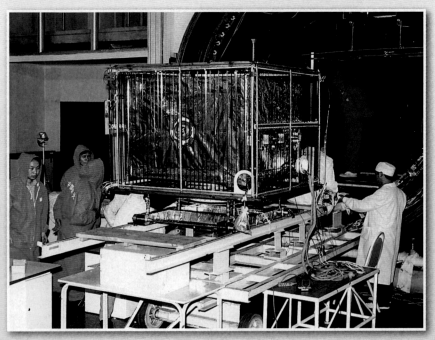

海洋一号卫星进行热真空试验

沙分布；监测我国近海溢油、赤潮、海冰冰情、浅海地形等。它将在海洋生物资源开发利用，河口港湾的建设和治理，海洋污染监测和防治，海岸带资源调查和开发，以及全球环境变化研究等领域有着广泛的用途。

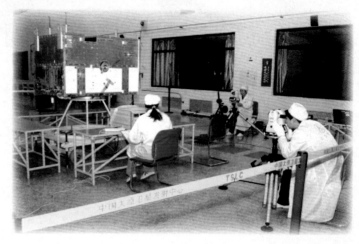

海洋一号 B 星待测

海洋一号 A 星是利用我国开发的 CAST968现代小卫星公用平台技术研制的第二颗现代应用型小卫星，在我国1999年5月发射升空的首颗应用型小卫星实践五号的基础上进行了改进，增加了变轨能力和单轴驱动的太阳电池翼，卫星的控制精度有很大的提高。卫星装载的有效载荷设备包括，一台10谱段分辨率为1.1千米、幅宽1600千米的海洋水色扫描仪，一台4谱段分辨率为250米、幅宽500千米CCD相机，一套X波段数据传输系统。

该卫星携带的遥感器进行海洋水色探测的原理，是采用多光谱相机探测海洋水色，并反演叶绿素、悬浮泥沙和可溶黄色物质浓度等的定量化信息，为相关业务应用部门提供服务；采用红外谱段相机对水温进行探测，获得海温、海冰等信息。

海洋一号A星首次在小卫星上采用多元并扫、深冷等新技术；开发了具有信息多路径管理与控制、灵活的姿态与轨道机动能力、高集成度的通用型CAST968小卫星平台，并已用于多种卫星研制；实现了基于整星能源保护的安全管理；开发了一大批轻小型设备、部件，带动了航天技术的发展。

国家海洋局积极开展海洋一号A星的应用和推广工作，已将海洋一号卫星纳入中国海洋立体监测体系实现业务运行，在海洋环境污染监测，海洋环境和海洋灾害预报、海洋资源开发和海洋科学研究等领域，实现了成功的应用并取得了丰硕的成果。

海洋一号A星累计在轨运行685天，累计成像1830轨，获取了渤海、黄海、东海、南海及太平洋、大西洋、印度洋、北冰洋、南北两极的大量水色遥感图像；获得了大量的叶绿素浓度、悬浮泥沙、黄色物质、海面温度等海洋要素；探测获取了赤潮、海冰等海洋灾害现象及岛礁、浅滩、海岸植被等地物特征。

国家卫星海洋应用中心将海洋一号 A 星数据研发制作了42种遥感产品，向国内126个单位分发了这些产品，其数据在大洋渔场环境监测、海岸带监测、海洋水色环境监测、海洋赤潮监测和海冰海温监测等方面发挥了重要作用。有关部门利用海洋一号A星资料发现了渤海、华东沿海和黄海赤潮，为海洋环保部门监测提供出科学依据；首次

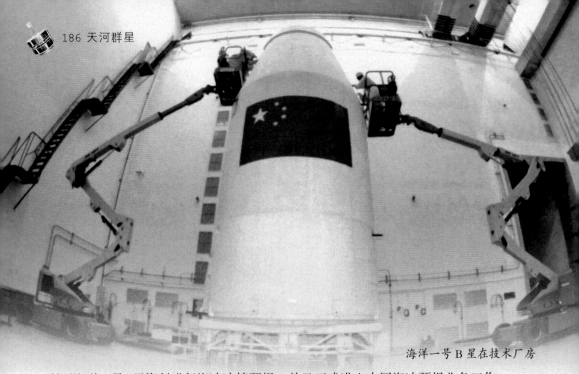

海洋一号 B 星在技术厂房

利用海洋一号A星资料进行海冰冰情预报，并已正式进入中国海冰预报业务工作。

海洋一号A星遥感数据成为国家科技计划项目重要的基础信息源，许多计划项目正在使用或计划使用海洋一号A星及后续卫星数据。中国高技术研究发展计划的"大洋渔业环境信息获取与应用系统"项目利用该星数据，取得大西洋金枪鱼区及南太平洋竹荚鱼区的渔场环境的水色水温资料，这也是中国目前获取境外渔场信息的唯一技术手段。

2002年12月8日至2003年2月中旬，中央电视台连续播发了利用海洋卫星数据和资料作出的渤海海冰预报。在大洋渔场环境监测方面：2002~2004年，利用海洋一号A卫星对大洋渔场进行了大量探测，对境外金枪鱼区进行了40次探测，对竹荚鱼区进行了45次探测；获得了大西洋金枪鱼渔场和太平洋竹荚鱼渔场的海温和叶绿素分布数据，制作了3月份至9月份逐月平均海温和叶绿素分布图，并及时向海洋渔业生产和科研部门提供服务，累计达47次；为配合中国第十九次南极考察和北极科学考察建站，海洋一号A星积极发挥其作为极轨卫星的优势，获取了大量南北极冰盖数据，为南极大陆科考和北极建站选址提供了基础数据；通过海洋一号A星对黄河口、长江口、珠江口、闽江口等各大河

海洋一号 B 星在技术厂房

口以及渤海湾、北部湾、琼州海峡、台湾海峡等重点海域的监测，获取了中国重要海域悬浮泥沙分布、海流特征、近岸二类水体特征、海岸带特征、温度分布特征和浅海地形等重要海洋基础信息。

在海岸带监测方面，2003年利用海洋一号A星CCD成像仪数据制作了52幅我国黄河口、长江口、珠江口三大河口地区的资源调查和植被分类图、岸线动态变化图、河口悬浮泥沙分级图等，为我国海岸功能区划、海岸带管理、河口地区资源利用提供了数据服务。

经过专家鉴定，海洋一号A星采用先进的设计，其技术水平与国际同类卫星相当，具备了长期的业务化的运行能力。与国外同类卫星相比不仅体积小，质量轻，技术指标还非常先进，可见光与红外遥感器并存，谱段较全，信息量丰富。卫星为海洋环境预报提供了实时数据和产品服务，在海洋资源开发与管理、海洋环境的保护与灾害预警、海洋科学研究及国际与地区间海洋合作等多个领域取得显著效益。

海洋一号B卫星实现新跨越

2007年4月11日，我国第二颗海洋卫星海洋一号B星又发射成功。4月20日，随着卫星在轨运行进入国家卫星海洋应用中心北京地面站接收范围，星载海洋水色扫描仪和海岸带成像仪的第一轨遥感影像缓缓呈现在电子屏幕上。第一轨图像覆盖日本海、黄海、东海、台湾海峡、南海等海域，在经过北京、三亚接收站覆盖范围时，卫星下传了数据信号，北京、三亚接收站接收获取的图像信号清晰，海洋水色及海岸带特征明显，信息丰富。

海洋一号B星质量为442千克，寿命3年，轨道高度798千米太阳同步轨道，覆盖周期为：水色仪1天，海岸带成像仪7天，卫星采取三轴稳定对地定向。

海洋一号B星是海洋一号A星的后续星，星上载有1台10谱段的海洋水色扫描仪和1台4谱段的海岸带成像仪，其观测能力和探测精度都有很大提高。主要用于探测叶绿素、悬浮泥沙、可溶有机物及海洋表面温度等要素，进行海岸带动态变化监测。

该卫星由平台和有效载荷两部分组成，共9个分系统。平台部分包括结构与机构、热控、姿态与轨道控制、电源、测控、天线、星务、

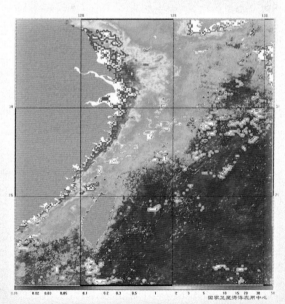

东海二季度叶绿素

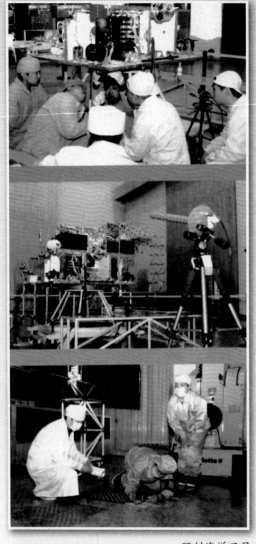

研制海洋卫星

总体电路等分系统。有效载荷分系统包括水色仪、海岸带成像仪、数据传输3个子系统。为了提高卫星的可靠性，与海洋一号A星相比，该卫星平台在技术状态上有了很大的变化：增大了星上电源的供给能力，增加了太阳翼电池阵面积，以适应有效载荷工作时间增加的变化，满足用户业务运行的要求；增加了遥控指令和遥测量，提高了卫星在轨故障诊断能力；卫星构形进行了适应性改进，星体尺寸比海洋一号A星适当增大；为保证3年寿命，将卫星携带的燃料从13千克增加到21千克。

海洋一号B星可对我国所管辖的广阔海域的水色环境实施大面积、实时和动态监测，并具备对世界各大洋和南北极区的探测能力。其实时观测区为渤海、黄海、东海、南海及海岸带区域等，其他观测区采用星上记录，通过我国国境内回放接收的方式。

海洋一号B星的功能比海洋一号A星有很大提高，取得了多项技术突破：星上2台观测仪器的性能大幅提高，遥感视场的幅宽由1300千米增加到3000千米，其中水色扫描仪技术不亚于美国、欧洲和日本等同类型卫星上的水色扫描仪；海岸带成像仪光谱分辨率的大大提高，对赤潮等目标看得更清楚，对海洋泥沙和叶绿素的观测更精确；其工作模式由每天成像2~3次增加到7~8次，水色扫描仪对全球的重复观测周期由原来的3天缩短为1天，使卫星对海洋的每天观测成为可能；星上能力存储大大增加，卫星提供的信息量增加了3倍以上，使用价值成倍增长。卫星寿命由2年提高到3年。因此，1颗海洋一号B星的海洋水色探测能力相当于3颗海洋一号A星。

以往小卫星一般采取设备备份的办法来预防故障，但过多的备份会增加卫星的质量。海洋一号B星应用了新的技术，由10余台星载计算机协同工作，通过软件的备份来替代硬件的部分，如果设备出现故障，可以通过软件自主修复，因此，该卫星具有一定的太空自我修复能力。海洋一号A星就曾经遇到太阳能电池驱动故障，最终影响了卫星的寿命。从海洋一号B星开始，中国小卫星再遇到类似故障，可以通过软件自行修复。此外，当卫星上软件不能修复某一故障时，地面控制人员还可以修改软件，进行系统重构来修复某些故障。

海洋一号B星的成功发射和应用，使我国的卫星海洋水色遥感业务得以持续保持。截至2007年底，海洋一号卫星B星，已累计成像1371轨，探测区域已经覆盖全球，向16家单位分发了大量的数据，推动了业务应用；对渤海、黄海、东海近24次赤潮实施预警和监测，累计发布卫星赤潮监测通报20期。国家海洋局利用海洋一号B星遥感数据，在海洋生物资源调查、海洋环境监测等领域开展了广泛应用，取得了可喜成果。

海洋一号卫星地面应用系统

海洋卫星地面应用系统是海洋卫星工程的重要组成部分，担负着卫星发射后应用效益体现的任务。通过努力，国家海洋局很快完成了海洋卫星地面应用系统的建设任务，该系统包括接收预处理、资料处理、产品存档与分发、资料应用示范、辐射校正与真实性检验、通信和运行控制等七个分系统，以及北京、三亚、牡丹江卫星地面接收站和一个海洋水色遥感辐射校正实验室。具备获取我国海岸带、海岛、领海、大陆架、专属经济区以及周边海域、热点海域、极地动态海洋资源与环境信息的功能。该系统成为由我国自主设计研制，拥有完全自主知识产权，水平不亚于美国、欧盟、日本等同类型卫星的地面应用系统。

系统功能与任务。获取卫星遥测参数，按预定时间完成卫星轨道预报，制定卫星探测计划，生成并传输卫星遥控指令；实时接收卫星遥感载荷探测的下行遥感数据，并对接收资料的质量具有动态监视和统计能力；对卫星上两个遥感载荷进行辐射校正，对遥感反演结果进行真实性检验；对卫星资料进行预处理生成经过地理定位、辐射校正的一级产品；由卫星资料处理生成定量化的海洋水色要素的二、三级产

海洋一号 B 卫星第一轨遥感影像图

品，并制作各类图像、图形等专题产品；基于数据库管理系统和文件管理系统，建立卫星产品存档与分发系统，实现产品信息的远程查询和检索，对用户提供数据分发服务，提供各级产品；利用卫星数据结合其他数据，建立应用示范系统，为全国用户提供决策支持服务；实现地面站、测控中心、处理中心之间通信传输联系，并建立全系统运行的网络管理系统；负责系统的时间统一、作业运行和指挥调度，统计分析系统运行的质量状况，遇有异常或突发事件，及时组织排障，保持全系统的正常运行；获取国内外其他可用于海洋监测的遥感卫星数据。

应用系统组成。接收预处理分系统：在北京、三亚、牡丹江三地分别建立卫星地面接收系统，接收卫星下行数据，并进行定位、定标等预处理，生成0级、1级产品。

资料处理分系统：制作2级和3级数据产品以及对应的专题图产品。

产品存档与分发分系统：存储管理各级遥感产品，通过数据查询、检索和管理数据产品，向用户提供服务。

资料应用示范分系统：建立海洋水色遥感资料的示范与业务应用服务子系统。

辐射校正和真实性检验分系统：进行卫星遥感器的在轨外定标，实现遥感器的长时间序列的跟踪定标；开展卫星产品的真实性检验。

通信分系统：实现资料处理中心与三个地面接收站、西安测控中心以及航天部门等单位之间的通信联系，建立数据传输、信息交换和业务联系网络管理系统，为全系统业务运行提供可靠的通信手段。

运行控制分系统：进行卫星运行轨道预报，制定卫星探测计划，传输和处理卫星测控数据。实现地面应用系统的时间统一、作业运行和指挥调度，完成地面系统仿真，统计分析系统运行的质量状况，遇到异常和突发事件时及时组织排障，保持全系统正常运行。

系统设计能力。接收站覆盖区域包括我国海岸带、渤海、黄海、东海、南海及东北亚区域，同时具有境外数据获取能力。

能接收处理海洋一号卫星数据，并能接收处理其他可用于海洋监测的遥感卫星数据。可获得多种尺度的多种海洋要素信息和动态变化信息。

卫星数据及其产品将用于多种用户，包括国务院主管部门、国家海洋局所属部门、各级地方海洋厅局、科学研究部门以及教育部门等。应用范围包括海洋灾害监测、预警预报、资源开发、环境保护、权益维护、国防安全、国际合作等领域。

各分系统对输出的产品具备浏览、质量控制与监测能力。系统稳定可靠，具有可操作、可维护、可扩展的能力，满足全系统最大化、业务化运行要求。

许多专家认为，我国的海洋卫星事业虽然起步较晚，但起点高、进展快、潜力大。通过近几年来的努力，我国海洋卫星从无到有，实现了历史性突破。海洋一号A、B星的发射成功，为后续海洋卫星系列的发展，打下了坚实的基础。

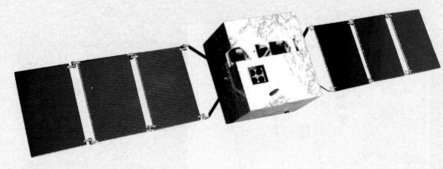

五、守望国土有新星

　　我国是一个海洋大国，但还不是海洋强国。从长远角度考虑，中国要保证有效维护国家海洋权益，合理开发利用海洋资源，切实保护海洋生态环境，实现海洋资源、环境的可持续利用和海洋事业的协调发展，建设海洋强国，就必须推进海洋卫星研制、发射、应用的连续性和系列化，实现海洋卫星及卫星海洋应用从"试验型"向"业务服务型"的转变，建立健全天地协调，布局合理，功能完善，产品丰富，信息共享，服务高效的长期、连续、稳定运行的海洋卫星遥感应用体系。在2006年我国政府发表的《中国的航天》白皮书中提出的启动并实施高分辨率对地观测系统工程，其中就包括研制和发射海洋卫星，实现对海洋的立体观测和动态监测。发展海洋卫星，是我国实施海洋强国战略的重要组成部分，发展中的我国海洋事业，呼唤着新一代海洋卫星的问世。

　　为实施海洋强国战略，推动我国海洋事业的发展，促进国民经济建设，我国政府确定了"十一五"及未来发展我国海洋卫星事业的总体思路。我国海洋卫星事业发展的总体思路是建立起一整套海洋卫星体系，逐步形成我国以卫星为主导的立体海洋空间监测网。发展目标是建立由多颗卫星组成的海洋水色、海洋动力、海洋监视监测三个卫星系列，积极开展国际技术交流与合作，不断提升卫星在轨运行的可靠性和业务化应用水平，实现海洋卫星和卫星海洋应用的持续稳定发展，为我国海洋经济发展和国家海洋安全提供必要的技术支撑和保障。发展步骤是"十五"期间建立以海洋水色探测为目标的卫星系列，此后每3年左右发射2颗卫

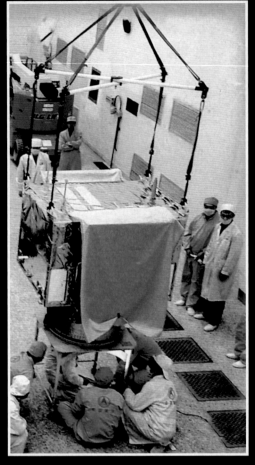

星；"十一五"期间开展海洋动力环境卫星研制，发射首颗海洋动力环境卫星，此后每3年左右发射一颗卫星，同时开展全天时、全天候的海洋监视监测卫星关键技术攻关；"十二五"前期发射首颗海洋监视监测卫星，此后每5年发射一颗卫星。通过三个系列海洋卫星发射和投入运行，加上与我国发射成功的气象卫星、资源卫星等一系列对地遥感卫星，构成我国长期稳定运行的海洋卫星观测体系。

海洋水色卫星

海洋一号卫星系列。海洋水色卫星以可见光、红外探测水色水温为主。为推进业务化运行，海洋一号卫星将持续不断地发射。按照国家海洋局规划，后续海洋一号卫星系列将实现上、下午各一颗卫星同时运行，通过不同时刻对海洋环境的监测，达到提高监测水平和缩短重复观测周期的能力。后续发射的海洋一号系列卫星技术状态基本上与海洋一号B星一致。

海洋动力环境卫星

海洋二号卫星系列。海洋动力环境卫星，主要用于探测海洋的海面风场、温度场、海面高度、浪场、流场等，以获取全球海洋风矢量场和表面风应力数据及全球高分辨率大洋环流、海洋大地水准面、重力场和极地冰盖数据。利用卫星携带的遥感器，通过测量回波来确定海面高度；利用发射雷达信号，并测量海面的回波强度，确定海面后向散射系数，反演海面风速和风问；用多辐射通道、被动式微波技术测量海面微波辐射亮度温度，得到海面温度，反演风速。

海洋二号卫星工程由卫星、运载火箭、发射场、测控和地面应用系统组成。卫星包括卫星平台和有效载荷两部分组成，卫星平台充分继承了资源一号卫星平台的成熟技术，并根据有效载荷的变化进行适应性修改；卫星研制周期为3年，有效载荷包括雷达高度计、微波校正计、微波散射计、微波辐射计等。

海洋二号海洋动力环境卫星系列，将以主动微波探测的方式全天候获取海面风场、海面高度和海温为主，可以部分满足海洋灾害预报应用的要求，达到减轻和防止海洋灾害损失的目的。同时，实现海洋一号和海洋二号卫星相互独立，互为补充，可以各自尽快发挥效益。

海洋监视监测卫星

海洋三号卫星系列。海洋监视监测卫星，主要用于探测海上目标和对海洋环境进行实时监测，获取海洋浪场、海面风速场、内波、海冰和溢油等信息。为海洋监察执法、海岸带调查、海洋资源调查开发、海洋环境监测保护、海洋权益维护等提供服务。卫星采用合成孔径雷达技术(SAR)，实现全天时、全天候海面目标与环境监测。卫星将采用中国资源二号卫星平台。

目前，海洋卫星用户部门已与卫星研制单位开展了海洋三号卫星用户需求分析，初步提出了卫星平台、有效载荷要求和技术性能指标，确定了多极化、多工作模态合成孔径雷达为主载荷的发展思路。

相对于海洋一号和海洋二号系列来讲，海洋三号卫星系列是一种综合卫星，可以获取时间同步的海洋水色和动力环境信息，每天在运行时间上，与前两类卫星错开以实现互补。该卫星同时配备针对海洋特点的多频段、多极化、多分辨率的合成孔径雷达，实现对海洋环境的动态监测。

十几年来，我国海洋卫星从无到有，实现了我国海洋卫星研制技术和应用的跨越式发展，走出了具有中国特色的发展海洋卫星和推动海洋卫星应用业务型发展的道路。展望未来，随着多个系列海洋卫星的投入应用，我国海洋卫星事业必将得到蓬勃的发展，海洋卫星将在我国由海洋大国向海洋强国的进程中发挥更加重要的作用。

现代战争的"杀手锏"

在人类发射的6000多颗航天器中，有三分之一为军用航天器，而其他种类航天器总体上来讲，有60%~70%在必要的情况下，都可以转为为军事服务。从某种意义上来说，是军事斗争的需要催生了航天器技术的诞生，军用航天器的发展又促进了整个航天器研制技术的发展。

军用航天器有两类，一类是用来获取和传输地面军事目标重要信息的各类卫星，这类卫星按用途可分为侦察卫星、通信卫星、导航卫星、气象卫星、测地卫星、海洋监测卫星和导弹预警卫星等，另一类是指部署在宇宙空间或用于攻击重要目标的各类武器装备，如军事侦察卫星、洲际导弹、反卫星武器、天基反导弹武器等。其他民用航天器在需要的时候也可以转为军用或军民两用。

军用航天器的出现和应用，显著提高了高技术主战武器的作战效能，不仅在信息获取、传输、控制中发挥着其他信息装备所无法取代的优势，在战略、战役、战术层上也得到广泛应用，显著提高了高技术主战武器的作战效能，使武器系统反应时间减少，打击命中精度成倍提高，从根本上改变了现代高技术战争的模式，对战争进程和结局具有决定性影响，引发武装力量结构、作战理论以及作战模式发生重大变革，有力地推动了新军事变革的进程，"制天权"理论，"太空威慑"理论和"海地空天电"一体联合作战的理论等崭新的军事理论，已经随之出现。

许多军事专家认为，可来往于太空和大气层之间太空武器一旦投入应用，将使人们无法区分空中战场与外层空间战场的界线，未来战争将是空中与空间一体化的战争。

利用各类航天器组成的空间军事系统，是国家安全和夺取战争胜利的"杀手锏"。

随着航天器技术的发展和空间系统在现代战争中的应用，航天器技术以其在对国家安全中的地位与作用而日益受到重视。今天，依赖众多各类用途的航天器组成的空间系统，已经成为美、苏/俄等军事强国国家安全、军事战略和国家利益依赖的战略制高点。近20年来在世界局部地区战争中，空间军事系统在战场上大显身手，已经成为战争的主角。美国在军事上强烈依靠外层空间，离开空间系统将无法作战。

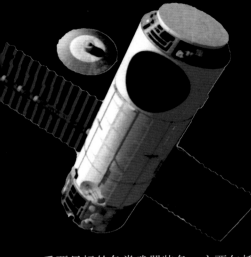

美国锁眼侦察卫星

一、现代战争的"杀手锏"

我们常常可以听到太空武器的说法，所谓太空武器，一方面指用来获取和传输地面军事目标重要信息的各类卫星，这类卫星按用途可分为侦察卫星、通信卫星、导航卫星、气象卫星、测地卫星、海洋监测卫星和导弹预警卫星等，另一方面指部署在宇宙空间或用于攻击宇宙空间及地面重要目标的各类武器装备。主要包括洲际导弹、反卫星武器、天基反导弹武器等，还包括装备武器之后的航天飞机、空天飞机等再入航天器等。

以各类军用卫星组成的空间系统是广泛的获取信息，做到知己知彼，夺取战争胜利的关键。因此，收集信息是空间军事系统首先追求的目标。据有关资料，海湾战争期间，美国调用了分辨率非常高的"锁眼"11侦察卫星、窃听敌方电话的"大酒瓶"卫星、获取敌方领土雷达图像的"长曲棍球"卫星、确定敌方舰船位置的"白云"卫星、以及探测敌方电子信号的"折叠椅"卫星等各种用途的卫星，进行战场信息收集，使航天高科技首次用于战争。这些卫星的投入使用，使美国及时获取了战场的信息，赢得了战争的主动。到1999年，美国空间军事系统的应用达到了高潮，在北约对南联盟进行的"盟军行动"中，美国调用的卫星竟达50颗之多，人们从中已经可以看到现代条件下的信息战和航天战的影子。

在这场战争中，美国的"先进旋涡"、"大酒瓶"、和"猎户座"以及第四代"水星"电子侦察卫星大显神通，此外，4颗改进型"锁眼"11侦察卫星也派上了用场，其中两颗分别运行在昼夜轨道平面和黄昏轨道平面，可在不同的光照条件下，一天对南联盟地区重复观察4次，其他卫星则运行在两者之间，这些卫星可克服光照对成像侦察的影响进行立体成像。美国的两颗"长曲棍球"卫星，每天飞临南联盟两次，这种卫星可以克服气候的干扰，甚至可穿透树木进行全天候侦察。与此同时，为了获取气象信息，在"盟军行动"中使用的气象卫星有14颗之多。

在"盟军行动"中，美国的全球广播系统

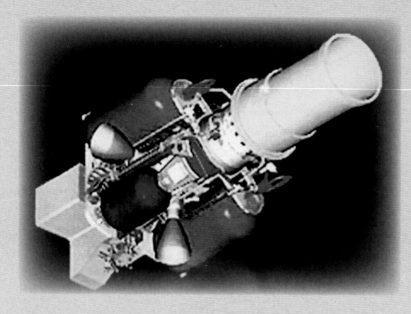

外大气层杀伤武器

（GBS）获得极大的成功，该系统不仅可以向全军用户直接播发作战信息，且节省双向通信信道，被誉为"信息化作战的开端"。

有资料称，美国在2001年阿富汗实施的"持久自由行动"中，动用了包括卫星在内的一切手段来搜寻本·拉登的踪迹，以确定打击目标，检验打击效果，还使用电子侦察卫星截获本·拉登的电子邮件和窃收电话。

在2003年的伊拉克战争中，美国用"微卫星"（Microsat）和"军号"（Trumpet）等电子侦察卫星监听伊拉克军事基地、萨达姆车队、总统官邸以及其他地区电话和无线电通话内容。在伊拉克战争中，美国已用第四代电子侦察卫星取代了海湾战争中使用的第三代电子侦察卫星，使侦察能力进一步提高。

美国军事家认为，外层空间在21世纪战争中，比任何地方都重要。在未来几十年内，空间系统将获得突破性发展，特别是从外层空间对空中、地面和海上目标进行攻击将成为现实。

在新世纪，美国在保持空中优势的同时，正在进一步确保绝对的空间优势，用以提高作战支援能力和直接用于实战的军事空间系统将以更快的速度向前发展。例如，美国国防部在改进现有军用卫星系统的同时，正在加紧组建包括"天基红外"导弹预警系统、"未来成像结构"和"军用全球通信广播系统"等在内的新一代军用航天系统，以提高作战支援能力。欧洲、俄罗斯都已投入相当的资金和人力，进行空间军事系统的研制。

在新世纪之初，美国总统布什就不顾世界舆论的强烈反对，急忙宣布将继续执行国家弹道导弹防御体系计划。美国匆忙进行"太空战"军事演习，这些无疑向世界发出一个信号，太空军备竞赛并没有结束，战争的阴云从陆地、海洋、天空开始向太空弥漫。据美国空军咨询委员会的研究报告说："一支以太空为基础的军事力量，能在一小时内对任何敌方的防卫力量进行突然袭击，使其丧失防御和反击能力。"

面对美国咄咄逼人的军事态势，俄罗斯也不示弱。俄罗斯前总统普京发布命令，从俄罗斯军事航天部队和空间导弹防御部队中抽出精兵强将，组建"天军"。成为继俄罗斯陆、海、空、战略火箭军之后的一个新军种。其主要任务有两项，一是负责军用卫星发射，二是负责对敌方太空武器进行打击。

俄罗斯"天军"最主要的装备是反卫星卫星和反卫星导弹。所谓反卫星卫星，是一种能在地球轨道上飞行的具有攻击能力的卫星，它可以根据地面的指令自动跟踪和识别敌方卫星，并通过自身爆炸将敌方卫星破坏。目前，俄罗斯是世界上唯一一拥有实战性反卫星武器的国家。据报道，一种带轨道发动机、雷达或红外制导装置的新型反卫星卫星将装备俄"天军"，它运行在5000千米高的轨道上，可以摧毁敌方部署在低地球轨道上工作的侦察、导航、气象卫星和航天飞机。其红外制导的反卫星导弹也可以对敌方的天基武器系统进行攻击。

空间威慑将成为美国继核威慑后又一新的军事战略威慑手段。正如美军研究所得出的结论："在今后二三十年内，其他国家不可能在常规力量方面与美国抗衡，但可以在航天系统方面使美国蒙受重大损失。"现实与未来发展趋势表明，许多国家，特别是世界各大国的国家安全、军事战略和国家利益将越来越依赖于控制空间的能力，航天器技术在国家安全和现代战争中的地位与作用日益显现。一系列空间军事系统的研制、建立和逐步用于实战，必将导致未来的战争战场的广泛性和残酷性，想在地面战争中赢得胜利，必须在空间战争中赢得胜利，军事力量的较量，首先是军事航天器技术水平的较量，是太空实力的较量。

军事卫星等航天器技术的发展，历来是国际政治斗争的"精锐武器"。航天器技术的发展向来就是与国家政治密不可分的，是国家政治和地位的体现。在航天技术发

美国长曲棍球雷达侦察卫星

展之初，航天器技术曾经作为苏、美两个超级大国衡量社会主义制度和资本主义制度优劣的标志，虽然今天航天器技术的发展，已不再与社会制度联系在一起，但仍然是国际政治斗争的武器，与政治密不可分。一个国家航天器技术水平及所具有的开发和利用太空的能力，往往决定着它在国际政治舞台上的地位，空间技术的角逐很大程度上是国家政治的角逐。

近50年航天技术的发展和空间技术的应用，太空与国际政治斗争的关系越来越密切。航天器技术极大地提高国家在综合国力及其在国际活动中的地位，现在，国际上讨论许多重大问题都与空间有关，世界大国首脑会谈也往往离不开这个主题。发达国家想通过发展自己的航天力量，在太空中占领优势地位，增强军事实力与经济实力，以便在国际政治斗争中取得更多的发言权和影响力。发展中国家则想通过发展航天技术来保护自己的合法权益，提高自己的国际地位。因此，世界各国都把发展和利用太空，发展航天能力作为国家战略的重要组成部分，作为提高国际政治地位的战略措施。

英国未来的卫星"天网5号"

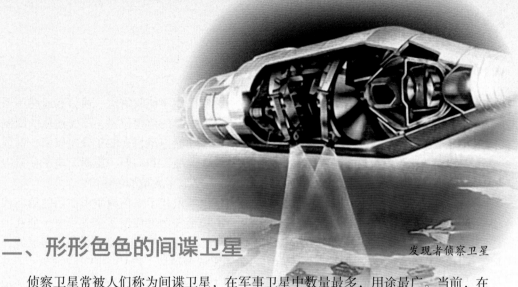

发现者侦察卫星

二、形形色色的间谍卫星

侦察卫星常被人们称为间谍卫星，在军事卫星中数量最多，用途最广。当前，在各类军事卫星中，侦察卫星约占60%以上。侦察卫星主要包括照相侦察卫星、电子侦察卫星、海洋监测卫星、导弹预警卫星、核爆侦察卫星等。侦察卫星是专门用来侦察军事目标，搜集军事情报的卫星。侦察卫星按其侦察方式分为成像侦察卫星和电子侦察卫星。成像侦察卫星上带有可见光相机、红外相机、合成孔径雷达，可以拍摄高分辨率的地面军事目标的图像，将其转换为电子信号，用无线电传送给地面接收站，或者用回收舱将拍有图像的胶卷回收；电子侦察卫星上装有电子侦察设备，截收对方雷达或通信设备发射的无线电信号，将它解译，从而获取对方雷达的位置、特点或通信内容。

侦察卫星在现代战争中发挥了重要的作用，从而对传统的战争观念产生了冲击。

照相侦察卫星

照相侦察卫星依靠星上的可见光和红外照相机，获取地面信息。这类卫星获取情报的方式可分为回收型和无线电传输型两种，其中，回收型卫星是按地面的指令或预先设定的程序，在感兴趣的地区上空拍照，等胶片用完或在急需时，地面控制站向卫星发出指令，将胶片回收，技术人员将胶片冲洗判读后才能知道结果。由于这类卫星的照片要等回收后才能使用，适时性较差，往往在照片还未判读出来的时候，感兴趣地区的情况又发生了变化，因此，使用时很不方便。而无线电传输型侦察卫星能在空中把拍摄到的图像自动转换成无线电信号，直接或通过中继卫星将这些信号传输给地面接收站，工作人员可以及时地把接收到的电信号转换成图像。这样，有关部门就可以随时掌握侦察结果，大大提高了情报的时效性。回收型侦察卫星在航天器技术发展初期使用的比较多，而现在一般都使用无线电传输型侦察卫星。

自1960年8月11日美国成功地回收了第一颗间谍卫星"发现者-13"以来，至今，美国和苏/俄的照相侦察卫星都已经发展到第六代。目前，在轨使用的主要是第五和第六代侦察卫星。第六代照相侦察卫星，与第五代侦察卫星相比，增加了红外成像设备，有效地提高了在恶劣天气条件下或夜间的侦察能力，实现了全天候侦察。据称，美国照像侦察卫星系统可见光成像地面分辨率达0.1米。

电子侦察卫星

与照像侦察卫星不同，电子侦察卫星是一种专门用于侦收雷达、通信和遥感等系统所发射的电磁信号的卫星，它能够测定发出这种信号的地理位置，不受地域的限制，能在各种气候条件下进行大范围的监视侦察。电子侦察卫星自1962年升空以来，就显示出巨大的威力。在海湾战争期间，美国两颗"大酒瓶"和一颗"旋涡"电子侦察卫星，每天飞临海湾一次，进行数小时的侦察活动，窃取了大量的情报。

在伊拉克战争中，美国已用第四代电子侦察卫星取代了海湾战争中使用的第三代电子侦察卫星，使侦察能力进一步提高。甚至有报道美国已使用了第五代电子侦察卫星——"入侵者"（Intruder）卫星。据有关资料，为了加紧构筑空间作战支援系统，美国还提出了新的成像侦察系统计划KH-3、未来成像结构（FIA）STARLITE和"天基雷达监视系统(SBR)，发展功能更强大的高轨道大型卫星和时间分辨率极高、灵活灵敏的低轨小卫星星座，实现多功能、长寿命、实时性强和适应范围广的目标。同时，进一步增强星上电子侦察设备的信号处理能力与处理速度，提高卫星的抗干扰能力、变轨能力及抗摧毁能力等。

弹道导弹预警卫星

弹道导弹预警卫星主要用于监视敌方弹道导弹的试验与发射，对弹道导弹突袭进行预警，以便使自己有足够的时间采取必要的防御和对抗措施。

预警卫星因其不受地球曲率的限制，居高临下，覆盖范围广，监视区域大，不易受干扰等优势受到美国军方的高度重视。美国于1970年11月首次发射弹道导弹预警卫星，这种卫星一般同时部署5颗，3颗工作2颗备份。美国现役的预警卫星系统是国防支援计划第三代卫星，卫星载有能工作在两种不同红外波段的红外望远镜和动能碰撞敏感器，具有很高的作战范围和实战能力。美国正在全力研制新一代导弹预警卫星——"天基红外系统"，来取代国防支援计划，其目的是为导弹预警、导弹防御、技术情报和战争形势分析服务。该系统可同时探测来袭的战略导弹和战术导弹。"天基红外

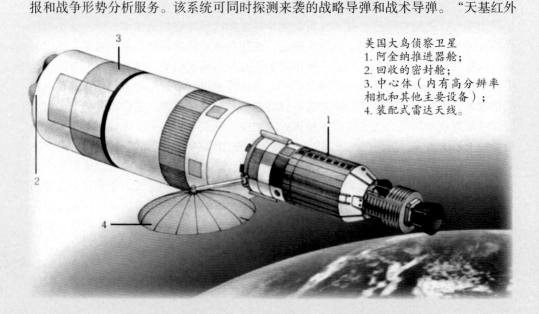

美国大鸟侦察卫星
1. 阿金纳推进器舱；
2. 回收的密封舱；
3. 中心体（内有高分辨率相机和其他主要设备）；
4. 装配式雷达天线。

系统"由高轨道和低轨道两大部分组成，高轨道部分由5颗静止轨道卫星(其中1颗为备份)、2颗大椭圆轨道卫星组成，主要跟踪导弹主动段；低轨道部分由20多颗左右的小卫星组成；它们能跟踪导弹发射后的全过程，而不只在导弹发射的"热推进阶段"(主动段)跟踪，可有效地为导弹防御系统提供精确的瞄准数据。据悉，"天基红外系统"的扫描速度和灵敏度比"国防支援计划"高10倍，能有效地增强探测战术导弹的能力，提供全球范围内的全天候监测。

美国导弹预警卫星

海洋监视卫星

海洋监视卫星是用来监视海上舰只和潜艇活动，侦察舰艇上雷达信号和无线电通信的侦察卫星。用于探测、识别、跟踪、定位和监视全球海面舰艇和水下潜艇活动，它能提供舰船之间、舰岸之间的通信，是20世纪70年代发展起来的十分先进的卫星技术。由于它所覆盖的海域广阔，探测目标多而且是活动的，所以它的轨道较高，并且多采用多星组网体制，以保证连续监视。海洋监视卫星分为电子型和雷达型两类，它是军事预警和侦察卫星发展的一个重要分支。

海洋监视卫星问世以来，广泛用于发现和跟踪海上军用舰船，探测海浪的高度、海流强度和风向、海面风速、海水温度和含盐量等数据，都是极为宝贵的军事情报。苏联和美国都先后发射了这种卫星。

世界上第一颗海洋监视卫星是苏联于1967年12月27日发射的"宇宙"198号试验卫星。苏联的海洋监视卫星自1973年后进入实用阶段。

美国从1971年12月开始发射"一箭四星"的试验性电子侦察型海洋监视卫星。1976年4月发射正式使用的第一组"白云"号电子侦察型海洋监视卫星；1977年和1980年又各发射第二、第三组。这三组卫星的轨道面互相间隔120°，组网工作。后来发射的卫星都用作替补失效的卫星。每颗卫星重约1000千克。苏联从1967年底开始发射雷达型海洋监视卫星；从1974年开始发射电子侦察型海洋监视卫星。这两类侦察卫星均混编在"宇宙"号卫星系列中。

世界上典型的卫星海洋目标监视系统是美国的"白云(White Cloud)"系统。该系统于20世纪60年代末开始建设，到1995年发射了最后一组卫星，共发展了三代"白云"系列电子型海洋监视卫星。"白云"系统每个星座均由1颗主卫星和3颗子卫星(SSU)组成。其中，主卫星主要利用各种侦察手段来获取情报，子卫星则装有射频天线，通过

射频天线测定的电子信号到达时间，来
计算出精确的信号发射源距离和方位。

各种设备的改进和增加在带来系统
性能提升的同时，使得三代"白云"系
统卫星在重量和体积上有了较大的增加。
其中，第三代"白云"系统主卫星重达
7000千克，前两代的主卫星重量仅600千
克；第三代系统的子卫星重量达到了300
千克，远超过前两代子卫星45千克的重

美国白云海洋监视卫星

量。随着重量和体积的增加，第三代"白云"系统卫星的功能密度更高，技术性能更
强，使海洋目标监视系统的整体性能也大大增强了。

现代海洋监视卫星采用多星组网技术、元器件集成化技术、卫星遥感器技术等先
进技术。

核爆探测卫星

20世纪60年代初，美国国防部为监视和掌握在大气层和外层空间进行核试验的情
况，曾研制了一种名为"维拉"的核爆探测卫星。这种西班牙语为"监督者"的卫星
载有红外、紫外、X射线等多种探测器，可以掌握世界各国进行核试验的情况，了解其
核武器的杀伤破坏性能等重要情报，如爆炸的时间、地点、威力等。据有关资料，美
国共发射了12颗核爆探测卫星。

几十年来，美、苏/俄两个航天大国在间谍卫星上展开了一场竞赛，苏联自第一颗
间谍卫星"天顶"号升空以来，共发射了上千
颗间谍卫星，在间谍卫星研制领域，甚至一度
比美国更胜一筹。但是，随着苏联的解体，美
国的间谍卫星技术大大领先于俄罗斯。为了达
到争霸世界的目的，美国不惜耗费巨资发射间
谍卫星。据有资料称，美国花在太空间谍战方
面的经费每年都达50亿美元以上。

在今天遨游太空的间谍卫星中，美国的间
谍卫星无论数量还是质量都堪称世界一流，这
些不同的卫星各有用途，可以相互弥补盲区。
可以说，今日的美国已经在全球建立起一个全
天候、全天时的太空间谍卫星网。

据预测，在未来的发展中，侦察卫星将采
用各种太空隐形技术，以增强抗核爆炸和其他
太空武器破坏与摧毁的能力。

试验中的天顶 2 号卫星

三、其他各类军用航天器

军用通信卫星

通信卫星具有迅速、准确、保密、不间断的优点，给现代战争带来了划时代意义的革命。随着1994年美国空军第一颗"军事星"发射升空，美国建立一个在核战争条件下能发挥作用的高可靠性战略和战术卫星通信系统计划正式启动。据来自有关方面的信息，美国还将发射多颗这类卫星，用于替换国防卫星通信系统卫星，据说，这种卫星即便是在核大战的条件下，也能为部队提供抗干扰和防窃听的通信联系。

据有关资料，在1991年的海湾战争中，多国部队共动用了15颗通信卫星用于军事通信联系，这些卫星使伞兵降落后，只需5分钟就能与指挥中心进行联络。面对美国咄咄逼人的态势，苏联自然也不甘落后，相继发射了"虹"、"地平线"、"荧光屏"等多种通信卫星。

军事通信卫星在现代战争中的上佳表现已经引起了广泛关注。据预测，未来军事通信卫星将朝着高频段、抗核辐射的方向发展，以解决如何使天线波束变窄、地面设备小型化、抗干扰、防电磁脉冲以及核辐射等难题，使通信卫星在未来战争中的生存能力得到明显加强。

美国目前在轨服务的军用通信卫星系统是大容量的国防卫星通信系统。该系统具有很强的抗干扰特性、隐蔽性和在核战情况下的生存能力。为现代战争对军事卫星通信系统的需求，2002年9月，美国成立了转型通信办公室，来协调国防部、情报部门以及航空航天局通信系统的发展，旨在2020年左右建立一个天基通信网络传输结构，以满足信息时代战争对互连互通、快速准确信息传输的需求。据有关资料，目前在轨服务的国防卫星通信系统很快将由性能更加先进的系统取代。

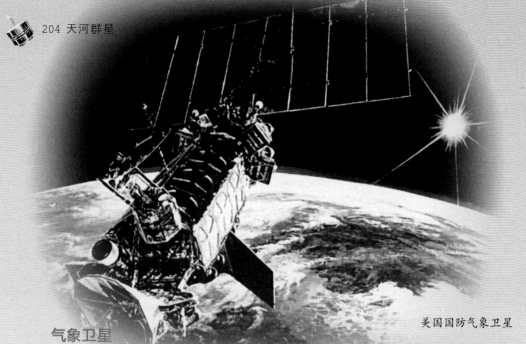

美国国防气象卫星

气象卫星

到目前为止，美国的"国防气象卫星计划"已经发射30多颗各类气象卫星，可以说，如果没有"国防气象卫星计划"卫星提供的气象资料，美军的全球作战能力将会受到极大影响。据有关资料，在北约对南联盟空袭中，动用了至少包括6颗民用气象卫星在内的10多颗气象卫星，其中，美国的布洛克5D-3气象卫星，是目前世界上性能最为先进的气象卫星，它载有8台气象遥感器，由于采用了许多新技术，大大提高了夜间对云相、低云以及海面温度和降水的探测精度。

美国为了保持其争霸世界的野心，要求各项科学技术必须始终保持领先于其他国家10~20年的时间，据称，继"布洛克"5D-3气象卫星后，美国又对"国防气象卫星计划"提出了新的设想，这项设想包括未来的气象卫星将携带激光雷达等主动探测仪器，并具有机动能力和具有对抗各种激光、核爆等各类武器的能力。此外，其保密性也将大大加强。

测绘卫星

为了加强对作战地区地形的了解，特别是在以远距离精密打击为主要特征的现代战争中，携带GPS的各类导弹，必须借助详细的地图才能发挥作用，因此，测绘卫星便应运而生。美国陆、海、空三军自1964年开始发射"西科尔"测绘卫星以来，至今已相继有几十颗测绘卫星升空，这些卫星为美国的军事行动提供了大量的精密地图，正是利用这些地图，才使美国在近几年来的局部战争中，不需要像在越南战争中那样，进行"地毯式"轰炸，而代之以"手术刀"式的轰炸。

除上述直接用于军事目的的卫星外，在现代战争中，还有各类通信卫星、气象卫星和导航卫星在需要的时候将直接或间接地为军事服务。比如，美国的GPS已经成为现代战争中不可缺少的重要组成部分，据有关资料，在北约对南联盟空袭中，装备上GPS系统的导弹，就像长了眼睛一样，大大提高了命中率。以美国为首的北约仅用1~2枚导弹就炸毁南联盟境内的一些大桥，这些导弹就是使用了GPS系统，可见导航卫星在战争中的作用。

据悉，美国目前正在开发太空进攻武器，建立空间攻防系统。

航天技术首先是为军事应用而出现和发展的，载人航天也不例外。纵观今日的载人航天飞行，无论是空间站还是航天飞机，其大部分飞行都带有军事目的。因此，与各类军事卫星在现代战争中发挥重要作用一样，空间站、航天飞机、空天飞机也同样要被称为太空武器，它们也将在未来战争中扮演重要角色。

空间站的军事活动主要包括施放军事载荷，实施军事侦察、地面目标识别、定标、拍摄，利用空间站或航天飞机充当太空指挥所，必要情况下，安装武器系统的空间站还可以对敌对目标进行攻击。苏/俄不仅早期的载人飞船大部分航天员是军人，而且在后来的空间站上，一直有苏/俄的军人在站上从事以对地观测和"天战"为主要内容的军事活动。

"礼炮-6"号和"礼炮-7"号空间站在轨工作期间，共运回地面1187千克物资，其中胶卷达501千克。可见，侦察监视是苏/俄空间站上航天员的一项重要工作。据外电报道，苏联利用"礼炮-7"号空间站，拍摄了中苏、中蒙、中印等中国边境地区和中国全部领土和领海。苏联航天员在"礼炮-7"号上曾进行空间反潜探测系统试验，该系统利用生物发光现象来探测潜艇的活动。

1987年6月的一天，"和平"号正在轨道上慢慢悠悠地飞着，突然，美国的一座

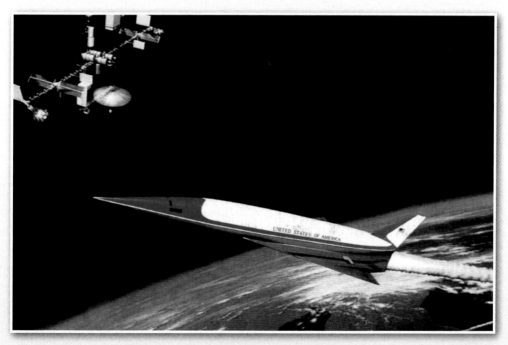

空天飞机

地面监测站发现，"和平"号空间站里射出了一道强大的激光束，只见这道激光束迅速瞄准了苏联发射的一枚洲际导弹，并且长时间地跟踪着这枚导弹。顿时，五角大楼一片哗然。

"和平"号上拍摄的照片地面分辨率已达6米，海湾战争期间，"和平"号空间站内的两名航天员拍摄了伊拉克侵占科威特地区以及多国部队兵力部署情况的照片，照片上机场、建筑物等清晰可见。飞机的起降情况一目了然。在一次有叙利亚航天员参加的飞行中，这位叙利亚人竟从"和平"号拍摄到的叙利亚大马士革的照片上认出了自家的房子。

在空间站里进行的军事行动表明，人在太空军事中的作用，是迄今为止任何最先进的智能机器所无法比拟的。空间站与卫星相比具有补给能力，航天员还可以随时维护和对故障进行检查维修，可以较长时间使用，克服了卫星因局部的失灵而丧失全部功效的弊端。尽管建立空间站一次性投资巨大，且技术难度大，但从长远的观点和发展趋势看，建立一个可供人长期活动的空间站，对现代战争具有重要意义。

与空间站一样，航天飞机和空天飞机在太空中都有着十分重要的军事作用，它不仅是一般的太空交通和运输工具，还是现代战争中的重要武器，第一，它可以被用来发射一系列军用卫星或其他太空武器装备。第二，航天飞机和空天飞机本身就是性能极其优越的太空侦察机，与短期的空间站没有什么差别。航天飞机和空天飞机上携带的高分辨率的侦察相机，可以清楚地发现地球上的大部分军事目标。还可以随时进行机动变轨飞行，对地面进行照相和监听。第三，如果安装上武器装备，航天飞机和空天飞机可以成为一种非常具有攻击力的太空作战飞机，它可以在45分钟之内，飞抵地球的任何地方，把核弹投向指定的地点。第四，这种飞机还可以摧毁在近地轨道上运行的卫星，或者干脆把它"活捉"回来。因此，航天飞机和空天飞机作为具有极大潜力的太空武器将成为未来战争的重要武器。

美国、苏联都已经有了自己的航天飞机，美国的航天飞机已于20世纪80年代开始服役，而苏联的航天飞机"暴风雪"号只是进行了试飞。美国共研制5架航天飞机，它们是"哥伦比亚"号、"挑战者号"、"发现号"、"奋进号"、"亚特兰蒂斯号"，"挑战者号"于20世纪80年代的一次飞行中失事，目前尚存4架，苏联的"暴风雪"号1988年11月试飞成功后，一直没有进行正式的太空飞行。

美国的航天飞机即将退出历史舞台，而更加机动和经济的空天飞机已经试飞成功。由于空天飞机把洲际导弹的快速反应速度与轰炸机的灵活性和返回性有机结合起来，几乎具有所有航天器的优势和轰炸机的优势，且具有比航天飞机还优越的性能和可以快速再次起飞准备、低廉的费用等优势，可以相信，它将成为未来战争的主角。

据称，雄心勃勃的欧洲空间局和日本也在研制自己的航天飞机和空天飞机，他们决心与美国比个高低。

美国天基红外预警系统卫星

四、新军事理论的变革

各类军用航天器特别是导航定位卫星的出现，从根本上改变了现代高技术战争的模式，对战争进程和结局具有决定性影响，引发武装力量结构、作战理论以及作战模式发生重大变革，卫星导航系统作为新世纪世界军事革命的重要手段，将给现代战争带来革命性影响。

导航定位卫星因其巨大的军事应用价值而首先被军事家们推崇，首先被用在为弹道导弹、巡航导弹、空地导弹、制导炸弹等各种精确制导武器导航，从而使武器制导精度大大提高。卫星导航还可以用于布雷、扫雷、目标截获、近空支援、协调轰炸、搜索与营救、无人侦察机的控制与回收以及军用地图快速绘制等。同时，卫星导航还可以提高多兵种协同作战能力。

美国为保持其独家利用卫星导航系统的军事优势，提出了导弹战的战略方针。其内容在战时包括三个方面：对战区内抑制民用型号，拒绝敌方使用其所有有用的导航功能，确保本方使用；提高反干扰、反欺骗能力和抗摧毁能力，并已开发出军码在民用码受干扰和关闭时的独立捕获的自我生存能力；增加星间链路和提高卫星原子钟频率长期稳定度，以增加星座自主导航能力。

GPS已在海湾战争、沙漠之狐行动、科索沃战争、阿富汗战争和美国对伊拉克的战争中的成功运用，充分显示出了神奇的威力，对战争的进程和发展起到了决定性的作

用，演绎了现代战争新的作战理念。

在海湾战争中，为达到既炸毁伊拉克的发电站又不破坏附近的堤坝和居民设施的目的，美军将发电站的图像信息装定到"斯拉姆"导弹的预先发射数据计算机中，攻击机在起飞之前，就使导弹接收到GPS的时钟数据，当A-6攻击机飞临发电站的上空时，飞行员按下了发射按钮，此时，"斯拉姆"导弹已迅速地截获了GPS卫星信号，在它的引导下，导弹拖着白烟向目标飞去。当导弹距攻击目标大约有一分钟的飞行时间时，导弹前端的红外成像引导头开始工作，将目标的视频图像通过导弹上的数据链路，传送到担负末端遥控任务的A-7的座舱显示屏幕上，由飞行员选定攻击目标的位置，再将攻击的目标指令传给"斯拉姆"导弹，结果，第一枚导弹准确命中了发电站正面的一堵护墙，将墙面炸开了一个大窟隆，接着，第二枚导弹又从刚刚炸开的大窟隆中钻了进去，顷刻之间，这座发电站变成了一片废墟。

据有关报道称，在海湾战争期间，多国部队的200多架装备了GPS的轰炸机、攻击机，在实施轰炸时都能准确确定自己的位置，因而，大大提高了攻击的命中率，使轰炸目标的误差均保持在16米以内。GPS能为现代步兵精确定位测距，为地面部队实施空中和炮火支援提供目标数据，尤其是在夜间、大雾暴雨等恶劣的环境中作战，它能保证部队不迷失方向，正因为如此，GPS在海湾战争中深受欢迎。

据有关报道，在美国对科索沃的战争中，美军F-117战机在南联盟被击中后，飞行员就向空中发出高频无线电求救信号，当飞行员从座舱弹出的一瞬间，就被包括全球定位卫星系统在内的一些感应装置跟踪，高悬于太空的卫星迅速将有关信息传送给北约军事指挥部，营救小组仅用20分钟的准备，就登上了"黑鹰"直升机，在南联盟军队的眼皮底下将飞行员救走。

利用GPS可以进行"智能导航"，GPS接收机提供的自纠错导航情报，可以使现有的地形扫描技术更加完善，美国利用GPS技术改进了"战斧"式巡航导弹，大大增加了导弹对地面目标的识别能力。

伊拉克战争中，又一次演绎了以电子战、信息战及远距离精确打击为主要内容的新军事理论。据有关资料，在美、英联军对伊拉克的战争中，美军发射的导弹90%以上都是精确制导炸弹，利用精确制导炸弹，美军又一次演绎了远距离精确打击的新的作战理念，在GPS的帮助下，美军准确锁定需要攻击的目标，其打击精度比海湾战争更高一筹。美军还利用GPS使司令部与战地部队保持密切的联系，实时地进行作战指挥。另外，美军为参战士兵每人都配备了GPS接收和发射装置，通过它寻找失踪人员和超出正常通信范围内的士兵的下落，为及时救援提供了保证。

GPS在现代战争中的上佳表现，已经成为天战、远程作战、导弹战、电子战、信息战的重要武器，引起了各国军事部门的广泛关注。在未来的战争和防务中，没有导航定位卫星系统其结果是不可想象的。在未来敌我双方对控制导航作战权的斗争将发展成为导航战，谁拥有先进的导航卫星系统，谁就在很大程度上掌握了未来战场的主动权。

五、演绎新概念的太空大战

1999年，美国提出了部署美国国家弹道导弹防御系统，这实际上是新的"星球大战"计划。太空武器的出现，使太空战场的形成变为可能。

反卫星武器用于实战。目前，无论美国还是俄罗斯，都在积极研究反卫星武器。在新世纪，卫星的"克星"将大量出现。据说，美国和俄罗斯的激光反卫星武器都进入了试验阶段，并取得了成功。

精确制导武器成为"战神"。未来太空大战，将继续演绎远距离精确打击新概念。这种概念已经在20世纪90年代北约对巴尔干地区的战争中得到了演绎和验证。在那场战争的首轮轰炸中，都是距目标2400千米距离发射由卫星制导的巡航导弹，这些精密制导导弹除个别偏离目标外，大部分都是指哪打哪。事实从另一个侧面证明现代战争对卫星的依赖越来越大，未来太空大战越来越残酷。尽管在海湾战争中精确制导武器刚刚开始在战场上出现，仅有8%，但是时过几年，在南联盟，精确制导武器几乎已达100%，在发射的15000枚导弹和制导炸弹中，仅有15枚因技术故障而失效。未来的精确制导武器完全不受红外成像或激光制导系统的技术限制，白天和夜间都能使用，全部用GPS制导。

天基激光武器

隐形巡航导弹乃至隐形弹道导弹预计将在未来10年内出现。目前，美国的研究人员还没等这种导弹出现在战场上，就已经在研究对付这种导弹的方法了。

全方位的立体战争。未来的太空大战，战场非常广阔，陆地、海洋、空中和太空到处都是战场。在这些战场中首要的是太空战场，太空战场将成为战争的中枢，直接决定和控制着战争的胜负。而传统的陆、海、空战场的作战行动，也不是原来意义上的作战模式，它将在太空战场的指挥下进行，将依赖太空战场的支援和保障。太空战场所独有的"态势"优势和技术优势，使其成为未来战争的主宰。谁赢得了太空，谁就赢得了未来战争。

未来的太空战场非常广阔，是整个浩瀚的太空。在一定时期内，太空战场主要是指距地球表面120~4000千米的近地空间。在空间，军用航天器自由自在地飞翔，不受国界和领空的限制，也不受地形和气候的限制，可以在轨道机动能力允许的范围内作全天候、全方位的任意行动，在如此广阔的战争舞台上，战争将会变得更加波澜壮阔，残酷无情。太空战场的出现，使武装力量结构发生了深刻的变化，将孕育出一个新的军种——"天军"。"天军"将成为继陆、海、空三军后的第四军种登上战争舞台。太空大战，不仅将使原来的战略战术、作战指挥等发生变化，还将引起战争观念的变革。

武器系统高度技术化和智能化。太空武器普遍采用了最先进的计算机技术、精确制导技术、发动机技术和新的多种多样的杀伤与破坏技术等。

作战部队十分精干。未来战争将是很少人员参加，甚至无人参加的太空武器的直接对抗战，根本不需要那么多天军，交战双方甚至不见面，只有武器在碰撞。并且，战争再也不会是持久战，作战行动十分短促，十分激烈。高技术化的太空武器装备，具有速度快、射程远、精度高、威力大等突出特点。如高能激光武器可以以光速射向目标，因此，使得一场太空战争或一次太空作战行动可以在一瞬间完成。

各类太空武器显神通。未来的太空大战，按作战领域可以分为"天天对抗战"、"天地对抗战"；按使用的太空武器可分卫星战、导弹战、动能武器战；按作战行动目的和特征可以分为太空保障战、太空封锁战、太空破袭战、太空防御战、太空突击战和太空电子战等。

各种间谍卫星睁着眼睛，警惕地搜索着目标，将侦察到的情况进行核对后，及时传回地面指挥所，指挥人员迅速将情况通过通信卫星发到最高指挥官那里，指挥官命令另外的间谍卫星对这些情况进行核对，一切准确无误后，命令反卫星导弹和反弹道导弹发射，这一过程往往是在几分钟内完成。

未来太空战争中，敌对双方的航天发射场都在被严密的监视之下，当发现敌方进行航天发射的时候，天基武器就对刚刚起飞的航天器进行拦截，使其"胎死腹中"，以阻止敌方向太空战场增援，孤立敌太空部队。同时，敌对双方运行于太空中的卫星、空间站、太空港等都成为攻击的目标。于是，反卫星作战和反空间站作战开始了，这种作战可能是天天的也可能是地对天的。而在这个过程中，拦截卫星、反卫星导弹等武器有了用场。与此同时，交战的双方都使用天基激光武器，对进入或经过太空战场的敌航天器进行封锁打击。

中性粒子束武器

"太空精灵" 小卫星

  国际航天界一般将发射重量在1000千克以下的卫星称为小卫星，100千克以下称为微小卫星。

  20世纪70年代以前，特别是航天器发射初期的小卫星，由于其有效载荷功能较弱，大都为传统简单小卫星，其主要作用是为研制新型航天器进行技术演示，而近20年来发展起来的小卫星，由于功能密度高，技术性能强，被称为现代高性能小卫星，今天人们所说的小卫星一般即指此类卫星。

  现代小卫星具有体积小、重量轻、功能密度高、发射方式灵活、研制发射成本低、研制周期短等许多大卫星所无法比拟的优点，而成为航天器中的重要卫星品种。

  进入20世纪80年代以来，随着微电子、计算机、微型光学、微机械、高精度机械加工、新材料、新工艺等现代科学技术的发展，使实现卫星小型化的目标成为可能，同时，也使小卫星的功能更强大。

  现代小卫星走俏太空是航天技术发展的必然。随着空间技术的发展，现代小卫星正在成为一颗璀璨的明星，辉映在浩瀚的太空，给信息社会插上腾飞的翅膀。毫无疑问，在未来的发展中，现代小卫星将将作为一个重要的卫星品种，活跃在世界航天的舞台上，极大地促进社会进步和人类的生活。

一、现代小卫星风靡全球

进入 20 世纪 80 年代特别是 90 年代以来，当今世界航天器技术的发展似乎又回到了之初所走过的道路，卫星小型化已成为航天器研制中的一个不容忽视的趋势。以美国为代表的政府部门提出了"快、好、省"的小卫星研制思路，众多航天工业部门纷纷提出新的小卫星公用平台，大学卫星也从教学与实验出发，成为小卫星发展的重要推动力量。目前，世界上已有十多个国家涉足小卫星研制领域，美国、俄罗斯、法国、英国、意大利都有了自己的小卫星平台或星座。中国、印度、韩国、瑞典、丹麦、巴西、西班牙、以色列等许多发展中国家也都以研制小卫星为切入点，带动航天技术的发展。而在众多向小卫星技术领域挺进的高等学府里，英国萨瑞大学、美国犹他州立大学、德国柏林大学和不来梅大学则是大学研制小卫星的排头兵。

小卫星与大卫星相比，研制成本低，风险小，研制周期短。由于大卫星内部结构非常复杂，使其可靠性大打折扣，而增强可靠性必然花费大量的资金，使卫星研制成本增大，同时，如果卫星发射和在轨运行发生故障，还将造成巨大的损失，因此，从这个角度来讲，研制大卫星风险太大。1998 年 8 月 12 日，美国卡纳维拉尔角空军基地，由于"大力神"4A 火箭爆炸，使一颗价值 10 亿美元的军事侦察卫星化为灰烬，就是一个例证。而小卫星则不然。小卫星的内部结构相对简单，研制成本相对较低，即使是发射失败或者卫星丧失功能，损失也相对较小。

大型地球静止轨道通信卫星，不仅需要大功率地面站，而且还具有通信延迟大等不足，这些不仅给经营者在投资上带来压力，而且也给用户带来诸多不便。近几年来风起云涌的移动双向个人通信市场，推动着小卫星市场的飞速发展，由小卫星星座构成的通信卫星网不仅可实现全球直接通信，使手机成为名副其实的全球通，而且具有手持机发射功率低，延迟小，没有死角等独有的优势，在现实生活中发挥着越来越大的作用。如利用小卫星群组成星座实现个人手持机双向移动通信，不仅可以实现话音通信，而且还可以传送数据、传真、图像、寻呼等。

现代小卫星对于进行局部突发战争的军事侦察也具有得天独厚的优势。进入 20 世纪 90 年代，开发投资少见效快的小卫星，已成为航天大国实现军事航天战略的一条最现实的策略，同时，随着现代科学技术的发展，小型战术成像卫星的地面分辨率已可以达到 1 米以内，覆盖几百千米的宽度，相当于过去的大侦察卫星，而重量却只有 200~300 千克，寿命可达 5 年。同时，为降低研制发射经费，一些国家把退役火箭改装用来发射小卫星，试图把小卫星的发射费用降低到每千克几千至一万美元以下，使一些卫星制造商们有能力杀进小卫星发射市场以执牛耳。

利用小卫星进行技术演示和科学实验具有经济适用等优点。1992 年美国发射的小型探险者 –1 卫星，虽然重量只有 156 千克，但它载有 4 台宇宙射线监测仪，经过探测和对结果的分析，发现了地球外层存在一条新辐射带，这一重大发现，可以和 1958 年美国第一颗卫星发现地球辐射带相媲美。美国于1976年6~7月间发射的"海盗"1号和"海盗"2号火星探测器虽然也取得了成功，但耗资30多亿美元（1997年价格）。而1997年美国"火星探路者"号探测器只用了2.5亿美元，"火星探路者"尽管重量轻，但所携带的仪器却相当先进，探测到的科学成果也相当丰富。

现代小卫星技术的发展，使一度降温了的行星探测又火了起来。1998年1月6日美国宇航局发射了它在"阿波罗"计划结束后的第一个月球探测器－"月球勘探者"，其重返月球计划由此拉开序幕。重296千克的"月球勘探者"，仅耗资6300万美元，却携带了5种探测仪器，在环绕月球运行过程中，对月球表面进行了全面勘测，取得了多项探测成果，发现月球存在大量的水冰，就是它此次月球之行的最大收获。

具有典型现代小卫星特征的"克莱门汀"月球探测器，重量仅有233千克，研制周期22个月，研制发射费用仅8000万美元，与其他具有类似功能的探测器相比，重量和体积均减少二分之一到三分之二，研制周期缩短三分之二到四分之三，成本下降四分之三到五分之四，而探测技术却相当先进，取得了大量的探测成果。

现代小卫星因其独有的特点，使其不仅可以在通信、遥感和天文等各个领域发挥作用，还可以用来进行新技术试验，并且可以在不同的轨道上组成小卫星星座，从而实现单颗卫星无法实现的功能。

美国克莱门汀月球探测器

二、铱星系统创造的神话

进入20世纪80年代，现代卫星通信的浪潮，把人类带进了一全新的天地，然而，由于受通信卫星数量的限制，加之需要地面站进行中继的方法，使通信产生了死角。为改变这种不足，迅速占领移动通信市场，1987年，美国摩托罗拉公司针对传统的地面蜂窝电话网的局限，提出了耗资50亿美元建立小卫星星座，组成覆盖全球的个人数字化移动通信系统，使手机和呼机通信不再有死角的方案。由于该方案采用77颗卫星在7个极地圆轨道上运行，其分布情况类似于铱原子外层电子分布，从而称为"铱"系统。后来星座构造改为66颗卫星运行在6个极地圆轨道上，但仍以"铱"系统命名。

铱星系统由空间段和地面段组成，空间段是由66颗卫星组成的星座部分，地面段包括系统控制中心、关口站和用户中端。它的先进和复杂之处在于该系统采用了星上处理和星间链路技术，这一技术的应用，相当于把地面蜂窝网倒置于空中，在地球的外层空间织成了一张卫星包裹的网，卫星与与设在地面的关口站连接，而且每颗卫星通过无线电传输与其他4颗铱星相联系，因此，铱星系统可以独立成网而不必依赖地面系统，解决了卫星网与地面蜂窝网之间以及蜂窝网与蜂窝网之间的漫游问题，从而组成全球通信网络。

这套通信系统可以跨越时空的限制，只要你在这个地球上，不论你在高山、大洋、还是在南、北极，随时随地都能利用卫星进行通话。专门为铱星系统而制造的手机，集天线、接收机、发射机、数字解码器于一体，能够很好地适应海上探险、极地考察、登山及偏远地区通信的特殊需要，科技含量极高。按着铱星公司最初的设想，铱星系统的市场定位是该系统将在国际旅游、工业开发、商务活动、政府机构、紧急救援等领域为用户提供电话、讯呼、传真、数据等服务。

铱星系统计划经过一番紧锣密鼓的准备后，与1992年正式进入工程实施阶段。1997年每颗重达680千克，设计寿命为5~8年的铱星，开始用美国"德尔它"火箭、俄罗斯"质子号"和中国的"长征"火箭发射组网。到1998年8月17日，美国"德尔它"火箭把最后5颗铱星送入轨道，至此，66颗工作星和6颗备份星全部成功入轨，铱星星座部署完毕。1998年11月20日，历时11年，总投资57亿美元的铱星系统正式投入商业运营。

据有关资料，铱星系统是世界上第一个投入使用的大型低地球轨道（LEO）移动通信卫星系统，在目前已经进入实质性工程建设的几个移动通信卫星星座计划中，技术最先进、投资最多、规模最大、建设速度最快，堪称是"明星"，无论技术上还是速度上，都占据了市场的先机。所以铱星系统曾被美国科技界评为1998年电子技术大奖，被美国《大众科学》杂志评为最佳产品之一，被誉为独一无二的新型卫星电话系统，在1998年底，由我国两院院士评选的年度世界十大科技成就中名列第二。

铱星系统的成功之处在于：首先，铱星业务的开通，证明了LEO星座可以用于全球个人移动通信，使任何人、在任何地方、任何时间、与任何人、采用任何方式都可以进行通信，实现了通信终端手持化，个人通信全球化。铱星电话的通话成功率和话音质量，已经可以和蜂窝电话相媲美。其次，铱星公司在很短的时间内，就建成了迄今为止最大的、功能最为完整的卫星星座，且运行和管理都是成功的，为今后大规模的星座的构建和管理开辟了道路。另外，"铱"手机为用户带来了其他通信手段无法比拟的通信效果，显示出其极大的优越性。如1999年8月18日，土耳其发生强烈地震后，铱星公司为灾区送去25部铱星电话，交由救援军方使用，并免交通话费。在此后的9月21日我国台湾省发生强烈地震后，铱星公司又向台湾地震灾区赠送20部电话，供救援人员使用。震后的灾区，通信设施遭受严重的破坏，而这些铱星电话却不受影响地发挥了重要作用。在科索沃战争中，难民和军人都曾使用过它，我国赴南极和北极科学考察队员，正是依靠铱星电话，日夜不停地及时把情况报告给祖国。铱星电话的成功使用，进一步证明当通话者处在地面蜂窝网覆盖范围之外，或地面通信网遭受损毁的情况下，卫星移动通信特别是LEO星座的卫星移动通信有着不可比拟的生命力。

铱星通信系统业务的开通，是人类空间技术和通信技术上取得的一个划时代的成就。与铱星通信系统几乎同时部署的还有由48颗卫星组成的"全球星"通信系统。

以铱星通信系统和"全球星"通信系统为代表的小卫星星座通信系统，无疑是人类卫星通信事业划时代的革命。

现代小卫星的应用，美国走在了世界的前面，已进入商业应用阶段。目前，美国正在研制10千克级的空间探测小卫星，用一枚火箭就可以发射100颗这种卫星，把它们分别放在不同的轨道上组成磁层星座，从而能同时测量地球磁层和等离子的相互作用。欧洲的小卫星计划也十分活跃。欧洲研制的小卫星主要用于对全球海洋地貌进行长期监测和研究恒星内部的结构以及对太阳系以外的空间进行探测活动。

综上所述，在21世纪，现代小卫星必将在科学研究、经济建设、国防建设等现代社会的方方面面，发挥出越来越大的作用。

三、中国小卫星进军太空

与其他航天国家一样，我国发展空间技术也是从小卫星开始起步的，经过几十年的发展，如今我国在小卫星研制领域取得了令人注目的成就。

1970年4月24日，我国成功发射了第一颗卫星东方红一号。东方红一号卫星重量为173千克，是一颗小卫星。一年后，1971年3月又发射了第二颗小卫星实践一号，重量为221千克，这颗小卫星在太空中成功运行了8年，取得了大量的科学研究数据。1981年9月用一枚火箭同时成功发射了三颗小卫星。1990年我国在发射风云一号气象卫星的同时，又搭载发射了两颗小卫星。1994年2月，我国运用成熟技术，以较快的速度研制发射了实践四号小卫星，这颗重396千克的卫星，由长征三号火箭搭载发射，卫星在轨道上进行了空间辐射环境的探测与研究，并进行了砷化镓太阳电池和镍氢电池等试验。

实践五号现代卫星

在世界小卫星蓬勃发展的大潮推动下，1996年8月，国防科工委下达了《关于科学实验小卫星立项的批复》，正式明确此卫星按"实践"系列命名为实践五号。实践五号卫星工程项目命名为"968"工程。

中国实践五号现代小卫星

1998年4月，实践五号完成了正检星研制工作，转入正样研制阶段。1998年10月，先后完成了正样星产品生产、交付、总装、质量特性试验、电测、验收级力学振动试验、真空热试验。至此，经历28个月的研制，实践五号卫星各项研制活动全部按要求完成。

1999年5月10日，实践五号卫星在太原卫星发射中心搭载发射升空。按照用户的要求，卫星设计寿命为3个月。

实践五号在轨工作期间，在进行了33次空间流体科学实验，还完成了在微重力条件下的多项科学试验，共获得12000多幅图像清晰、数据完整的图像。我国科学家第一次通过实践五号卫星的科学试验，实现了空间遥控操作。科学家在实践五号卫星上，共进行了30多种不同条件下的科学试验，获得了国际微重力流体力学领域的重大成果；进行了S波段数传发射机和大容量固态存储器试验，数据与传输图像达到满意效果，大容量存贮器工作正常，新技术验证试验获得全面成功，为我国航天器采用此新技术，积累了宝贵经验；卫星记录了大部分单粒子事件发生在南大西洋异常区，印证了外国同类试验的观察结果，进行了单粒子效应及其对策试验，取得了可喜成果。通过实践五号卫星，我国航天科技人员还对小卫星元器件等级选择、降低成本等进行了有益的探索。在完成了设计寿命后，实践五号卫星性能良好，又连续运行了半年，获得了更多的试验数据。

在超额完成了规定的科学试验任务的同时，实践五号小卫星研制过程中所采用的新的项目管理、集同工作的方式，为我国小卫星"好、快、省"研制探索了新途径。实践五号小卫星飞行成功的实践证明，卫星设计合理，技术先进，平台适应性很好，达到国际20世纪90年代先进水平，先后荣获国防科工委科学技术一等奖和国家科技进步二等奖。

在实践五号小卫星的基础上，我国已突破了集成化星务管理等四项关键技术，自主研制开发了第一代高性能小卫星公用平台CAST968。该平台不仅保证卫星的可靠性、灵活性，确保研制周期在24个月以内，还具有很强的可扩展能力，适用于单星发射、多星发射和搭载发射，该平台的建立，基本上可满足未来10年内我国对地观测、空间科学、通信导航、技术试验等领域发展的需要。目前，我国用CAST968平台研制发射了十多颗现代小卫星，书写了CAST968平台技术应用的新篇章。

海洋一号卫星

1997年6月，国防科工委下达了《关于海洋水色卫星立项研制的批复》，要求研制一颗装载一台水色扫描仪和一台CCD相机的海洋卫星，设计寿命为2年。

针对海洋卫星的特殊要求，海洋一号卫星在实践五号平台技术基础上进行了改进，增加了卫星变轨系统，从而扩展了CAST968平台应用领域。为降低卫星重量，在卫星方案设计时，充分考虑以软冗余和最少的硬件冗余进行设计；进一步推进集成化设计，在姿轨控、数传、配电等采用了新的集成设计方案；整星时钟采用软件时钟，代替专门的硬件时钟；采用8个姿态控制推力器，实现国内卫星用于姿态控制的最低推力器配置；太阳电池驱动器用1个带动2个太阳翼的方案，开创了我国卫星太阳翼驱

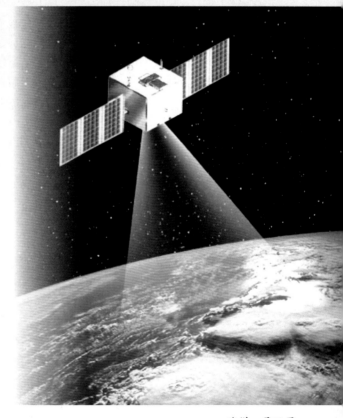

海洋一号卫星

动器驱动的先河。海洋一号卫星的成功使CAST968平台设计更加实用，多项新技术得到了充分考验。

海洋一号卫星寄托了几代海洋工作者的期盼，同时也凝聚了航天工作者的智慧和辛劳。海洋一号卫星结束了中国没有海洋卫星的历史，开创了中国海洋卫星遥感的新纪元，有利地推动了我国海洋科学研究与应用领域的发展。

探测一号、二号双星探测计划

2003年12月30日，我国探测一号卫星发射入轨，2004年7月25日探测二号卫星发射入轨，探测一号、二号卫星的发射成功，首开了我国和欧洲共同探测宇宙空间的先河，形成人类历史上第一次六点联合观测。

为开展地球空间探测，欧洲空间局实施了由4颗小卫星组成的"团星2"（Cluster 2）空间探测计划。我国科学家发现，这个计划有一个缺憾，就是不能对大范围的地球空间进行测量。于是，我国科学家提出实施探测一号、二号双星探测计划，与欧洲空间局的Cluster 2相配合，做到优势互补，在Cluster 2计划4颗卫星的基础上，形成地球空间的六点探测星座，成为21世纪初国际上最先进的地球空间探测计划。

探测一号、二号双星探测计划的两颗小卫星，运行于目前国际上地球空间探测卫星尚未覆盖的近地磁层两个重要活动活动区：近地赤道区和近地极区。两颗小卫星相配合，形成了有特色的双星星座计划。其主要优势是进行相互配合的星座式组合探测，适于探测磁层空间暴，这是国际上正在运行的卫星所不能取代的，可研究一些过去不能解决的关键科学问题。从而，分析发现由于太阳活动引起的、近地空间中的各种扰动活动（磁暴和亚暴等空间暴）的发生机制和发展变化规律，为人类进一步认识空间，更好地利用空间开拓新的道路。

探测一号、二号双星探测计划，包括一颗赤道小卫星和一颗极区小卫星。探测的区域为近赤道区和极区。探测一号卫星是赤道小卫星，其探测区域包括等离子体边界层，等离子体顶层，赤道环电流，内辐射带，外辐射带，向阳面磁层顶低纬边界层，磁尾及中性片区。探测二号卫星是极区小卫星，其探测的区域包括极光加速区，极隙区，高纬边界层。

探测任务需要给卫星带来的特殊要求：需要卫星对所探测空间的影响几乎为零；采用非常特殊的轨道，卫星要飞越近地空间轨道环境最恶劣的区域等。

卫星的组成：探测一号、二号卫星包括有效载荷和卫星平台服务系统两部分。卫星的有效载荷包括探测仪器、有效载荷公用系统部分；卫星平台服务系统由结构、姿态、热控、测控、星务管理、电源和总体电路七个分系统组成。

卫星的主要指标：两颗卫星每一颗入轨重量约330千克；卫星外形为直径为2.1米、高为1.57米的圆柱体，卫星运行轨道为大椭圆轨道，赤道卫星运行于近地点550千米，远地点为63781千米。极区卫星运行于近地点700千米，远地点39000千米。卫星采用自旋控制方式，卫星的电池阵采用硅太阳电池片镶嵌在卫星本体表面，总面积为6.33平方米。卫星寿命：赤道卫星大于18个月，极区卫星大于12个月。

探测一号卫星

　　赤道卫星携带的有效载荷包括磁通门磁强计、电子和电流仪、热离子分析仪、高能电子探测器、高能质子探测器、重离子探测器、电位主动控制仪、磁场波动分析仪。

　　极区卫星携带的有效载荷包括磁通门磁强计、电子和电流仪、低能离子探测器、中性原子成像仪、高能电子探测器、高能质子探测器、重离子探测器、电位主动控制仪、低频电磁波探测器。

　　上述仪器都是目前国际上最先进的仪器。特别是中性原子成像仪，可对环电流区、辐射带和近地等离子体片区粒子进行全球性的可视力化遥感，分辨这些区域粒子的时空变化。目前，国际上在轨运行的几颗地球空间探测卫星上，还没有这种先进的仪器。探测一号卫星上有效载荷数据的采集、数据管理与传输以及携带的8台仪器中的3台由中国科学院空间中心研制，其他5台由欧洲空间局协调8家欧洲科研机构研制。

　　我国地球空间双星探测计划共分为卫星、运载火箭、发射场、测控和应用5大系统。这5个系统都是新系统。星上仪器要求的磁环境、等电位和所受的辐射环境的水平远高于过去我国研制的卫星。运载火箭要求第三级要完成两次姿态控制、两次起旋动作，也是新技术。测控系统首次进行近7万千米的远程测控，应用系统首开了与欧洲空间局联合测试的先河，实现了我国科学探测卫星跟踪国际先进技术水平的跨越。这两颗卫星获取的科学数据接收由中科院空间中心密云接收站、上海天文台佘山站和欧洲空间局地面站共同完成。探测的成果将由中国和欧洲共同享有。实现了我国与欧洲空间局合作，共同进行磁层顶及其相应区域探测和提升我国卫星研制水平双赢的完美结局。

　　探测一号和探测二号卫星的发射成功，实现了我国空间技术的新突破。从卫星所实现的科学目标看，探测一号卫星是第一次专门为科学探测而量身定做的卫星，是我国卫星运行轨道距地球最远的卫星，卫星首次进入磁层外宇宙空间，探测尚未被认识的新东西，第一次将带电粒子与其所处的磁场同时探测，从而得到粒子更精细的分布情况，卫星所测量的空间带电粒子能谱范围，也是我国卫星领域迄今为止最宽的。

探测一号、二号卫星和地球空间双星探测计划的主要技术进步点有：与欧洲空间局的"团星-2"星座计划的四颗卫星相配合，在国际上首次实现了地球空间六点立体联合探测的星座系统；依靠国内力量在短时间内解决了磁洁净度和静电洁净度控制与测量问题，使我国第一次获得了分辨率1~2nT的磁场数据，在剩磁控制上达到了目前国际先进水平，在合适的条件与合适的轨道位置上，探测到了约1eV的电子，静电洁净度控制也达到目前国际先进水平；国内第一颗测控距离超过8万千米的卫星，进入国内卫星从未进入的空间区域；首次开展了低能离子、低能电子、磁场、低频电磁波和中性原子探测；以中方为主的探测仪器取得了多项国际首次观测结果；自主研制的低能离子、低频电磁波探测器达到国内领先、国际先进水平，与爱尔兰合作研制的中性原子成像仪达到国际领先水平。

从卫星研制技术本身看，实现了磁洁净度、表面电位洁净度和抗辐射关键技术的新突破。针对探测一号卫星位置高远，出现近200多分钟的长地影，对卫星远距离测控增加了难度和卫星一天两次穿越内外发射带中心强度区，对卫星抗辐射提出的很高的要求，研制单位不仅提高了卫星蓄电池容量，为保证温度，还进行了合理的热设计。同时，针对卫星表面等电位要求高的特点，在研制中采取了特殊的技术，使卫星表面的电阻率得到了有效的控制。

探测一号、二号卫星和"团星-2"星座计划的四颗卫星组成的星座，取得了丰硕的成果：首次发现太阳风中的空洞；首次在向阳面磁层顶区探测到分量磁场重联和行星际磁场北向时磁重联的证据；首次观测到分量重联与反平行重联分别在磁层项日下点附近和高纬同时发生；首次观测到完整的亚暴活动事件次序；观测到磁通量管由分量重联在低纬磁层顶成对产生，反向离开源区；首次探测到环电流区中性原子源的三维分布和带电粒子投掷角分布的双环结构；首次观测到由低频电磁波产生的辐射带能量电子损失事件；基于双星数据首次提出磁层亚暴"锋面"触发模型。

双星计划的开展，对于提高我国的国际地位具有重要意义。地球空间双星探测计划是我国第一次以自己的先进空间科学项目与发达国家开展的对等科技合作，彰显了我国的科技实力和综合国力。它的圆满成功，对于促进我国在空间技术领域的国际合作，提高我国在国际空间科学与技术界的地位和作用等，具有十分重要的意义。

双星计划的开展，对于提高我国的空间探测技术创新能力，推动我国空间物理探测和研究跨越式发展，增强我国的空间环境预报能力，形成我国的星地联合观测系统，提高我国高水平科学卫星的自主研制能力，推动我国科学卫星技术实现新的跨越，具有重要的推动作用。

双星计划的开展具有十分重要的科学意义。我国地球空间双星探测计划的目的是，通过先进的科学仪器，探测磁暴、磁层亚暴活动区的场和粒子的时空变化规律，研究其对太阳活动、行星际扰动的响应过程及对电离层和中高层环境的影响过程等，将在

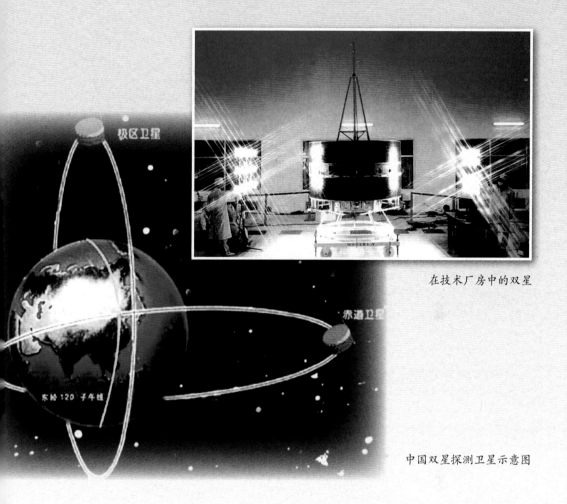

在技术厂房中的双星

中国双星探测卫星示意图

空间物理领域获得国际领先的创新性发现和成果，具有重大的科学意义。这一探测计划和相关的科学研究工作，将在国际上首次建立起地球空间环境的动态模式和物理预报方法，为空间活动的安全、空间军事防御以及人类生存环境的保护提供科学依据和对策，具有重大的应用价值。

探测一号卫星在轨工作45个月，延寿运行27个月；探测二号卫星工作42个月以上，延寿运行30个月。

探测卫星的发射和地球空间双星探测计划的实施，取得了许多原创性的科学发现，数据质量完好，欧洲及美国、日本等多个国家都已利用双星的科学数据开展研究并发表文章。该项目被我国两院院士评选为2004年中国十大科技进展项目之一。

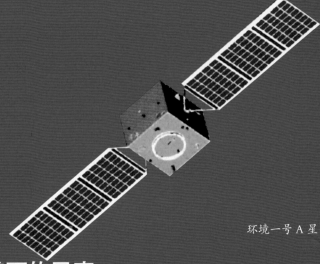

环境一号 A 星

四、环境一号，美丽的星座

    人类的活动带来了全球变暖、臭氧层遭到破坏、酸雨日甚、沙漠化加剧等一系列环境变化。这些变化反过来给工农业生产带来了损失，今天，随着空间技术的发展，利用航天遥感技术，保护地球环境的时代正在向我们走来。

    20世纪70年代初，世界上第一颗高分辨率对地观测卫星曾被美国命名为地球资源技术卫星，从这里就足以看出，瞄准地球资源的探测和开发，是遥感卫星发展的初衷。然而，随着历史的发展，这一目标在以后的20年里发生了根本性变化。在全球经济的飞速发展中，一些发达国家猛然清醒地意识到，高技术的发展，使资源变为世界性的财富，发达国家在借助其技术优势大量消耗发展中国家资源的情况下，带来了一系列环境问题，而环境带有很强的国际性，并不仅仅属于某一个局部地区和国家，任何区域性的环境变化，都可能给整个世界带来悲剧性的灾难。所以，卫星遥感在对资源探测的同时，进而发展到对环境问题特别是对人类生存环境的监测。全球环境变化研究业已经成为迄今规模最大，影响最为深远，涉及的学科最广，参与国家、研究机构和人员最多的国际性研究活动。

    利用遥感卫星图像，对温室效应与全球变暖、海平面上升、海洋污染、淡水资源、沙漠化、森林资源等进行监测，是20世纪后期世界空间遥感的主题。这一涉及几十个国家的宏伟工程，已投资几百亿美元，声势之大是空前的。在资源、环境及其动态决策方面的应用取得了举世公认的应用效果。

    利用航天遥感、遥测和遥监技术，建立环境监测系统，是近年来在国际上兴起的一门热门的产业。随着航天遥感技术的发展和应用，科学家发现，使用可见光和红外谱段的遥感器，每天观测地球两次，地球表面的70%以上资源、灾害和环境都可以被监测到。美国在早些年就发射了太阳同步轨道的极轨业务环境卫星（POES）和地球同步轨道的静止业务环境卫星（GOES）。前者的任务是每天提供全球观测的天气和环境状况定量数据，后者除采集常规气象要素外，在其他领域也建立了许多专用网，如美国已经在大西洋、太平洋、加勒比海商船上都装有数据采集系统。这些系统采集的数据连同其他卫星数据由国家环境卫星数据信息服务中心接收处理。欧洲、日本和印度都建立了环境监测数据采集系统。巴西布设了500台以上的数据采集系统，收集国内气象、海洋、热带雨林和亚马逊河水文环境监测数据。这些监测系统的建立，在快速、动态地监测地球环境中发挥了重要作用。

我国有关部门利用卫星观测环境，取得了重要成果。我国从1980年起就利用卫星遥感资料开始建立全面反映环境污染和环境治理水平的统计，进行了部分地区环境污染、土地退化、河湖变迁、水土流失、城市环境调查，对环境的变化情况的监测。

利用卫星遥感图片，可以清楚地看清一个城市的空气质量状况，这是专家在对我国返回式卫星图片资料进行判读时的发现。辽宁抚顺是一个工业城市，在20世纪80年代的卫星图片上，抚顺市上空灰蒙蒙的一片，看不清城市的轮廓，整个城市上空被"黑云"笼罩着。后来，由于当地政府重视了对环境污染的治理，从20世纪90年代的卫星照片上发现，该市的大气污染状况有了很大的改观。

荒漠化的危害已涉及全球六分之一的人口和三分之二的国家和地区，据初步估计，直接经济损失每年高达423亿美元，被列为全球10大环境与发展问题之首。而我国是世界

环境卫星发射前合整整流罩

上荒漠化面积较大、分布较广、危害较严重的国家之一。1994年10月，我国政府在巴黎正式签署了《联合国防治荒漠化公约》。为履行对此公约承诺的权利和义务，我国成立了由16个部委组成的"联合国防治荒漠化公约中国执行委员会"。

我国科学家经过研究发现，荒漠化不仅分布于现有沙漠在风力作用下的沙丘前移地段，还包括非沙漠地区，即由于生态平衡被破坏产生的环境退化和生物生产量下降的地区。卫星遥感监测土地沙漠化，主要是通过观察卫星照片的颜色、纹理、结构来判断出沙漠化的土地，利用不同时期的卫星照片进行对比分析，能了解沙漠化的过程与现状，还能推断其发展速度，预测演变趋势，完成对沙漠化的监测。

从1981年以来，我国利用卫星遥感图像监测荒漠化时发现，我国荒漠化涉及18个省、市、自治区的471个县，最严重的是我国北部的11个省区，已经荒漠化的土地约2.64亿亩，面临荒漠化危险的土地2.37亿亩。荒漠化土地每年正以2460平方千米的速度扩展。全国盐碱地约1亿亩，易涝土地有3亿亩，31%的土地存在不同程度的水土流失问题，18%土地存在盐渍化和沼泽化问题，5%耕地沙化，土壤质量普遍较差，草场退化严重，在我国33亿亩草原中，草场退化面积约11亿亩。由此可见，我国生态环境恶化在加剧。

中国科学院兰州沙漠所运用卫星图像，编制出科尔沁草原大青沟自然保护区1：50000沙漠化系列图，据其2000年预测图表明，已呈现沙漠化范围扩大、森林和草场退化、农田和牧场内流沙增多趋势和大片流沙与耕地相互交错的特征。

为查清20世纪90年代以来艾比湖流域生态环境状况，为综合治理提供依据，1996年国家有关部门和新疆博尔塔拉蒙古自治州政府应用"陆地卫星"图像，对艾比湖区生态环境进行了调查，发现该湖流域生态环境正进一步恶化，面临干缩趋势，直接对欧亚铁路大桥的安全构成威胁，从而为该地区总体性的生态环境治理提供了第一手资料。

为利用卫星等现代化的监测手段，努力提高我国灾害监测的水平，经过一段时间的科学论证后，我国环境和灾害监测领域一项最引人注目的卫星工程——环境一号小卫星星座系统正式浮出水面。2008年9月6日，随着环境一号两颗小卫星的发射，我国环境与灾害监测预报小卫星星座的建设拉开序幕。随着环境一号双星的升空，人们将会看到在广漠的太空中，有一个由我国科学家建造的以监测环境为使命的"人造星空"。

环境一号星座系统的任务

我国环境一号小卫星星座由多颗携带光学和合成孔径雷达的小卫星组成。其主要任务是：

利用卫星遥感手段，观测和采集地面灾害与环境遥感信息，对暴雨洪涝、干旱、林火、台风、风暴潮、地震、病虫害等重大灾害，水环境污染、大气环境污染、固体废弃物污染、生态环境破坏以及环境事故等重大环境问题，实现全天候、全天时的动态监测。

结合现有监测预报手段，提高对重大自然灾害预报和灾情评估的能力以及对环境污染、生态破坏以及污染事故的监测、分析和预报能力，为减灾和环境保护的决策和应用提供科学依据。

保障自然灾害和环境污染情报信息传递与指挥调度的畅通，增强对突发性灾害和环境污染事故的快速反映能力，提高减灾和环境保护工作的效率。

利用卫星进行地面环境决策数据的传输，使国家环境监测站的数据适时向各级信息中心传输，实现数据传输自动化。

提供国际减灾和环境合作机会，增强和提高我国在国际减灾和环境监测活动及事务中的地位和作用。

环境一号星座的作用

环境一号小卫星星座卫星系统的运行，能够在灾害前得到更多、更细的前兆信息，作出准确的预报，在灾害发生过程中实施实时动态监测，为紧急救援、灾害救济以及灾后恢复重建提供科学依据，并提高灾情评估的准确性。

大气水圈灾害对我国影响很大，每年损失高达上千亿元人民币，而环境一号小卫星星座系统的建立，将为减轻这一灾害的损失提供有效的手段，如果按减灾5%考虑，每年的减灾效益就高可达50亿元人民币。

据有关资料，我国在"七五"期间，在环境监测与预报评估方面，对全国26个主要湖泊富营养化进行了为期一年的调查，投入了300万元。若要对全国250个大中湖泊进行调查，将投资3000万元。目前，我国为了解近海水质，每年投入已超过500万元，还无法得到全面动态数据，若每月进行调查，将需投入3000万元。我国各城市监测站进行城市周围水环境调查已投入5000万元以上，若要加大监测频率和扩大范围，监测的投入将成倍增长，将达到2亿元以上。而利用环境一号小卫星星座系统既可以大范围提高环境监测的动态性、数据处理分析成果可靠性和系统性，每年还可以节约各项调查投入近2亿元，具有较好的经济效益。

根据卫星遥感与地面监测对比，使用卫星遥感技术进行生态环境监测，通常比常规方法节约30%~50%的费用，如利用美国"陆地卫星"资料监测面积为180平方千米范围内的生态环境状况，只需资料与人工费7000~8000元，而采用常规方法至少需10000元以上。据专家估计，应用环境一号小卫星星座系统进行环境监测，比常规手段

环境一号卫星在太空飞行

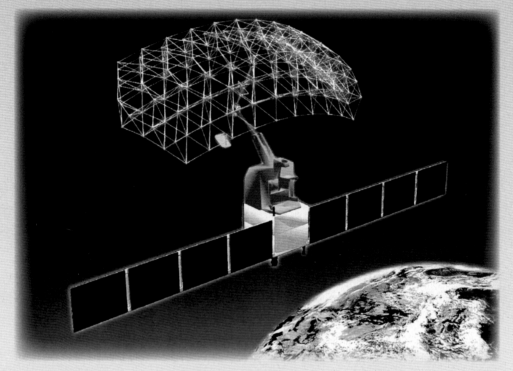

环境一号小型雷达卫星

进行大面积的环境调查，每年可节约各类专项投入近3亿元，预计每年可将环境污染事故造成的损失至少减少2亿元，经济和社会效益非常巨大。

环境恶化趋势已成为21世纪人类生存与发展所面临的重大危机，成为国际社会普遍关注的焦点之一。卫星环境遥感技术由于在系统思想和系统科学理论、计算机科学技术和数理模型方法主持下的成功运用，可以从根本上改变环境研究中的传统的由点到面的演绎法，为生态环境研究提供了一个全新的研究角度和更有效的方法，该方法所提供的全球或大区域精确定位的高频度宏观影像，可揭示不同尺度下的生态环境状况，实现时间和空间的转移，克服了传统环境研究中的诸多局限性，具有明显的环境保护效益。

环境科学、信息科学和空间科学都是20世纪80年代新兴的高科技领域，在世界各国得到了蓬勃发展，并显示出方兴未艾的潜力。21世纪，将是一个充满朝气的信息化社会，谁掌握信息谁就更加富有，谁失去信息谁就更加贫穷，因此，减灾和环境科学绝不能忽视日新月异的空间、信息科学的发展，加快遥感卫星技术的应用，有利于我国加强环境科学与信息空间科学之间的学科交叉与技术系统的融和，有利于促进环境科学和信息科学各自的发展，迎头赶上世界环境高科技发展的趋势。

可以相信，随着设计先进、配置合理的我国环境一号小卫星星座系统的建立和其他各类卫星的发射，我国将迎来利用卫星等高科技手段，减轻自然灾害损失，营造美好家园的春天。

五、小卫星研制"上特快"

1985~1989年期间，全世界每年发射20~30颗小卫星，据业内人士预测，保守的估计，未来每年也将发射70~80颗，约占整个卫星发射数量的一半以上，其营业额可达到数十亿美元。在未来世界，随着大量高新技术的应用、先进管理方法的使用和崭新设计概念的出现，必然会促使小卫星研制技术和卫星应用的不断进步，由此将引起卫星研制和应用领域的一场革命，一批功能更强、体积更小、价钱更低、在技术上和经济上可以与大卫星一争高低的小卫星将会不断出现，现代小卫星将作为人类航天活动的生力军，扮演着越来越重要的角色。

中国小卫星研制已经进入快车道。小卫星的飞速发展离不开体制创新，2001年，由中国航天科技集团和中国空间技术研究院共同出资组建的，一个专门研制生产小卫星的公司——航天东方红卫星有限公司正式诞生，时任国务院副总理吴邦国亲自为公司的成立发来了贺电，贺电中指出："该公司的成立是航天高技术与产品走向市场的有益探索，是加速卫星应用高技术产业化的具体措施，是适应我国加入WTO后卫星及其应用领域激烈竞争的有利举措。"

我国政府十分重视小卫星技术的发展，为适用现代小卫星研制技术的发展，集中人力、物力、财力，集中精兵强将，组成一个国家队，形成拳头，加速现代小卫星研制技术的发展和应用，促进小卫星研制及其应用技术的发展，经国务院批准，2003年，在国家发展和改革委员会的支持下，我国唯一的小卫星工程研究中心，也是亚洲最大的小卫星研制和生产基地——小卫星及其应用国家工程研究中心，在航天东方红卫星有限公司组建。该中心的使命是集中进行小卫星的开发、研制、生产，卫星应用产品的研制、生产和系统集成，小卫星及应用产品的相关技术支持等。中心建筑总面积16000平方米，拥有卫星设计、总装、测试一体化的一流环境，配有高真空度的空间热环境模拟器，可模拟多种载荷条件的力学环境设备，还拥有综合试验设备及质量特性测试设备等大型设施，具备年产6~8颗卫星的研制能力。2004年底，该中心全面竣工并投入使用。该中心的建立，将引入商业化机制，使我国小卫星的发展走上市场化、产业化的道路，可对我国航天产业的发展起到示范和推动作用。

经过近几年的发展，我国不仅培养了一支学科齐全、作风优良、能打硬仗的小卫星专业技术和管理队伍，而且建立了适应小卫星研制的管理模式，形成了小卫星产业化发展体系。

目前，一批使用CAST968、CAST2000平台技术的卫星正处于研制中，其他导航定位、移动通信、对地观测成像等小卫星星座正在进行论证。可以预见，在未来的发展中，我国现代小卫星将更为广泛地应用于国防和国民经济建设各个领域，在国民经济建设、国防建设和科学研究等领域发挥越来越重要的作用。

太空垃圾困扰航天事业

太空垃圾是指围绕地球轨道的无用人造物体。是人类在探索宇宙的过程中，有意或无意地遗弃在宇宙空间的各种残骸和废物。

据有关资料统计，目前人类已向太空发射的6000多颗各类航天器中，仍然在轨道上工作的约有1000颗，2000多个丧失功能已经变成太空垃圾在轨道上遨游，还有2000多颗已经解体不知道去向。共计大约3000多吨太空垃圾正在日夜不停地绕地球飞行着。不要小看太空垃圾，由于飞行速度快，它们蕴藏着巨大的杀伤力，无时无刻不对卫星、航天飞机及国际空间站的安全构成威胁。

太空垃圾已威胁到人类的航天事业，太空垃圾与在轨道上飞行的航天器"撞车"的事件多有报道。2009年2月9日，美国铱星通信卫星系统星座的第33号卫星和俄罗斯已报废卫星"宇宙2251"在7801米的太空中相撞，这是人类航天史上第一次发生的正式的卫星在轨道上"撞车"事件。

灾难的发生给在外层空间运行航天器的轨道管理和控制提出了许多新的课题。随着人类对太空环保的重视，太空垃圾必将得到治理，人类将重新获得一个美丽而清洁的太空，宇宙遨游将美丽而浪漫。

十多年来，围绕着如何清除太空垃圾，如何减缓太空垃圾的威胁，一直是国际社会广泛关注的问题。"十五"以来，中国政府在发展航天技术的同时，高度重视"太空环保"问题，中国许多航天工作者在为减缓和对付太空垃圾而孜孜不倦地工作，中国在空间碎片科学研究和减缓太空碎片影响上所作的工作取得了成果，赢得了国际社会的尊重和广泛的肯定。

一、茫茫太空非"净土"

随着一颗又一颗航天器的升空，本来十分纯净的太空，也变的越来越不干净了，太空垃圾正在威胁着航天器的安全。

据有关资料统计，目前人类已向太空发射的6000多颗各类航天器中，仍然在轨道上工作的约有1000多颗，2000多颗丧失功能已经变成太空垃圾在轨道上遨游，还有2000多颗已经解体不知道去向，数千吨太空垃圾在日夜不停地绕地球飞行着。

空间碎片是指人类在航天活动中遗弃在太空的废弃物，也称太空垃圾。这些废弃物主要是指完成使命的运载火箭的上面级、废弃的卫星；航天器表面材料的脱落物，如航天器表面涂层老化掉下来的油漆斑块；材料的逸出，如火箭燃料剩余的液滴、核动力源的冷却液；载人航天活动中航天员的废弃物等；还有火箭和航天器爆炸、碰撞过程中产生的碎片，如被抛弃的火箭上面级剩余推进剂发生的爆炸等。这些太空垃圾几年、几十年甚至几百年留在太空中，在日夜不停地围绕着地球飞行着，只能依靠轨道自然衰减，最后再入大气层，在与大气的摩擦中自己解体。有的特别大的碎块，在与大气的摩擦中也无法燃烧干净，就会落到地球上。

随着航天活动的增加，空间碎片数量逐年增长。2001年3月23日，人类在轨道上最大的航天器"和平"号空间站在烈火中永生。人们在为之忧伤的同时，又不得不担心它陨落时形成的太空垃圾会不会对太空中的航天器造成损害，特别是会不会对地面物体和人员构成威胁？为此，如何使"和平号"空间站安全再入，成为国际社会关注的话题，俄罗斯科学家也为此很是费了一些脑筋。其实，在广袤的太空中，像"和平号"空间站再入过程中所造成的30~40吨太空垃圾，只是人类50多年来进行航天活动所产生的空间碎片很小的一部分。据地面观测和模型估计，目前，毫米级以上的空间碎片数以亿计，总质量达到几千吨；大于5~10厘米、地面望远镜和雷达能观测到的空间碎片在轨总数已超过一万个。据专家估计，到2010年底，太空垃圾至少会达到1万吨。太空垃圾已威胁到人类的航天事业。很多科学家警告，如果不能有效地遏制太空垃圾的大量扩散，有可能在不远的将来，人类将不得不终止探索太空的脚步。

二、太空垃圾显威胁

由于太空垃圾以每秒几千米的速度在太空中飞行，尽管它们体积小，但如果与在轨运行的航天器相撞，也会对航天器构成损坏。

据计算，一块以每秒10千米速度在太空中飞行的碎片，和在空气中以每小时360千米速度穿行一万倍重量的物体，具有同样的破坏效果。因此，科学家认为，哪怕一个硬币大小的碎片，都可以把一颗卫星击毁，数毫米大小的碎片则能穿透载人航天器和卫星的结构，造成宇航员死亡或航天器内部设备失效。如果大型碎片掉到地球上，还会带来严重的后果。如果是携带核燃料的航天器陨落到地球上，将造成核污染，给地球带来灾难性后果。

在太空中航天器遇到太空垃圾的事情曾经多次发生过，太空垃圾击毁航天器的事件曾经有过报道。

1996年11月24日，正在太空中执行任务的美国航天飞机"哥伦比亚"号就曾经遭到太空垃圾的袭击，只是由于这块垃圾很小，只给航天员的窗口留下几处痕迹。1983年"挑战者"号航天飞机、1985年"发现"号航天飞机都曾遭到太空垃圾的袭击，都是因为体积微小，才没给航天飞机带来灾难。

前些年，俄罗斯的"宇宙1275"卫星就是与太空垃圾相撞后发生爆炸的，法国的"樱桃"军事卫星曾经被一块垃圾击中，而这块垃圾是10年前法国"阿里安"火箭爆炸后的碎片，这块碎片并没有直接击中卫星，而是击中了卫星的重力梯度杆，"樱桃"卫星被碎片击中后，因姿态失去控制而失效。

1997年2月，美国"发现"号航天飞机在修复哈勃望远镜时，一块大的碎片飞快地向它飞来，由于地面雷达及时发现，航天飞机立刻采取规避措施，才避免了一场灾难。

2009年2月9日，美国铱星通信卫星系统星座的第33号卫星和俄罗斯已报废卫星"宇宙2251"在太空中相撞，两颗卫星顿时化作两块碎片云，继续在轨道上游荡，产生了大量的太空垃圾，引起了国际社会的强烈反响。这些碎片会在今后几十年、几百年的时间里逐渐下落，像扫帚一样，在800千米以下的空间扫过，然后轨道逐渐衰减，直至在大气层里消失。由于距地球800千米高度的太阳同步轨道，是一条太空的交通要道，在这个轨道高度上下放置的气象卫星、遥感卫星、移动通信卫星，在整个应用卫星里数量最多，因此，这些垃圾威胁巨大，国外有的专家估计，其影响和威胁可能持续几百年。

据报道，就在美国铱星和俄罗斯"宇宙2251"卫星太空"追尾"后的两个月内，美国的一颗卫星为规避其中一个碎片，实施了一次在轨规避，当时正在与国际空间站对接的欧洲货运飞船也经历了一次险情，由于地面准确监视和预报，及时指挥迅速避让，从而避免了灾难性事故的发生。这是人类航天史上第一次发生的卫星在轨道上"撞车"事件。灾难的发生，给外层空间运行的卫星的轨道管理、控制和太空碎片的减缓等，都提出了新的课题。

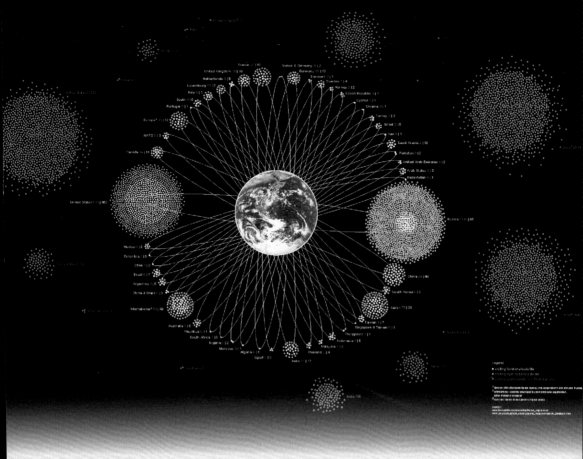

  虽然太空垃圾会给航天器造成极大的危害，但是，当今世界，越来越多的国家致力于航天事业，一刻也没有停止向太空倾倒"垃圾"。近年来，随着小卫星的兴起，国外已有十几个小卫星星座方案，如果这些方案都能实现，在未来的几年内，就将有几百个小卫星升空，在距地球较近的空间里发射这么多的卫星，其拥挤情况就可想而知，与太空垃圾相撞的可能性就大大增加，如果这些卫星相互碰撞，发生爆炸，爆炸的碎片还可能击中其他卫星，造成连锁反应。

  由于目前还没有既经济又可行的办法把太空垃圾回收到地球，也没有办法使它们在太空中马上消失，所以，太空垃圾给人类的航天活动带来了极大的威胁。

三、太空"环保"引关注

太空垃圾对人类航天的影响，引起包括中国在内国际上许多国家科学家的忧虑，对付太空垃圾已经成为一个全球性的问题。目前，许多国家都在采取措施，以减少太空垃圾的威胁。尽管几十年来国际宇航界有一大批科学家在为如何清除这些太空垃圾而忙碌着，提出了许多设想，但是到目前为止，还没有找到一个既经济又可行的办法可以清除这些太空垃圾。

我国航天专家认为，减缓太空垃圾的影响，需要国际社会的共同努力，对于地面可观测并编目的大碎片需实施在轨机动规避操作；对于毫米级的碎片需要在航天器上采取一定的被动防护措施；此外，还必须从源头上控制和减少空间碎片的产生。

1993年成立的机构间空间碎片协调委员会（IADC）是目前唯一专门从事空间碎片研究和协调的国际组织，目前共有11个成员国或区域组织，我国于1995年正式成为其成员。

2005年联合国外空委科技小组委员会以IADC技术文件为基础，起草了《空间碎片减缓指南》，该指南于2007年获得联合国大会通过。

十几年来，一些国家相继采取积极的措施，在建立太空垃圾跟踪站，日夜不停地进行监测，对太空垃圾提前预警的同时，其他减缓太空垃圾的相关工作也取得了积极的进展。如过去运载火箭把航天器送入太空后，运载火箭的末级将随燃料箱一起进入空间轨道，由于运载火箭的末级还有剩余燃料，将会发生爆炸，从而产生大量的碎片。现在，根据有关规定，一些航天国家在进行航天发射后，采取措施将剩余燃料放掉或燃烧完毕，以减少爆炸的威胁。

近年来，国际上减缓和应对太空垃圾的国际会议逐渐增多，我国自1995年加入IADC组织以来，已连续10年多次参加了IADC会议。

2009年3月24日至4月1日，第27届IADC会议和第五届欧洲空间碎片会议在德国达姆斯达特市的欧洲空间局（ESA）空间运行控制中心举行，来自美、俄、英、德、法、意、荷、日、印、瑞典、中国等21个国家的280多位代表参加了本次两会，这是空间碎片国际会议迄今出席人数最多的一次。以中国国防科技工业局发展计划司龙红山副司长为名誉团长，国家航天局于国斌为团长的中国国家航天局代表团一行12人参加了本次会议。会议用3天时间分别召开了2次全体大会、多次专业工作组会议和工作组联席会议。在25日的开幕式上，中国代表团于国斌团长代表中国航天局全面介绍了我国在空间碎片研究方面的工作和进展，重申了中国政府一贯主张保护空间环境、和平利用外层空间、愿意和国际社会一道为减缓空间碎片而不懈努力的立场。

会上，我国空间碎片行动计划首席科学家李明等中国专家介绍了我国相关领域取得的新进展。在大会闭幕式上，李明提出了"空间可持续发展"的主张和呼吁，得到了与会各国的热烈反响，展示了中国由航天大国向航天强国跨越的信心和中国是负责任航天大国的形象。本次参会很好地了解了国际上在空间碎片各个领域的进展，宣传、交流了中国在空间碎片各个领域取得的成绩和准备开展的工作计划，维护了我国在空间碎片减缓领域的良好形象。

值得一提的是，中国代表团带到会议上的80本由中国航天局主办，国际上在空间碎片研究领域的唯一学术专刊《空间碎片研究》2009年英文专版，在开幕式前短短半小时内被一抢而光，很多国外同行会后还向我代表团成员索要该材料。

通过会议交流，加深了我国和国外学者的联系。中国在应对太空垃圾上所采取的态度和取得的成果，更好地承担保护太空环境的国际义务，维护国家形象，赢得了国际社会的广泛赞誉。

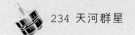

四、十年耕耘结硕果

中国作为一个负责任的航天国家，我国政府在积极参与机构间空间碎片协调委员会的各项活动的同时，为加强我国在空间碎片领域的研究力度，更好地保障航天器在轨运行的安全，"十五"期间，我国坚持"需求牵引、有限目标；工程为本、务求实效；锲而不舍，持之以恒，资源共享，通力合作"的指导思想，全方位开展空间碎片的研究工作，中国政府卓有成效的工作，得到了国际社会的广泛关注和高度评价。

在国家财政的支持下，原国防科工委于2000年启动了"空间碎片行动计划"，旨在加强空间碎片研究领域的国际交流与合作，开展空间碎片专项研究工作。2001年2月22日，我国"空间碎片研究行动计划"通过了来自国防科工委咨询委员会、中国航天科技集团公司、中国科学院等单位的航天技术专家闵桂荣、张履谦、余梦伦、曾庆来、刘振兴等组成的评审委员会的评审，至此，这项首次由政府组织的、有计划的空间活动正式启动。

在我国"空间碎片研究行动计划"中，明确提出了在未来的发展中，提高我国观测、规避空间碎片能力，控制空间碎片增加的目标：即在初步具备空间碎片观测能力的基础上，突破一批关键技术，为开展国际间的交流提供有力的技术支持；加强提高航天器防护能力的研究，提高我国航天器防御空间碎片的能力，建立空间碎片动态数据库，完成风险评估、预警和机动规避研究；获得一批基础研究成果和具有前瞻性的新方法、新技术和新理论，尽快缩短我国在空间碎片的研究上与国际发达国家的距离。同时，详细规定了在观测、环境和数据库、防护、减缓等具体领域的具体目标。即在观测领域，突破天基探测关键技术，建立空间碎片地基观测系统，具有观测不同轨道空间碎片目标的能力；在环境和数据库领域，建成大空间碎片动态数据库和小空间碎片数据库，自主开发具有国际水平的风险评估和机动规避专家系统并投入使用；在防护研究领域，通过模拟实验和计算机仿真开展空间碎片防护材料、结构和机理的研究，获得一批实验数据，供航天工程防护设计使用；在减缓领域，力争解决运载火箭末级剩余推进剂排放和卫星的钝化问题，提出地球同步轨道卫星和低地球轨道卫星工作终结后的离轨要求。

"十一五"以来，我国政府加大了对空间碎片的研究和基础设施建设工作力度，制定了规划，确定了目标，将空间碎片工作列出专项，在经费上予以支持，共投资研究和建设经费数亿元，支持了上百项课题研究工作，取得了丰硕的成果。主要有：加强和建设监测预警工程、航天器防护工程和空间环境保护等工程，继续为我国航天器发射、在轨运行及陨落提供常规业务性预警服务，突破减少空间碎片产生的各项关键技术，提高航天器的防护能力，制定适合我国国情的减缓设计标准，建立评估体系，进一步构建空间碎片专家系统等。

在国防科工局（原国防科工委）的综合协调、组织和管理下，经过近两个五年计划的研究和建设，我国空间碎片研究取得了长足的进步，已逐渐形成监测预警、航天器防护和空间环境保护三大工程体系，多项标志性研究成果已在工程上得到应用。目前，我国已完成了部分空间碎片监测基础设施的建设，增强了空间碎片的监测能力；建成了可跟踪空间碎片的动态数据库；自主研发了空间碎片撞击风险评估软件包，使我国航天器在轨运行期间防护空间碎片的评估能力实现了很大的突破；攻克了危险碎片快速筛选等多项关键技术，自主完成了碰撞预警软件的开发，制定了预警规范和流程，特别是完成了神舟五号、神舟六号和神舟七号飞船的空间碎片预警任务等，从而获得了一批基础研究成果和实用技术，牵引出具有前瞻性的新方法、新技术和新理论。

与此同时，不仅解决了多个运载火箭系列的剩余推进剂排放问题，而且通过监测预警建设和防护工程建设，在载人航天工程、嫦娥工程以及多个航天器型号任务中发挥了重要作用，有力地保证了航天器的成功发射和在轨安全运行。中国作为一个负责任的航天国家，在应对太空垃圾上所采取的积极态度和取得的成果，引起了国际社会的广泛关注，维护了我国作为航天大国的良好形象。

"十五"以来，在国防科工局的组织下，我国空间碎片和相关基础实施建设工作取得了丰硕的成果。

在基础研究方面：突破了空间碎片碰撞预警技术，开发成功空间碎片碰撞预警软件系统，依据我国自主观测数据，初步具备对航天器发射和在轨运行进行碰撞预警的能力；掌握了航天器在轨风险评估技术，自主开发成功空间碎片防护设计系统，基本具备对我国载人航天器和大型应用卫星进行撞击风险评估和防护结构优化设计的能力；解决了运载火箭及卫星剩余推进剂排放及钝化技术，并进行了多次成功的工程实践，为在宇航部门推广实施奠定了技术基础。

在条件建设方面：完成了空间碎片监测预警工程初步建设和其他建设。在国家天文台和紫金山天文台新增及改造了一批观测望远镜，并配置计算设备和通信等仪器设备，初步建成预警中心。在哈尔滨工业大学、中国航天科技集团公司五院以及其他相关单位逐步建立了空间碎片研究专用的超高速撞击实验室，配置的主要设备有超高速发射设备、测试诊断设备、效应分析设备和材料动态力学性能测试设备，为实施空间碎片防护工程提供了必备的研究平台。

在工程应用方面：对载人航天任务、嫦娥一号及多个应用卫星的发射和在轨预警提供了有利保障，特别是在神舟七号载人航天飞行任务期间，协同国内监测设备，对可能进入神舟七号飞船空域的碎片进行了观测，提供了发射和在轨碰撞预警服务，为飞船的发射时间选择提供了决策依据，保障了载人飞行的安全。空间碎片防护设计系统成功用于载人航天二期工程的风险评估及防护结构设计，并将为载人航天后续任务的防护结构优化设计提供有力支撑。将运载火箭任务后"排放"钝化操作纳入任务流程管理，并逐步实施离轨操作，对鑫诺二号卫星和寿命末期的风云二号 B 和风云二号 A 卫星进行了离轨处置，开创了我国地球静止轨道卫星任务后离轨处置操作的先河。上述举措得到了 IADC 各成员国的高度评价。

在国际交流方面：中国国家航天局组团参加了机构间空间碎片协调委员会（IADC）组织的历届会议及联合国外空委的会议。在分组会议上，观测组多次参与 IADC 相关国际联测和危险空间碎片陨落预报工作，预报精度在 10 余个参加组织中居于前列；防护组在防护结构设计优化和在轨撞击感知声发射技术方面居于国际先进水平。

在队伍建设方面：成立了国防科工局空间碎片专家组，形成了一支由工业部门、军地科研院所和高等院校组成的相对稳定的研究和应用队伍，参与空间碎片专项的单位 30 余家，从业研究人员已达数百人。

五、"十二五"锁定新目标

虽然我国在空间碎片的预警预报、防护设计、减缓措施和基础建设等方面，都取得了丰硕的成果，赢得了国际社会的广泛赞誉。但应该看到我国空间碎片研究的基础还较为薄弱，我国自主观测空间碎片的能力与航天强国还有一定的差距，主要反映在地面监测设备种类、能力和数量不足，难以满足空间碎片预警的需求；我国在先进防护材料研制及地面试验设备建设方面还较为薄弱。因此，我国在空间碎片观测数据的自主获取、履行联合国及有关国际组织关于空间碎片减缓的要求、实现今后对国际社会的承诺等方面还有许多工作要做，在空间碎片研究和基础设施建设等方面尚需开展诸多工作。

我国政府在加快航天技术发展的同时，始终把加强减缓空间碎片研究，落实相关措施，摆在一个十分重要的地位。加大空间碎片的观测工作，采取措施应对空间碎片对航天活动的影响，对确保我国空间活动安全具有重要作用，也是一个负责任的航天大国义不容辞的责任。2009年12月1日，国防科工局正式发布《空间碎片减缓与防护管理暂行办法》，标志着我国对空间碎片减缓与防护管理开始纳入政府正轨渠道，同时，也标志着我国作为负责任的航天大国对国际社会作出了庄重的承诺。

当前，我国政府和有关部门正在制定"十二五"计划，我国有关部门已把空间碎片工作纳入到该计划中统一考虑，拟加大投入，拿出专门经费支持该项研究工作。同时，还将组织有关部门各种力量，整合资源，加大研究和基础设施建设的力度，力争通过努力在短期内尽快缩小差距、满足空间活动安全的需要，更好地履行国际责任和义务。

在"十二五"期间，我国空间碎片减缓与防护后续的主要任务将围绕监测预警工程建设、碎片环境控制与管理措施落实、技术基础研究等内容开展。可以相信，这些工作的开展将进一步促进我国在空间碎片研究和建设方面基础能力的大幅提高，使我国空间碎片研究和基础建设与航天大国的地位相匹配，为人类的航天事业作出更大的贡献。

思考题

1. 人类冲出地球大气层，进入宇宙空间航行，其历程可分为两个阶段。第一阶段为 _____，就是在可感知的地球大气层以外，太阳系范围以内的航行及有关活动。第二阶段叫 _____，就是冲出太阳系，到银河系，甚至河外星系的恒星际空间去航行和进行有关活动。

2. 根据科学界的划分，陆地为 _____；海洋为 _____；大气层指 _____。按照距地球高度划分，通常大致把距地球 _____ 千米以下的大气层称为稠密大气层，也称为大气环境；把距地球 _____ 千米以上广阔的空间区域称为 _____，又称为 _____、_____、_____，简称为 _____。

3. 航空，是指人类在 _____ 的飞行及有关活动。例如，飞机、飞艇、气球等航空器都是在大气层内飞行，所以被称为航空。航天，狭义指人类在 _____ 的飞行及有关的活动；广义，指人类 _____、_____、_____ 和 _____ 太空的活动。例如人造卫星、载人飞船、空间探测器等航天器在大气层外飞行，所以被称为航天。

4. 卫星应用产业的特点可归纳为：_____、_____、_____、_____ 和 _____。

5. 人类进入了地球轨道和外层空间后，对许多未知领域的认识产生了跨跃，资源的观念也发生了变化，资源已由最初的具有某种形态，扩展为某种环境和条件。比如 _____、_____、_____ 和 _____ 等，就是这种地面所不具备的看不到、摸不到，甚至也感觉不到的极其宝贵的环境资源。

6. 我们把在地球大气层以外的宇宙空间（太空）按一定轨道飞行，执行探索、开发和利用太空及天体等特定任务的人造物体，如 _____、_____、_____，称为 _____ 或 _____。

7. 物体脱离地球引力的束缚而绕地球运行，成为地球的人造卫星的速度，称为 _____，这个速度为 _____，也被称为 _____；物体脱离地球引力的束缚而绕太阳运行，成为太阳的人造卫星的速度，称为 _____，这个速度为 _____，也被称为 _____；物体脱离太阳引力的束缚，逃离太阳系的速度为 _____。

8. 人造卫星的轨道按形状一般可分为 _____ 和 _____：圆轨道就是卫星运行的路线与地球的高度相等，而椭圆轨道就是卫星运行的路线与地球的高度有高有低。按卫星距离地球高度，一般可分为 _____、_____、_____ 轨道：低轨道卫星，通常其轨道高度为 _____ 千米以下；中轨道卫星，通常其轨道高度为 _____ 千米；高轨道卫星：通常其轨道高度在 _____ 千米以上。

9. 返回式卫星是一种在 _____、_____、_____、_____ 的卫星。它主要用于 _____，有时候也用于 _____。

10. 通信卫星是用作 _____ 的人造地球卫星，是各类卫星通信系统或卫星广播系统的 _____。

11. 气象卫星按运行和工作状态可分为两类，即 _____气象卫星和 _____ 气象卫星。由于两种卫星轨道所具有的作用不同，因此，两种轨道的气象卫星各有各的用处。

12. 地球资源卫星是利用卫星上携带的 _____ 来勘探和调查地球上的土地、海洋、农业、森林、水文和矿藏等资源的人造卫星。

13. 卫星导航定位系统是一种利用卫星播发的 _____ 进行 _____ 的卫星系统。根据信号覆盖范围，卫星导航定位系统可以分为 _____ 和 _____。

14. 军用航天器有两类，一类是 _____ 的各类卫星，这类卫星按用途可分为侦察卫星、通信卫星、导航卫星、气象卫星、测地卫星、海洋监测卫星和导弹预警卫星等；另一类是指 _____ 的各类武器装备，如军事侦察卫星、洲际导弹、反卫星武器、天基反导弹武器等。其他民用航天器在需要的时候也可以转为军用或军民两用。

15. "十一五"及未来发展我国海洋卫星事业的总体思路是：建立起一整套 _____，逐步形成我国以卫星为主导的 _____。发展目标是：建立由多颗卫星组成的 _____、_____、_____ 三个卫星系列。